SketchUp 2016

室内设计从入门到精通

麓山文化 编著

机械工业出版社

SketchUp 是一款直接面向设计的三维软件，操作简单、易学易用。本书根据作者多年的实践工作经验，从实用的角度出发，通过 6 大室内风格综合案例+70 个技巧点拨+100多个建模实例+1000 个模型组件赠送+3000 张步骤图解，系统、深入地讲解了使用SketchUp 2016 进行室内设计与表现的方法，包括建模、材质、灯光和渲染的整个流程，从而快速从新手快速成长为室内设计高手。

本书共 11 章，分为三篇，第 1 篇为基础篇（第 1 章~第 3 章），为 SketchUp 初学者精心准备，全面介绍了 SketchUp 2016 的基本知识和基本操作，以帮助初学者熟练掌握软件的使用，为后面的深入学习打下坚实的基础；第 2 篇为实战篇（第 4 章~第 9 章），通过现代前卫户型、地中海风格客厅及餐厅、新中式开放空间、田园风格客厅及餐厅、欧式新古典别墅和欧式古典风格书房共 6 大风格室内设计案例，综合演练前面所学知识，以掌握不同特色风格、不同空间类型、不同气氛要求的室内空间的设计和表现方法，积累实战经验；第 3 篇为漫游与输出篇，讲解如何结合 3ds max 和 VRay 渲染器，渲染输出高品质效果图以及制作室内空间漫游动画的方法和技巧。

本书配套资源丰富，包含全书所有实例的素材和源文件，以及高清语音视频教学。专业讲师手把手的讲解，可以大幅提高学习兴趣和效率。此外，还赠送了 1000 多个珍贵的组件模型，让读者花一本书的钱，获得多本书的价值。

本书内容翔实，实例丰富，结构严谨，深入浅出，适合广大室内设计的工作人员与相关专业的大中专院校学生学习使用，也可供房地产开发策划人员、效果图与动画公司的从业人员及希望使用 SketchUp 作图的图形图像爱好者作为参考。

图书在版编目（CIP）数据

SketchUp 2016 室内设计从入门到精通/麓山文化编著. —3 版. —北京：机械工业出版社，2017.10
　　ISBN 978-7-111-58181-9

　　Ⅰ. ①S… 　Ⅱ. ①麓… 　Ⅲ. ①室内装饰设计—计算机辅助设计—应用软件
Ⅳ. ①TU201.4

中国版本图书馆 CIP 数据核字(2017)第 245093 号

机械工业出版社（北京市百万庄大街 22 号　邮政编码 100037）
责任编辑：曲彩云　　　责任印制：孙　炜
北京中兴印刷有限公司印刷
2017 年 11 月第 3 版第 1 次印刷
184mm×260mm · 25 印张 · 602 千字
0001－3000 册
标准书号：ISBN 978-7-111-58181-9
定价：69.00 元

前　言

关于 SketchUp

SketchUp 是一款直接面向设计过程的三维软件，区别于追求模型造型与渲染表现真实度的其他三维软件，SketchUp 更多地关注于设计，软件的应用方法类似于现实中的铅笔绘画。SketchUp 软件可以让使用者非常容易地在三维空间中画出尺寸精准的图形，并能够快速生成 3D 模型。因此通过短期的认真学习，即可熟练掌握该软件的使用，并在设计工作中发掘出该软件的无限潜力。

正因为上述特点，SketchUp 正得到越来越多的室内设计师的认可和推崇，SketchUp 在室内和家具设计中的应用也越来越广泛。为了提升广大设计师的工作效率，降低其设计和作图的工作强度，我们编写了本书。

本书内容

本书分为三篇，共 11 章，各章的内容安排如下。

第 1 章：详细介绍 SketchUp 软件的特点及工作界面，使读者对 SketchUp 有一个全面的了解和认识。

第 2 章：讲解 SketchUp 常用的室内设计工具和基本建模方法，以帮助初学者熟练掌握软件的使用，为后面的深入学习打下坚实的基础。

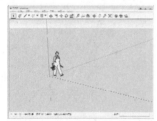

SketchUp 界面　　　　　SketchUp 工具栏　　　　　SketchUp 常用插件　　　　　SketchUp 文件互转

第 3 章：选择了 5 个典型的室内家具模型，讲述 SketchUp 建模流程、方法与技巧。

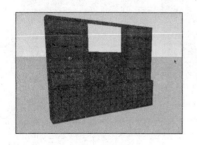

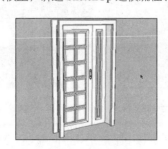

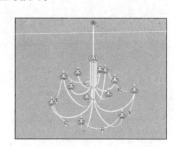

简约酒柜　　　　　　　　　　子母门　　　　　　　　　　古典吊灯

古典柜子

现代餐桌椅

　　第 4 章：本章为现代前卫风格户型图制作实例，首先讲述了图纸导入与建模思路，然后着重讲述了整体实例创建的过程与细化。学习本章，可以掌握利用 SketchUp 从形成思路至完成整个空间设计的流程与方法。

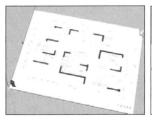
导入图纸分析思路

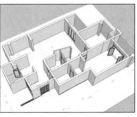
建立空间框架

细化各个空间设计

空间设计完成

合并家具饰品

制作阴影细节

制作空间标识

完成最终效果

　　第 5 章：本章为地中海风格客厅与餐厅实例，主要通过一个较为简单的实例介绍 SketchUp 制作一般性空间的主要流程与方法。

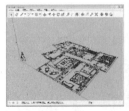
导入图纸

建立框架

细化空间

合并家具与饰品完成最终效果

　　第 6 章：本章为新中式开放空间设计（包括入户小花园、餐厅、客厅、厨房等空间），主要讲解大型空间的设计与表现，突出表现空间的设计元素，读者应注意学习单面建模的方法与技巧。

导入图纸

建立框架

制作门窗

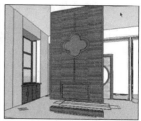
细化空间造型

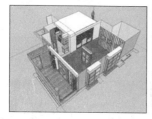
空间细化完成效果

合并家具

合并灯具

合并摆设

入户花园完成效果

厨房完成效果

客厅及餐厅完成效果

第7章：本章为田园风格客厅与餐厅设计，主要讲解在单一空间内如何制作对应风格高细节场景的方法与技巧。

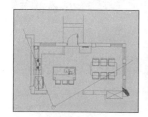

导入图纸分析思路

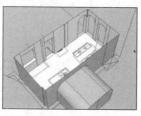
建立墙体框架

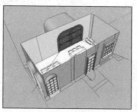
制作高细节门窗

制作高精度空间细节

空间设计完成

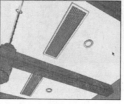
处理顶棚与地面

合并精细的装饰与摆设

案例完成（便餐台角度）

第8章：本章为欧式新古典风格别墅设计（包括阳台、客厅、楼梯间、厨房以及餐厅五个空间），主要学习错层空间的设计与处理方法，区别于新中式开放空间注重纯空间设计的表现，本案例制作了更多的家具以及饰品细节。

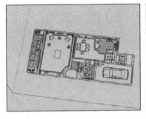

导入图纸

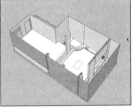

建立框架

细化门窗

细化空间立面

空间立面细化完成

处理地面

处理顶棚

合并灯具与家具

合并饰品等模型

完成效果 1

完成效果 2

第9章：本章为古典欧式书房空间设计，讲解了从图纸导入、立面细化、顶棚与地面细化直至完成整个空间设计的方法与技巧。

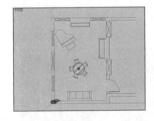

导入图纸分析建模思路

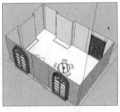

制作框架与高细节门窗

细化各立面设计

细化顶棚与地面完成空间设计

第10章：介绍如何在 SketchUp 中导出 3ds 文件，然后导入至 3ds max 中结合 VRay 渲染器，经过贴图载入、摄影机确定、材质调整、模型合并以及灯光布置，制作出写实风格效果的方法与技巧。

SketchUp 导出 3ds 文件

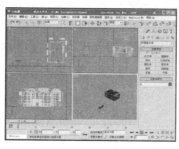

导入 3ds 文件至 3ds Max

载入贴图并确定摄影机视角

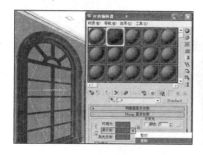

编辑材质效果

合并家具配饰

制作灯光完成最终效果

第 11 章：介绍在本书第 4 章制作的现代风格户型图的基础上，通过场景完善、漫游设定以及输出，制作室内漫游效果的方法与技巧。

拟定漫游路径

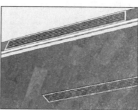

完善场景

制作漫游效果

输出漫游效果

播放截屏 1

播放截屏 2

播放截屏 3

播放截屏 4

本书特色

　　本书所有的案例都是编者根据实际设计方案提炼而成的，具有极强的实用性，因此通过本书的学习不但可以掌握软件的操作方法，也能全面提高在室内设计方向上的设计与表现能力。

本书所选的案例都各具特点，首先在风格上选取了当今流行的现代前卫、地中海、新中式、田园、欧式新古典以及欧式古典六大风格。在内容上既有整体空间风格化的流程，也有单一空间精细写实化的方法。此外不论是整体空间还是单一空间，每个案例都做出多角度的表现效果，内容详尽。这样做既能使读者全面掌握当前室内设计的流行方法，也能在以后的工作中根据客户的要求选择性地制作项目内容，提高工作效率。

本书配套资源

本书物超所值，除了书本之外，还附赠以下资源（扫描"资源下载"二维码即可获得下载方式）。

配套教学视频：配套 73 集高清语音教学视频，总时长达 960min。读者可以先像看电影一样轻松愉悦地通过教学视频学习本书内容，然后对照书本加以实践和练习，以提高学习效率。

本书实例的文件和完成素材：书中所有实例均提供了源文件和素材，读者可以使用 SketchUp 2016 打开或访问。

附赠素材：免费赠送常用的家具、艺术品、人物、树木、贴图等 SketchUp 模型，读者在实际工作过程中灵活运用，可以大幅提升工作效率。

资源下载

本书作者

本书由麓山文化编著，具体参加编写的有陈志民、江凡、张洁、马梅桂、戴京京、骆天、胡丹、陈运炳、申玉秀、李红萍、李红艺、李红术、陈云香、陈文香、陈军云、彭斌全、林小群、刘清平、钟睦、刘里锋、朱海涛、廖博、喻文明、易盛、陈晶、张绍华、黄柯、何凯、黄华、陈文轶、杨少波、杨芳、刘有良、刘珊、赵祖欣、毛琼健、宋瑾等。

由于编者水平有限，书中不足、疏漏之处在所难免。希望您能够把对本书的意见和建议告诉我们。

读者服务邮箱：lushanbook@qq.com

读者 QQ 群：327209040

读者交流

麓山文化

目　录

前言

第1篇　基础篇

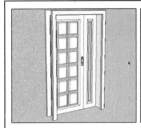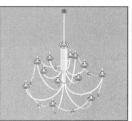

第 2 篇　实战篇

第 3 篇　漫游与输出篇

1

快速熟悉 SketchUp
特点与软件界面

本章详细介绍了 SketchUp 软件的特点及工作界面，使读者
对 SketchUp 有一个全面的了解和认识。

SketchUp 最初由@Last Software 公司开发，是一款直接面向设计方案创作过程的设计工具，其操作简单且便捷高效，能随着构思的深入不断增加设计细节，因此被形象地比喻为电脑设计中的"铅笔"，目前已经被广泛用于室内、建筑、园林景观以及城市规划等设计领域，如图 1-1~图 1-4 所示。

图 1-1　SketchUp 室内设计与表现

图 1-2　SketchUp 建筑设计与表现

图 1-3　SketchUp 园林景观设计与表现

图 1-4　SketchUp 城市规划设计与表现

本书讲解的是 SketchUp 在室内设计与表现上的应用，完成当今最为流行的六大室内装修风格，即现代前卫、地中海、欧式新古典、欧式古典（结合 3ds max 与 VRAY 完成写实效果）、田园以及现代中式风格的空间设计与表现，各案例的部分效果如图 1-5 ~图 1-10 所示。

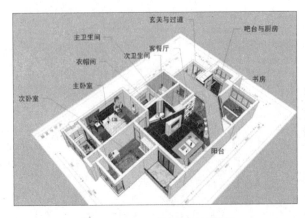

图 1-5　现代前卫风格室内设计与表现

图 1-6　地中海风格室内设计与表现

图 1-7　欧式新古典风格室内设计与表现

图 1-8　欧式古典风格室内设计与表现

图 1-9　田园风格室内设计与表现

图 1-10　现代中式风格室内设计与表现

1.1 SketchUp 软件特点

1.1.1 直观的显示效果

利用 SketchUp 进行空间设计创作时，可以实现"所见即所得"，即在设计过程中的任何阶段都可以直接观察到当前成品的三维效果，并能通过转换不同的显示风格得到不同的观察效果，如图 1-11 与图 1-12 所示。

因此，在使用 SketchUp 进行设计创作时可以即时的与客户通过简单易懂的三维图形进行交流，从而免去了冗长而繁杂的渲染过程，使双方的交流变得更直接、高效。

图 1-11　SketchUp 单色显示效果

图 1-12　SketchUp 贴图显示效果

1.1.2 便捷的操作性

SketchUp 的操作界面简单直观，绝大部分功能都可以通过界面菜单与功能按钮快速完成，因此在制作与深化模型时，不必进行太多的功能操作，如图 1-13 与图 1-14 所示。

由于操作的便捷性，Sketchup 上手运用很快。经过一段时间的练习后，成熟的设计师即可快速摆脱软件操作的束缚，专心致力于设计理念的的构思与实现。

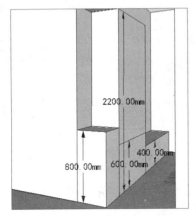

图 1-13　在 SketchUp 透视图直接创建模型轮廓

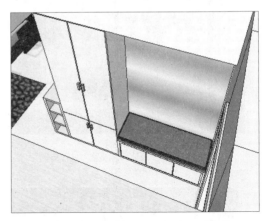

图 1-14　在 SketchUp 透视图直接细化模型

1.1.3 优秀的方案深化能力

SketchUp 通常利用推拉、路径跟随等操作，将简单的二维图形转换为三维实体，能及时又直观地显示制作效果。因此，使用 SketchUp 可以直接进行方案的建立、修改以及深化，直至完成最终效果，如图 1-15~图 1-20 所示。

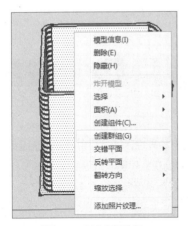

图 1-15　创建空间轮廓

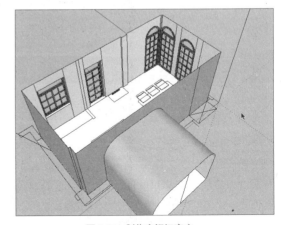

图 1-16　制作空间门窗户

图 1-17　细化局部立面细节

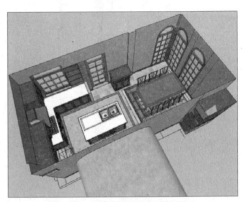

图 1-18　完成整体立面效果制作

图 1-19　制作顶棚细节

图 1-20　完成方案最终效果

1.1.4 全面的软件支持与互转

　　SketchUp 除了能独立设计与表现方案外，还能与 VRay、Piranesi（该软件常用于建筑、园林景观的后期处理）等渲染处理软件协作，共同实现如图 1-21 与图 1-22 所示多种风格的表现效果。

　　此外，SketchUp 与 AutoCAD、3dsmax、Revit 等常用的设计软件能十分快捷地进行文件转换与互用，满足多个设计领域的实际需求。

图 1-21　VRay 渲染效果

图 1-22　Prianesi 渲染效果

1.1.5 自主的二次开发功能

　　SketchUp 的使用者可以通过 Ruby 语言进行创建性应用功能的自主开发，以全面提升 SketchUp 的使用效率或突出延伸其功能，如图 1-23 与图 1-24 所示。

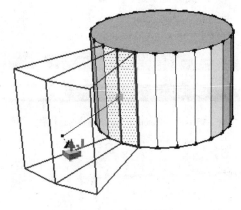

图 1-23　超级推拉插件

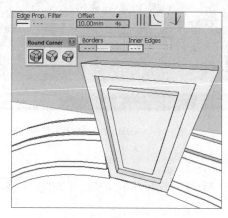

图 1-24　圆（倒）角插件

5

1.2 SketchUp 界面组成

SketchUp 2016 的默认工作界面十分简洁,如图 1-25 所示。主要由【标题栏】、【工具栏】、【菜单栏】、【状态栏】、【数值输入框】、【窗口调整柄】以及中间空白处的【绘图区】构成。

注 意

首次双击桌面上的 图标启动 SketchUp 2016 时,等待数秒钟后就可以看到 SketchUpPro 2016 的用户欢迎界面,如图 1-26 所示。

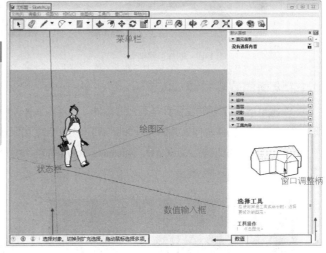

图 1-25 SketchUp 默认工具界面

SketchUp Pro 2016 的用户欢迎界面主要有【学习】、【许可证】和【模板】三个展开按钮,其功能主要如下。

➢ 学习:单击展开【学习】按钮,可从展开的面板中学习到 SketchUp 基本工具的操作方法,如直线的绘制、【推拉】工具的使用以及【旋转】等操作。

➢ 许可证:单击展开【许可证】按钮,可从展开的面板中读取到用户名、授权序列号等正版软件使用信息。

➢ 模板:单击展开【模板】按钮,可以根据绘图任务的需要选择 SketchUp 模板,如图 1-27 所示。模板间最主要的区别是其单位的设置,此外在显示风格与颜色上也会有区别。

图 1-26 SketchUp Pro 2016 用户欢迎界面

图 1-27 SketchUp Pro 2016 模板选择展开选项

1.2.1 标题栏

标题栏从左至右显示的是当前文件的名称、软件版本号。

1.2.2 菜单栏

SketchUp2016 菜单栏由【文件】、【编辑】、【视图】、【相机】、【绘图】、【工具】、【窗口】、【扩展程序】(需要安装插件以后才能显示）以及【帮助】9 个主菜单构成，单击这些主菜单可以打开相应的 "子菜单" 以及 "次级主菜单"，如图 1-28 所示。

1.2.3 主工具栏

默认状态下的 SketchUp 2016 仅有横向的【使用入门】工具栏，主要有【绘图】、【建筑施工】、【编辑】、【相机】等工具组按钮。通过执行【视图】/【工具栏】菜单命令，在弹出的工具栏选项板中可以调出或关闭某个工具栏，如图 1-29 所示。

图 1-28　子菜单与次级子菜单

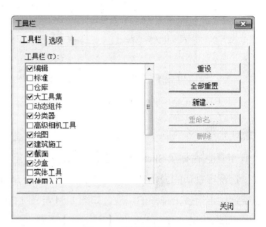

图 1-29　调出工具栏

技 巧

执行【窗口】/【默认面板】/【工具向导】菜单命令，如图 1-30 所示，即可打开工具向导动画面板观看操作演示，以方便初学者了解工具的功能和用法，如图 1-31 所示。要注意的是，此时默认显示的是选择工具的使用方法，若是其他工具则需要单击面板上的 "高级操作" 进入官方网页查看。

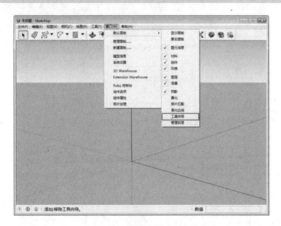

图 1-30　执行工具向导命令

图 1-31　工具指导演示

1.2.4 状态栏

在绘图区进行任意操作，状态栏都会出现相应的文字提示，根据这些提示，操作者可以更准确地完成制图任务，如图 1-32 所示。

1.2.5 数值输入框

如果要创建数值精确的模型，可以在启用对应工具后通过键盘直接输入 "长度" "半径" "角度" "个数" 等数值（不必将光标置于数值输入框内），以准确指定操作量的大小，如图 1-33 所示。

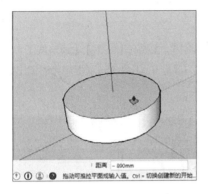

图 1-32　状态栏内关于移动工具的操作提示

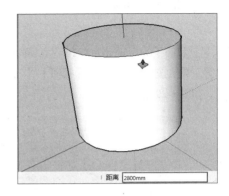

图 1-33　直接输入推拉出的距离数值

1.2.6 绘图区

绘图区占据了 SketchUp 工作界面的大部分空间，区别于 Maya、3ds max 等大型三维软件的同时展示了平、立、透视多视口的显示方式。为了操作更简捷，SketchUp 仅设置了单视口，但通过对应的工具按钮或快捷键可以快速地进行各个视图的切换，如图 1-34 与图 1-35 所示，同时有效地减轻系统显示的负载。

而通过 SketchUp 独有的【剖切面】工具，还能快速实现如图 1-36 所示的剖切效果。

图 1-34　顶视图

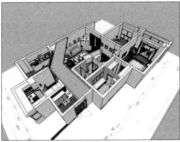

图 1-35　透视图

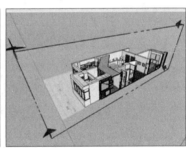

图 1-36　剖切效果

第 2 章

SketchUp
主要工具和基本操作

本章根据室内建模和效果表现的需要，选择性地介绍 SketchUp 的主要工具、常用插件以及文件导入与导出功能。使读者能以最短的时间、最佳的效率熟悉并掌握 SketchUp 软件在室内设计方面的常用工具和基本操作。

2.1 SketchUp 绘图工具栏

SketchUp【绘图】工具栏如

图 2-1 所示，包含了【矩形】、【直线】、【圆】、【圆弧】、【多边形】和【手绘线】等 10 种二维图形绘制工具。

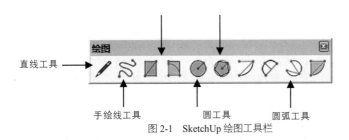

图 2-1　SketchUp 绘图工具栏

在 SketchUp 中，三维模型都是通过"二维转三维"的步骤建立而成，即先创建平面图纸，然后通过推/拉、路径跟随等操作制作三维实体。因此，绘制出精确的二维平面图形是最终建好三维模型的前提。接下来便开始学习【绘图】工具栏中各个二维绘图工具的使用方法与技巧。

2.1.1 矩形创建工具

【矩形】创建工具通过两个对角点的定位生成规则的矩形，绘制完成将自动生成封闭的矩形平面。【旋转矩形】工具 ▧ 主要通过指定矩形的任意两条边和角度，即可绘制任意方向的矩形。单击【绘图】工具栏 ▨/▧ 或执行【绘图】|【形状】|【矩形】、【旋转长方形】，均可启用该命令。

接下来，将通过【矩形】、【旋转矩形】工具详细地讲述在 SketchUp 中创建图形的各种方法与技巧。对于其他绘图工具的使用方法则不再详细讲述。

 技巧

【矩形】创建工具的默认快捷键为"R"。

1.　通过鼠标新建矩形

`01` 启用【矩形】绘图命令，待光标变成 ▨ 时在绘图区单击，确定矩形的第一个角点，然后向任意方向拖动鼠标指针以确定第二个角点，如图 2-2 所示。

`02` 确定好第二个角点位置后再单击即绘制完矩形。要注意的是，绘制完成后 SketchUp 会自动将其生成一个等大的矩形平面，如图 2-3 所示。

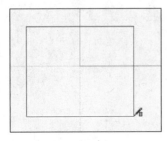

图 2-2　绘制矩形

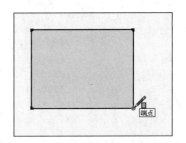

图 2-3　自动生成矩形平面

2．通过输入新建矩形

在没有参考图样可供捕捉时，直接使用鼠标将难以完成准确尺寸的矩形的绘制。此时便需要结合输入的方法进行精确图形的绘制，其操作步骤如下：

01 启用【矩形】绘图命令，待光标变成 时在绘图区单击确定矩形的第一个角点，然后在尺寸标注内输入长宽的数值，注意中间要使用逗号进行分隔，如图 2-4 所示。

02 输入完长宽数值后，按 Enter 键进行确认，即可生成准确大小的矩形，如图 2-5 所示。

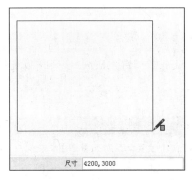

图 2-4　输入长宽数值

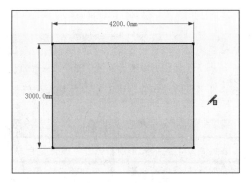

图 2-5　矩形绘制完成

3．绘制任意方向上的矩形

SketchUp2016 的旋转矩形工具 能在任意角度绘制离轴矩形（并不一定要在地面上），这样方便了绘制图形，可以节省大量的绘图时间。

01 调用【旋转矩形】绘图命令，待光标变成 时，在绘图区单击确定矩形的第一个角点，然后拖曳光标至第第二个角点，确定矩形的长度，然后将鼠标指针往任意方向移动，如图 2-6 所示。

02 找到目标点后单击，完成矩形的绘制，如　　　图 2-7 所示，重复命令操作绘制任意方向的矩形，如图 2-8 所示。

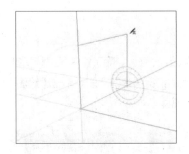

图 2-6　绘制矩形长度

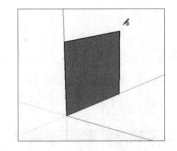

图 2-7　绘制立面矩形

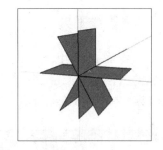

图 2-8　绘制任意矩形

4．绘制空间内的矩形

除了可以绘制轴方向上的矩形，SketchUp 还允许用户直接绘制处于空间任何平面上的矩形，具体方法如下：

01 启用【旋转矩形】绘图命令，待光标变成 时，移动鼠标指针确定矩形第一个角点在平面上的投影点。

02 将鼠标指针往 Z 轴上方移动，同时按 Shift 键锁定轴向确定空间内的第一个角点，如图 2-9 所示。

03 确定空间内第一个角点后，即可自由绘制空间内平面或立面矩形，如图 2-10 与图 2-11 所示。

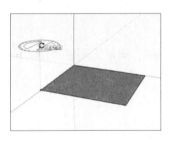

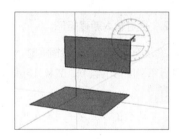

图 2-9　找到空间内的矩形角点　　　　图 2-10　绘制空间内平面矩形　　　　图 2-11　绘制空间内立面矩形

技 巧

如果当鼠标指针放置于某个"面"上并出现"在表面上"的提示后，按住 Shift 键不但可以进行轴向的锁定，还可以将所要画的点或其他图形锁定在该表面内进行创建。

注 意

在绘制空间内的矩形时，一定要通过蓝色轴线确定第一个角点的位置，否则如图 2-12 与图 2-13 所示只能绘制在同一平面内的矩形。此外，可在已有的"面"上直接绘制矩形以进行面的分割，如 图 2-14 所示。

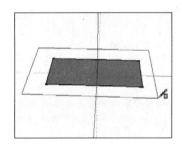

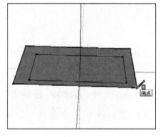

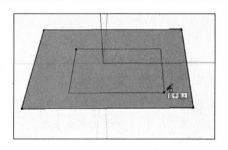

图 2-12　未出现蓝色轴线　　　　　图 2-13　绘制完成效果　　　　　图 2-14　用矩形分割表面

2.1.2 直线工具

在 SketchUp 中，"线"是模型的最小构成元素。因此，【直线】工具的功能十分强大，除了能使用鼠标指针直接进行绘制外，还能通过尺寸、坐标点进行精确绘制，此外还具有十分强大的捕捉与追踪功能。单击【绘图】工具栏中的 ✎ 按钮或执行【绘图】|【直线】|【直线】菜单命令均可启用该工具。

技 巧

【直线】创建工具默认的快捷键为"L"。

1.　直线的捕捉与追踪功能

默认状况下的 SketchUp 捕捉与追踪都已经设置好，在绘图过程中可以直接运用以提高绘图的准确度与工作效果。

捕捉即利用鼠标自动定位到图形的端点、中点、交点等特殊几何点。在 SketchUp 中可以自动捕捉到直线的端点与中点，如图 2-15 与图 2-16 所示。

此外，将鼠标指针放置到直线的端点或中点，然后在垂直或水平方向上移动鼠标指针即可进行追踪。通过对直线端点与中点的跟踪，可以轻松地绘制出长度为其一半且与之平行的另一条线段，如图 2-20~图 2-22 所示。

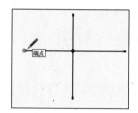

图 2-15　捕捉线段端点

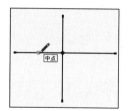

图 2-16　捕捉线段中点

注 意

相交线段在交点处将一分为二，因此线段中点的位置与数量会发生改变，如图 2-16 所示。同时，也可以进行分段删除，如图 2-17 与图 2-18 所示。此外，如果其中一条相交线段删除完成，则另外一条线段将恢复原状，如 图 2-19 所示。

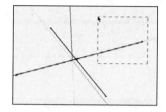

图 2-17　删除左侧线段

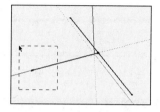

图 2-18　删除右侧线段

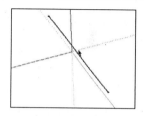

图 2-19　另外一条线段恢复原状

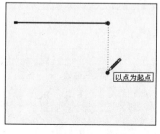

图 2-20　跟踪端点

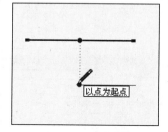

图 2-21　跟踪中点

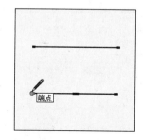

图 2-22　绘制完成

2. 线段的拆分功能

在 SketchUp 中可以对线段进行快捷的拆分操作，具体步骤如下：

01 选择创建好的线段，单击鼠标右键选择【拆分】命令，如图 2-23 所示。

02 默认将线段拆分为 2 段，如图 2-24 所示；向上轻轻推动鼠标指针即可逐步增加拆分段数，如图 2-25 所示。

图 2-23　选择拆分命令

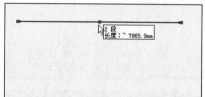

图 2-24　拆分为 2 段

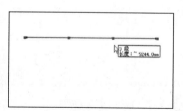

图 2-25　拆分为 3 段

2.1.3 圆形工具

圆形广泛应用于各种设计，单击 SketchUp【绘图】工具栏中的 ⊘ 按钮，或执行【绘图】|【形状】|【圆】菜单命令均可启用该工具，绘制方法如下。

技 巧

【圆】创建工具的默认快捷键为 "C"。

01 启用【圆】绘图命令，待光标变成 ⊘ 时在绘图区单击确定圆心位置，如图 2-26 所示。

02 拖动鼠标指针拉出圆形的半径后再次单击即可创建出圆形平面，如 图 2-27 与图 2-28 所示。

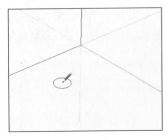
图 2-26　确定圆心

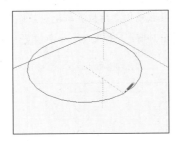
图 2-27　拖出半径大小

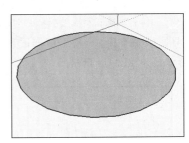
图 2-28　圆形平面绘制完成

技 巧

在三维软件中，【圆】除了【半径】这个几何特征外，还有【边数】的特征。【边数】越大【圆】越平滑，所占用的内存也越大，在 SketchUp 中也是如此。在 SketchUp 中，如果要设置【边数】，则在确定好【圆心】后输入 "数量 S" 即可控制，如图 2-29~图 2-31 所示。

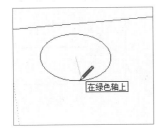
图 2-29　确定圆心

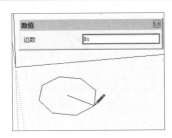
图 2-30　输入圆形边数

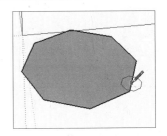
图 2-31　圆形平面绘制完成

注 意

三维视图内的立面以及空间圆形的绘制，读者可参考【矩形】一节中的内容，本节不再赘述。

2.1.4 圆弧工具

【圆弧】虽然只是【圆】的一部分，但其可以绘制更为复杂的曲线，因此在使用与控制上更有技巧性。单击【绘图】工具栏中的 ⊘ 按钮或执行【绘图】/【圆弧】菜单命令均可启用该工具。

注 意

【圆弧】创建工具的默认快捷键为 "A"。

1. 两点圆弧工具

01 启用【圆弧】绘图命令，待光标变成 ✎ 时在绘图区单击确定圆弧起点，如图 2-32 所示。

02 拖动鼠标指针拉出圆弧的弦长后再次单击，往左或右拉出凸距即可创建相应的圆弧，如图 2-33 与图 2-34 所示。

 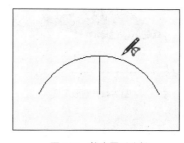 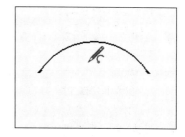

图 2-32　确定圆弧起点　　　　　　图 2-33　拉出圆弧弦长　　　　　　图 2-34　圆弧绘制完成

技 巧

如果要绘制半圆弧段，则需要在拉出弧长后往左或右移动鼠标指针，待出现"半圆"提示时再单击确定，如图 2-35～图 2-37 所示。

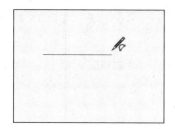 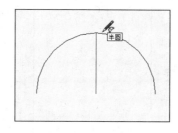 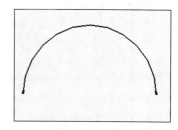

图 2-35　确定圆弧起点　　　　　　图 2-36　确定绘制半圆　　　　　　图 2-37　半圆绘制完成

技 巧

如果要绘制与已知图形相切的圆弧，则首先需要保证圆弧的起点位于某个图形的端点外，然后移动光标拉出凸距，当出现"正切到顶点"的提示时单击确定，即可创建相切圆弧，如图 2-38～图 2-40 所示。

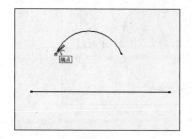 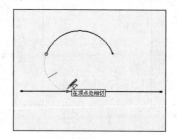 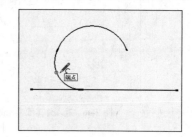

图 2-38　确定圆弧起点　　　　　　图 2-39　确定在顶点正切　　　　　图 2-40　相切圆弧绘制完成

2. 其余三种圆弧工具

默认的【2 点弧形】工具 ⌒ 允许用户选取两个终点，然后选取第三个来定义"凸出部分"。【圆弧】工具 ⌐ 则通过先选取弧形的中心点，然后在边缘选取两个点，根据其角度定义用户的弧形，如图 2-41 所示。【扇形】工具以同样的方式运行，但生成的是一个楔形面，如 图 2-42 所示。【3 点画弧】工具 则通过先选取弧形的中心点，然后在边缘选取两个点，根据其角度定义用户的弧形，如图 2-43 所示。

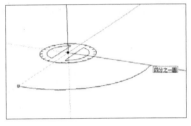

图 2-41 圆弧工具

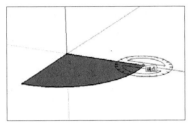

图 2-42 扇形工具

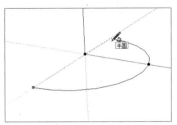

图 2-43 3 点画弧工具

2.1.5 多边形工具

在 SketchUp 中使用【多边形】工具可以绘制边数在 3~100 间的任意正多边形，单击【绘图】工具栏中的 按钮或执行【绘图】/【多边形】菜单命令均可启用该工具。接下来以绘制正 12 边形为例讲解该工具的使用方法。

01 启用【多边形】绘图命令，待光标变成 时，在绘图区单击确定中心位置，如图 2-44 所示。

02 移动鼠标指针确定【多边形】的切向，输入 "12S" 并按 Enter 键，确定多边形的边数，如图 2-45 所示。

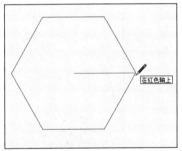

图 2-44 确定多边形中心点

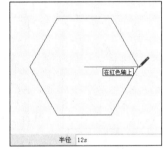

图 2-45 输入多边形边数

03 输入【多边形】外接圆的半径并按 Enter 键确定，创建精确大小的正 12 边形平面，如图 2-46 与图 2-47 所示。

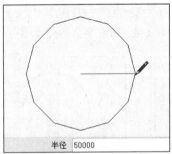

图 2-46 输入外接圆半径值

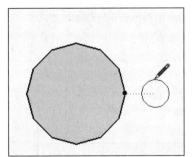

图 2-47 正 12 边形平面绘制完成

技巧

【多边形】与【圆】之间可以进行相互转换。如图 2-48~图 2-50 所示，当【多边形】的边数较大时，整个图形十分圆滑，此时就接近于圆形的效果。同样，当【圆】的边数设置得较小时，其形状也会变成对应边数的【多边形】。

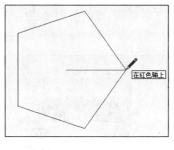
图 2-48　正 5 边形

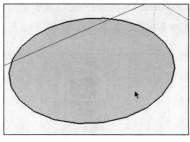
图 2-49　正 24 边形

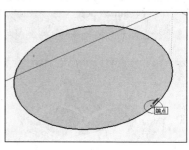
图 2-50　圆形

2.1.6 手绘线工具

SketchUp 中的【手绘线】工具用于绘制凌乱的、不规则的曲线平面。单击【绘图】工具栏中的 按钮或执行【绘图】|【直线】|【手绘线】菜单命令均可启用该工具，其常用方法如下：

01 启用【手绘线】绘图命令，待光标变成时 在绘图区单击确定绘制起点（此时应保持左键为按下状态），如图 2-51 所示。

02 任意移动鼠标指针创建所需要的曲线，如图 2-52 所示，通常最终会移动至起点处进行闭合以生成不规则的面，如图 2-53 所示。

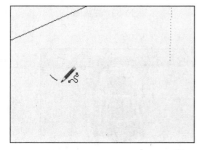
图 2-51　确定绘制起点

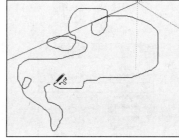
图 2-52　绘制曲线

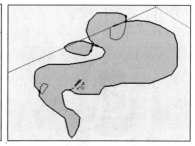
图 2-53　闭合曲线

2.2　掌握 SketchUp 视图与选择操作

本节介绍 SketchUp 视图与选择操作的方法与技巧，熟练掌握这些操作，可以大大提高绘图的效率。

2.2.1 SketchUp 视图操作

在使用 SketchUp 进行方案推敲的过程中，会经常需要通过视图的切换、缩放、旋转、平移等操作，以确定模型的创建位置或观察当前模型的细节效果。

1. 切换视图

SketchUp 主要通过【视图】工具栏 6 个视图按钮进行快速切换，单击某按钮即可切换至相应的视图，如图 2-54~图 2-59 所示。

注 意

SketchUp默认设置为"等轴"显示，因此所得到的平面与立面视图都非绝对的投影效果，执行【相机】/【平行投影】菜单命令即可得到绝对的投影视图，如图2-60～图2-62所示。

图 2-54 等轴显示

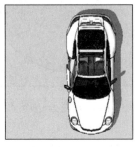

图 2-55 顶视图

图 2-56 前视图

图 2-57 右视图

图 2-58 后视图

图 2-59 左视图

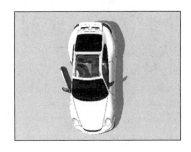

图 2-60 透视显示下的顶视图

图 2-61 调整为平行投影

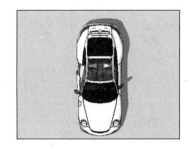

图 2-62 平行投影下的顶视图

在建立三维模型时，顶视图通常用于模型的定位与轮廓的制作，而各个立面图则用于创建对应立面的细节，透视图则用于整体模型的特征与比例的观察与调整。为了能快捷、准确地绘制三维模型，应多加练习，以熟练掌握各个视图的作用。

2．环绕观察视图

在任意视图中旋转，可以快速观察模型各个角度的效果，单击【相机】工具栏环绕观察按钮 ✥，按住鼠标左键进行拖动，即可对视图进行环绕观察，如图2-63～图2-65所示。

提 示

按住鼠标滚轮不放拖动鼠标指针，可以进行环绕观察操作。

3．缩放视图

通过缩放工具可以调整模型在视图中的显示大小，从而进行整体效果或局部细节的观察，SketchUp 在【相机】工具栏内提供了多种视图缩放工具。

图 2-63　原始角度　　　　　图 2-64　旋转角度 1　　　　　图 2-65　旋转角度 2

❑　【缩放】工具

【缩放】用于调整整个模型在视图中的大小。单击【相机】工具栏【缩放】按钮 🔍 ，按住鼠标左键不放，从屏幕下方往上方移动是扩大视图，从屏幕上方向下方移动是缩小视图，如图 2-66~图 2-68 所示。

图 2-66　原模型显示效果　　　　图 2-67　缩小视图　　　　　图 2-68　放大视图

　技 巧

默认设置下【缩放】工具的快捷键为"Z"。此外，前后滚动鼠标的滚轮，同样可以进行缩放操作。

❑　【缩放窗口】工具

通过【缩放窗口】可以划定一个显示区域，位于划定区域内的模型将在视图内最大化显示。单击【相机】工具栏【缩放窗口】按钮 🔍 ，然后在视图中划定一个区域即可进行缩放，如图 2-69~图 2-71 所示。

图 2-69　原模型显示效果　　　　图 2-70　划定拉伸窗口　　　　图 2-71　拉伸窗口效果

技 巧

【缩放窗口】工具默认快捷键为"Ctrl+Shift+W"。

❑ 　【充满视窗】工具

【充满视窗】工具可以快速地将场景中所有可见模型以屏幕的中心为中心进行最大化显示。其操作步骤非常简单，单击【相机】工具栏【充满视窗】按钮 ✖ 即可，如图 2-72 与图 2-73 所示。

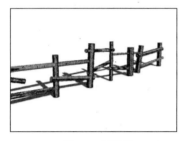
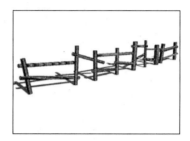

图 2-72　原视图　　　　　　　　　　　　　　　图 2-73　充满视窗显示

 技 巧

【充满视窗】工具默认快捷键为 "Shift+Z" 或 "Ctrl+Shift+E"。

4．平移

【平移】工具可以保持当前视图内模型显示大小比例不变，整体拖动视图进行任意方向的调整，以观察到当前未显示在视窗内的模型。单击【相机】工具栏【平移】按钮 ✋，当视图中出现抓手图标时，拖动鼠标指针即可进行视图的平移操作，如图 2-74~图 2-76 所示。

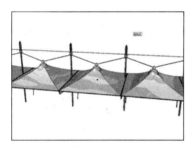
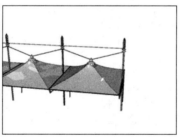
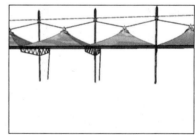

图 2-74　原视图　　　　　　　　图 2-75　向右平移　　　　　　　图 2-76　向上平移

 技 巧

默认设置下【平移】工具的快捷键为 "H"。此外，按住键盘上的 "Shift" 键同时按住滚动鼠标进行拖动，同样可以进行平移操作。

5．上一个工具

在进行视图操作时，难免出现误操作，使用【相机】工具栏【上一个】按钮 ✎，可以进行视图的撤销与返回，如图 2-77~图 2-79 所示。

技 巧

使用【上一个】工具，如果需要多步撤销或返回，连续单击对应按钮即可。

6. 设置视图背景与天空颜色

默认设置下 SketchUp 视图的天空与背景颜色如图 2-80 所示，不同的使用者可以根据个人喜好进行两者颜色的设置，具体方法如下：

01 执行【窗口】|【默认面板】|【风格】命令，弹出【风格】设置面板，如图 2-81 所示。

图 2-77　当前视图　　　　　　图 2-78　返回上一视图　　　　　　图 2-79　返回原视图

02 在【风格】面板选择【编辑】选项卡，单击【背景设置】图标，即可单击各色块进行颜色的调整，此时背景效果如图 2-82 所示。

　　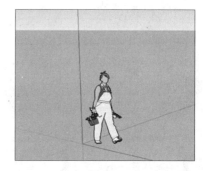

图 2-80　默认天空与背景　　　　　图 2-81　样式面板　　　　　图 2-82　调整后的背景与天空

2.2.2 SketchUp 对象的选择

SketchUp 是一个面向对象的软件，即首先创建简单的模型，然后再选择模型进行深入细化等后续工作，因此在工作中能否快速、准确地选择到目标对象，对工作效率有着很大的影响。SketchUp 常用的选择方式有一般选择、框选与叉选、扩展选择三种。

1. 一般选择

SketchUp 中【选择】命令可以通过单击工具栏选择按钮 ，或直接按键盘上的空格键激活，下面以实例操作进行说明。

01 启动 SketchUp 后并执行【文件】/【打开】命令。打开配套光盘"第 2 章|2.2.2 对象选择.skp"模型，本实例为一个欧式大门模型，如图 2-83 所示。

02 单击选择按钮 ，或直接按键盘上的空格键，激活【选择】工具，此时在视图内将出现一个"箭头"

图标，如图 2-84 所示。

03 此时在任意对象上单击均可将其选择，这里选择中部的门页，观察视图可以看到被选择的对象以高亮显示，以区别于其他对象，如图 2-85 所示。

图 2-83　打开欧式大门组件

图 2-84　启用选择工具

图 2-85　单击选择门页组件

注 意

SketchUp 中最小的可选择单位为"线"，其次分别是"面"与"组件"，光盘中"对象选择"文件中模型均为"组件"，因此无法直接选择到"面"或"线"。但如果选择"组件"并执行鼠标右键快捷菜单中的"炸开模型"命令，如图 2-86 所示，然后再选择，即可以选择到"面"或"线"，如图 2-87 与图 2-88 所示。

图 2-86　炸开模型

图 2-87　选择模型面

图 2-88　选择模型直线

04 在选择了一个目标对象后，如果要继续选择其他对象，则首先要按住"Ctrl"键不放，待视图中的光标变成 +时，再单击下一个目标对象，即可将其加入选择，如图 2-89 与图 2-90 所示。

05 如果误选了某个对象而需要将其从选择范围中去除时，可以按住"Ctrl+Shift"键不放，待视图中的光标变成 —时，单击误选对象即可将其进行减选，如图 2-91 所示。

图 2-89　选择左侧铁门

图 2-90　加选右侧铁门

图 2-91　减选左侧铁门

06 如果单独按住"Shift"键不放，待视图中的光标变成 时，单击当前已选择的对象，则将自动进行减选，如图 2-92 与图 2-93 所示。单击当前未选择的对象则自动进行加选，如图 2-94 所示。

注 意

进行减选时，不可直接单击组件黄色高亮的范围框，而需单击模型表面方能成功进行减选。

图 2-92　选择左右两侧铁门　　　　图 2-93　减选左侧铁门　　　　图 2-94　加选右侧门柱

2．框选与叉选

以上介绍的选择方法均为单击鼠标完成，因此每次只能选择单个对象，而使用【框选】与【叉选】，可以一次性选择多个对象。

【框选】是指在激活【选择】工具后，使用鼠标从左至右画出实线选择框，如图 2-95 与图 2-96 所示，被该选择框完全包围的对象则将被选择，如图 2-97 所示。

图 2-95　未选择状态　　　　　图 2-96　画出实线选择框　　　　图 2-97　框选后选择效果

【叉选】是指在激活【选择】工具后，使用鼠标从右至左画出虚线选择框，如图 2-98 与图 2-99 所示。与该选择框有交叉的对象都将被选择，如图 2-100 所示。

 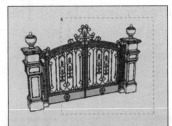 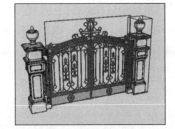

图 2-98　未选择状态　　　　　图 2-99　画出虚线选择框　　　　图 2-100　叉选后选择效果

技 巧

1：选择完成后，单击视图任意空白处，将取消当前所有选择。

2：按 "Ctrl+A" 键将全选所有对象，无论是否显示在当前的视图范围内。

3：上一节所讲述的加选与减选的方法对于【框选】与【叉选】同样适用。

3. 扩展选择

在 SketchUp 中，"线"是最小的可选择单位，"面"则是由"线"组成的基本建模单位，通过扩展选择，可以快速选择关联的面或线。

鼠标直接单击某个"面"，这个面就会被单独选择，如图 2-101 所示。

鼠标双击某个"面"，则与这个面相关的"线"同时也将被选择，如图 2-102 所示。

鼠标三击某个"面"，则与这个面相关的其他"面"与"线"都将被选择，如图 2-103 所示。

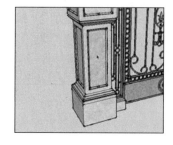

图 2-101　单击选择面　　　　　　图 2-102　双击选择面与边界边线　　　　　图 2-103　三击选择所有关联面

此外在选择对象上单击右键，可以通过弹出快捷菜单进行关联的"边线""面"或其他对象的选择，如图 2-104、图 2-105 和图 2-106 所示。

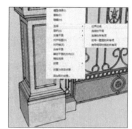

图 2-104　选择其中一个模型面　　　　图 2-105　选择边界边线菜单命令　　　　图 2-106　对应选择边界边线

2.3　SketchUp 编辑工具栏

SketchUp【编辑】工具栏如图 2-107 所示，包含了【移动】【推/拉】【旋转】【路径跟随】【缩放】以及【偏移】共 6 个工具。其中【移动】【旋转】【缩放】和【偏移】4 个工具用于对象位置、形态的变换与复制，而【推/拉】【路径跟随】两个工具则用于将二维图形转变成三维实体。

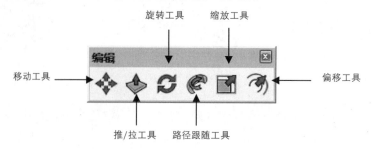

图 2-107　编辑工具栏

2.3.1 移动工具

在 SketchUp 中，【移动】工具不但可以进行对象的移动，同时还兼具复制功能。单击【编辑】工具栏中的 ✛ 按钮，或执行【编辑】/【移动】菜单命令均可启用编辑工具，接下来具体学习其使用方法与技巧。

技 巧

【移动】工具的默认快捷键为"M"。

1. 移动对象

[01] 打开配套光盘"第 2 章|2.3.1 移动原始.skp"模型，其为一个椅子模型组件，如图 2-108 所示。

[02] 选择模型后再启用【移动】工具，待光标变成 ✛ 时在模型上单击，以确定移动的起始点，再拖动鼠标指针即可在任意方向上移动选择对象，如图 2-109 所示。

[03] 将光标置于移动目标点后，再次单击即完成对象的移动，如图 2-110 所示。

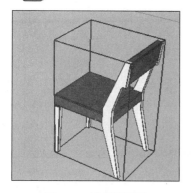
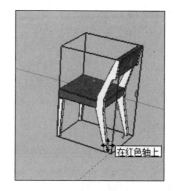

图 2-108　椅子模型组件　　　　　　图 2-109　在 X 轴上移动　　　　　　图 2-110　移动完成

技 巧

如果要进行精确距离的移动，可以在确定好移动方向后直接输入精确的数值，然后按"Enter"键确定。

2. 移动复制对象

在 SketchUp 中，通过【移动】工具也可以对选择对象进行【复制】，具体的操作如下。

[01] 如果要进行精确距离的移动复制，可以在确定好移动方向后输入精确的数值，然后按"Enter"键确定。

[02] 在进行移动复制后还可以以"个数 X"的形式输入复制数目，然后再次按下"Enter"键以确定进行多重复制。

[03] 此外，也可以首先确定好移动复制首尾对象的距离，然后以"个数/"的形式输入复制数目并再次按下"Enter"键确定，以快速进行多重复制。

注 意

对于三维模型中的"面"，使用【移动】工具进行移动复制同样有效。

2.3.2 旋转工具

【旋转】工具用于旋转对象，同时也可以完成旋转复制。单击【编辑】工具栏中的 按钮或执行【编辑】/【旋转】菜单命令均可启用该工具。接下来学习其具体的使用方法与技巧。

> **技 巧**
>
> 【旋转】工具的默认快捷键为"Q"。

1. 旋转对象

01 打开配套光盘内"第 2 章|2.3.2 旋转原始.skp"模型，如图 2-111 所示。选择模型后再启用【旋转】工具，待光标变成 时拖动鼠标确定旋转平面，然后再在模型表面确定旋转轴心点与轴心线，如图 2-112 所示。

02 拖动鼠标指针进行任意角度的旋转，如果要进行精确旋转，可以观察数值框数值或直接输入旋转度数，确定好角度后再次单击鼠标左键即可完成旋转，如图 2-113 所示。

　　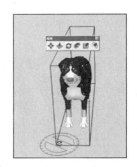

图 2-111　打开模型　　　　　图 2-112　确定旋转面、轴心点　　　　图 2-113　自由进行旋转

> **技 巧**
>
> 启用【旋转】工具后，按住鼠标左键不放，同时往不同方向拖动将产生不同的旋转平面，从而使目标对象产生不同的旋转效果。其中，当旋转平面显示为蓝色时，对象将以 Z 轴为轴心进行旋转，如图 2-112 所示；而显示为红色或绿色时，则将分别以 Y 轴或 Z 轴为轴心进行旋转，如图 2-114 与图 2-115 所示；如果以其他位置作为轴心，则将以灰色显示，如图 2-116 所示。

　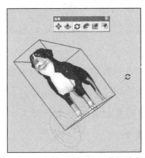　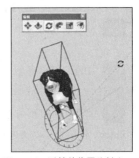

图 2-114　以 X 轴为轴心进行旋转　　　图 2-115　以 Y 轴为轴心进行旋转　　　图 2-116　以其他位置为轴心

2. 旋转部分模型

除了对整个模型对象进行旋转外，也可以仅旋转模型的部分分割表面，具体操作如下。

01 选择模型对象要旋转的部分表面，然后选择旋转平面，将轴心点与轴心线设置在分割线的端点，如

图 2-117 所示。

02 拖动鼠标指针确定旋转方向，然后直接输入旋转角度并按下"Enter"键确定完成一次旋转，如图 2-118 所示。

03 选择最上方的"面"，重新确定轴心点与轴心线，再次输入旋转角度并按下"Enter"键完成旋转，如图 2-119 所示。

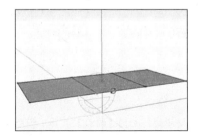
图 2-117　选择旋转面

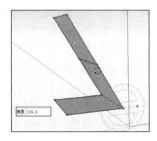
图 2-118　输入旋转角度

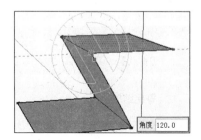
图 2-119　旋转完成

3.　旋转复制对象

在 SketchUp 中启用【旋转】工具后，按住"Ctrl"键可以对选择对象进行旋转复制，并能精确设置旋转角度与复制数量，具体的操作如下。

01 选择目标对象，然后启用【旋转】工具，并确定好旋转平面、轴心点与轴心线，如图 2-120 所示。

02 按住"Ctrl"键，待光标将变成 后输入旋转角度数值，如图 2-121 所示。

03 按下"Enter"键确定旋转数值，以"数量 X"的格式输入要复制的数目，再次按下"Enter"键即可完成复制，如图 2-122 所示。

图 2-120　输入旋转角度

图 2-121　输入复制数量

图 2-122　旋转复制完成

04 同样，除了以上的复制方法外，还可以首先复制出多个复制对象首尾之间的模型，然后以"/数量"的形式输入要复制的数目并按下"Enter"键，此时就会以平均角度进行旋转复制，如图 2-123~图 2-125 所示。

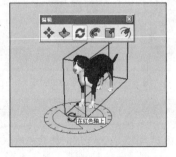
图 2-123　输入旋转角度

图 2-124　输入旋转数量

图 2-125　旋转复制完成

2.3.3 缩放工具

在 SketchUp 中，【缩放】工具主要用于缩小或放大对象，既可以进行 X、Y、Z 三个轴向的等比缩放，也可以进行任意两个轴向的非等比缩放。单击【编辑】工具栏中的按钮或直接在键盘上输入 S 命令均可启用该工具，接下来学习其具体的使用方法与技巧。

技 巧

【缩放】工具的默认快捷键为“S”。

1. 等比缩放

01 打开配套光盘“第 2 章|2.3.3 缩放原始.skp”模型，选择左侧的灯笼模型。启用【缩放】工具，模型周围即出现了用于缩放的栅格，如图 2-126 所示。

02 待光标变成时，选择任意一个位于顶点的栅格点，会出现“统一调整比例，在对角点附近”的提示，此时按住鼠标左键并拖动即可进行模型的等比缩放，如图 2-127 所示。

技 巧

选择缩放栅格后，按住鼠标左键向上推动为放大模型，向下推动则为缩小模型。此外，在进行二维平面模型的等比缩放时，同样需要首先选择四周的栅格点，如图 2-128 所示。

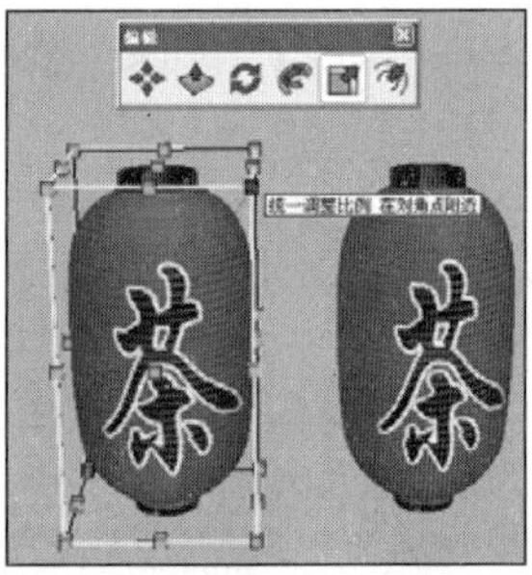

图 2-126 选择缩放栅格顶点

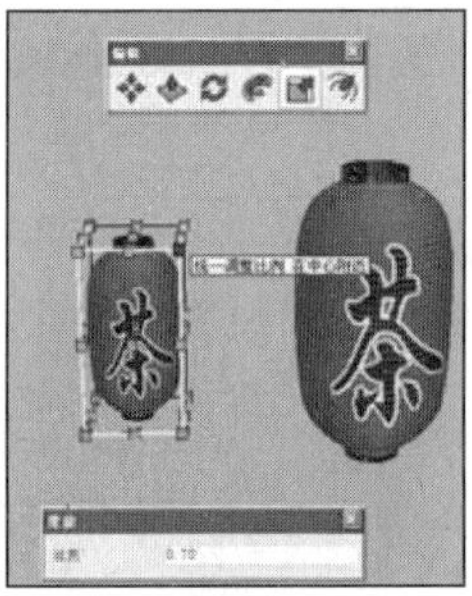

图 2-127 进行等比缩放

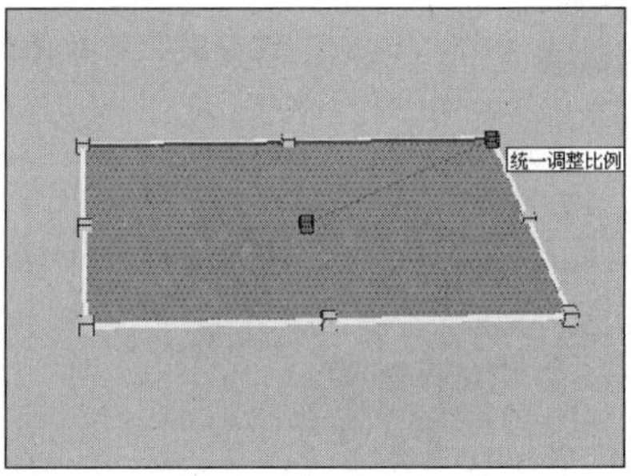

图 2-128 等比缩放完成

03 除了直接通过鼠标进行缩放外，在确定好缩放栅格点后直接输入缩放比例，然后按下“Enter”键也可完成精确比例的缩放，如图 2-129~图 2-131 所示。

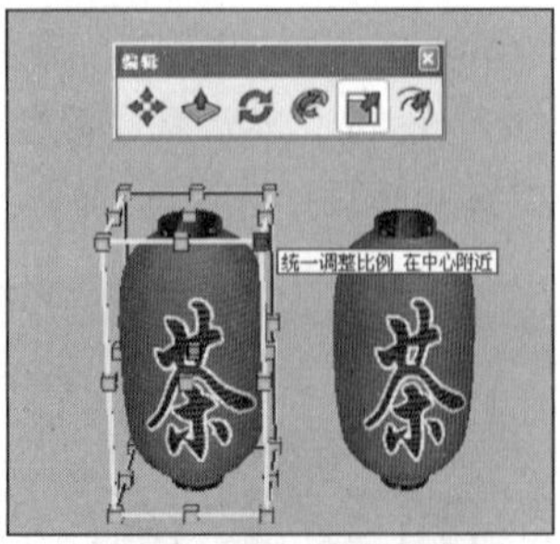

图 2-129 选择缩放栅格顶点

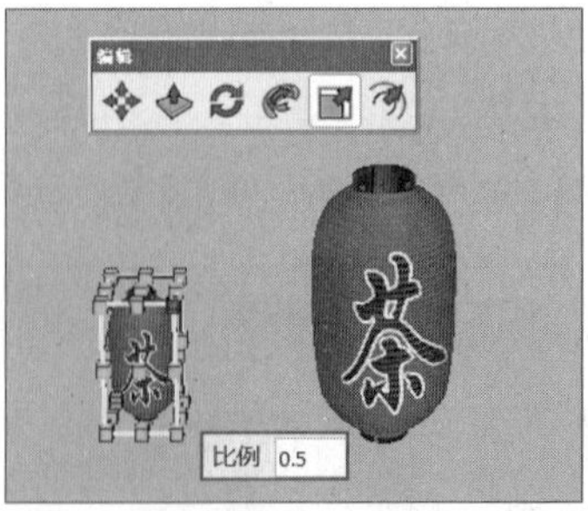

图 2-130 输入缩放比例

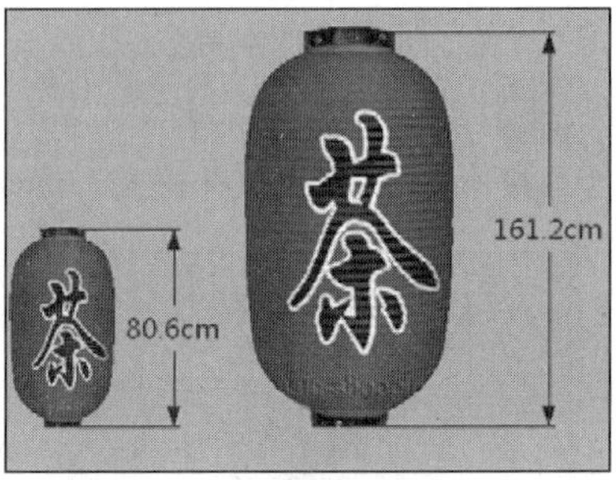

图 2-131 精确等比缩放完成

注 意

在进行精确比例的等比缩放时，数量小于 1 则为缩小，大于 1 则为放大，如果输入负值则对象不但会进行比例的调整，其位置也会发生镜像改变。因此，如果输入-1 则选择对象可以产生【翻转】的效果，如图 2-132~图 2-134 所示。

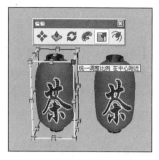

图 2-132　选择缩放栅格顶点

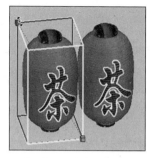

图 2-133　输入负值缩放比例

图 2-134　完成效果

2．非等比缩放

【等比缩放】是均匀地改变对象的尺寸大小，其整体造型并不会发生改变，而通过【非等比缩放】则可以在改变对象尺寸的同时也改变其造型，具体的操作如下：

01　选择用于推/拉的"灯笼"模型，启用【缩放】工具，选择位于栅格线中间的栅格点，即会出现"绿/蓝色轴"或类似提示，如图 2-135 所示。

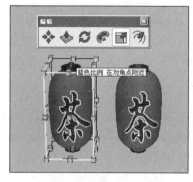

图 2-135　选择缩放栅格线中点

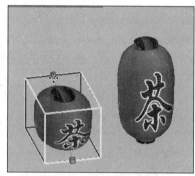

图 2-136　进行非等比缩放

图 2-137　非等比缩放完成

02　确定好栅格点后，单击鼠标左键并拖动即可进行缩放；确定好缩放大小后再次单击即可完成缩放，如　图 2-136 与图 2-137 所示。

技 巧

除了"绿/蓝色轴"的提示外，选择其他栅格点还会出现"红/蓝色轴"或"红/绿色轴"的提示，而出现这些提示时都可以进行【非等比缩放】。

此外，选择某个位于中心的栅格点，还可进行 X、Y、Z 任意单个轴向上的【非等比缩放】。

2.3.4 偏移工具

在 SketchUp 中，【偏移】工具可以同时将对象进行移动与复制，单击【编辑】工具栏中的 ⫐ 按钮或执行【编辑】/【偏移】菜单命令均可启用该工具。在实际的工作中，【偏移】工具可以对任意形状的"面"进行偏移，但对于"线"的偏移则有一定的前提，接下来进行具体的介绍。

技 巧

【偏移】工具的默认快捷键为"F"。

1. 面的偏移

01 在视图中创建一个长宽都约为 1500mm 的矩形平面，然后启用【偏移】工具，如图 2-138 所示。

02 待光标变成 ⬁ 时，在要进行偏移的"平面"上单击以确定偏移的参考点，然后向内拖动鼠标指针即可进行偏移，如图 2-139 所示。

03 确定好偏移大小后再次单击鼠标左键，即可同时完成偏移与复制，如图 2-140 所示。

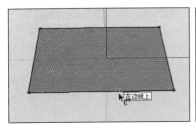 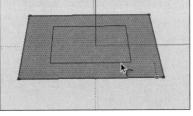 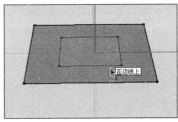

图 2-138　创建矩形平面　　　　　图 2-139　向内偏移　　　　　图 2-140　偏移完成效果

> **注意**
>
> 【偏移】工具不仅可以向内进行收缩复制，还可以向外进行放大复制。在"平面"上单击鼠标左键确定好偏移的参考点后向外拖动鼠标指针即可，如图 2-141~图 2-143 所示。

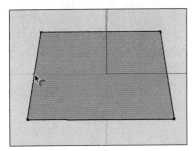 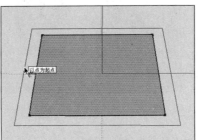 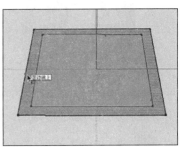

图 2-141　确定偏移参考点　　　　图 2-142　向外偏移　　　　　图 2-143　完成效果

04 如果要进行精确距离的偏移，可以在"平面"上单击确定偏移参考点，然后直接输入偏移数值，再按下"Enter"键确认，如图 2-144~图 2-146 所示。

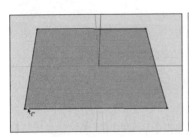 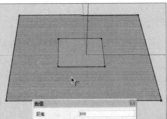 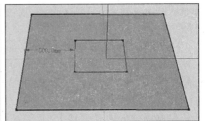

图 2-144　确定偏移参考点　　　　图 2-145　输入偏移距离　　　　图 2-146　精确偏移完成效果

05 如果偏移的"面"不是正方形、圆或其他正多边形，则当鼠标指针向内拖动距离大于其一半的边长时，所复制出的"面"的长宽比例将对调，如图 2-147~图 2-149 所示。

【偏移】工具对任意造型的"面"均可进行偏移与复制，如图 2-150~图 2-152 所示。但对于"线"的复制则有所要求，接下来进行了解。

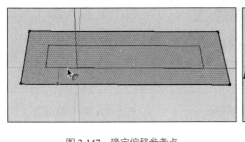 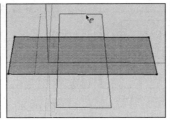 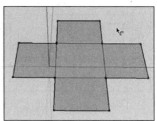

图 2-147　确定偏移参考点　　　　图 2-148　对调长宽比例　　　　图 2-149　偏移完成

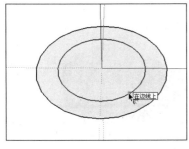  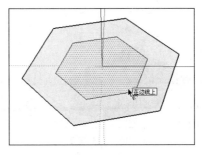 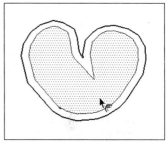

图 2-150　圆形的偏移　　　　图 2-151　正多边形的编移复制　　　　图 2-152　曲线平面的偏移

2. 线形的偏移

在 SketchUp 中,【偏移】工具是无法对单独的线段以及交叉的线段进行偏移与复制的,如图 2-153 与图 2-154 所示。

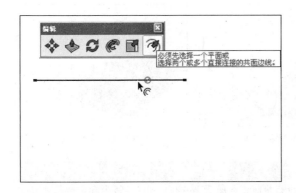 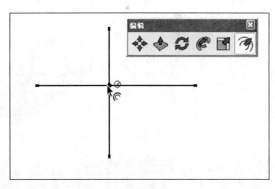

图 2-153　无法偏移单独线段　　　　　　　图 2-154　无法偏移交叉线段

而对于多条线段组成的转折线、弧线以及线段与弧形组成的线形均可以进行偏移与复制,如图 2-155~图 2-157 所示。其具体的操作方法及功能与"面"类似,在这里不再赘述。

2.3.5 推/拉工具

在 SketchUp 中,将二维平面生成三维实体模型的最为常用的工具即【推/拉】工具。单击【编辑】工具栏中的 ◆ 按钮或执行【编辑】/【推/拉】菜单命令均可启用该工具。接下来便了解其具体的使用方法与技巧。

01　在场景中创建一个长、宽约为 2000mm 的矩形,然后启用【推/拉】工具,如图 2-158 所示。

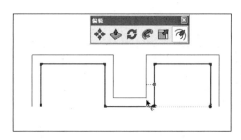

图 2-155　偏移转折线

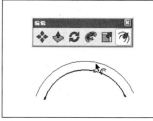

图 2-156　偏移弧线

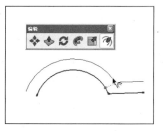

图 2-157　偏移混合线形

02 待光标变成 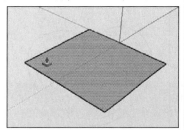 时，将其置于推/拉对象的表面并单击确定，然后拖动鼠标指针缩放出三维实体，推拉出合适的高度后再次单击即可完成推拉，如图 2-159 与图 2-160 所示。

图 2-158　创建矩形平面

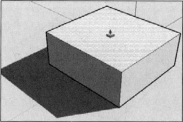

图 2-159　向上推拉平面

图 2-160　完成效果

技 巧

【推/拉】工具的默认快捷键为 "P"。

03 如果要进行精确的推拉，则可以在单击确定开始推拉前输入长度数值，再按下 "Enter" 键确认，如图 2-161~图 2-163 所示。

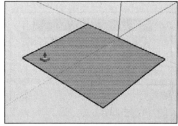

图 2-161　选择矩形平面

图 2-162　输入推/拉数值

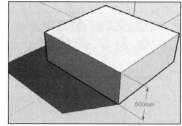

图 2-163　完成效果

技 巧

在完成推拉后再次启用【推/拉】工具可以直接进行推拉，如图 2-164 与　图 2-165 所示。如果此时按住 "Ctrl" 键，则会以复制的形式进行推拉，如图 2-166 所示。

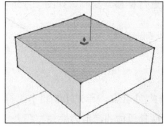

图 2-164　选择已推拉出的平面

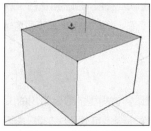

图 2-165　继续推拉效果

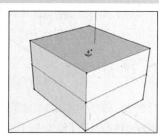

图 2-166　推拉复制效果

技 巧

如果有多个面的推/拉深度相同，则在完成了其中某一个面的推/拉之后，在其他面上使用【推/拉】工具直接双击左键即可快速实现相同的推/拉效果，如图 2-167~图 2-169 所示。

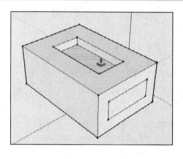
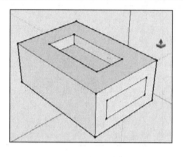
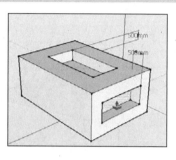

图 2-167　向下挤压面　　　　　　　图 2-168　挤压完成　　　　　　图 2-169　双击快速完成相同挤压

2.3.6 路径跟随工具

SketchUp 中的【路径跟随】可以利用两个二维线形或平面生成三维实体。单击【编辑】工具栏中的 按钮或执行【工具】/【路径跟随】菜单命令均可启用该工具，其具体的使用方法与技巧如下：

1.　面与线的应用

01 打开配套光盘"第 2 章|2.3.6 路径跟随"文件，场景中有一个平面图形与二维线型，如图 2-170 所示。

02 启用【路径跟随】工具，待光标变成 时单击选择其中的二维平面，如图 2-171 所示。

03 将光标移动至线形附近，此时在线形上会出一个红色的捕捉点，二维平面也会根据该点至线形下方端点的走势形成三维实体，如图 2-172 所示。

04 向上拖动鼠标指针直至线形的端点，在确定实体效果后单击即可完成三维实体的制作，如图 2-173 所示。

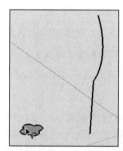
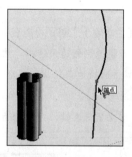
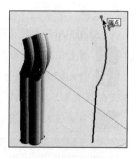

图 2-170　打开跟随路径　　　图 2-171　选择截面图形　　　图 2-172　捕捉路径　　　图 2-173　跟随完成效果

2.　面与面的应用

在 SketchUp 中选择【路径跟随】工具，通过"面"与"面"的应用可以绘制出室内具有线脚的天花板等常用构件。

01 在视图中绘制线脚截面与天花板平面二维图形，然后启用【路径跟随】工具并单击选择截面，如图 2-174 所示。

02 待光标变成 时将其移动至天花板平面图形内，然后跟随其捕捉一周，如图 2-175 所示。

03 单击左键确定完成捕捉，得到的最终效果如　图 2-176 所示。

在 SketchUp 中并不能直接创建球体、棱锥、圆锥等几何形体，通常是通过在"面"与"面"上应用【路径跟随】工具来完成的，其中球体的创建步骤如图 2-177~图 2-179 所示。

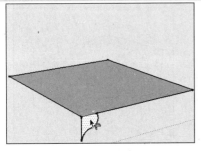

图 2-174　选择角线截面

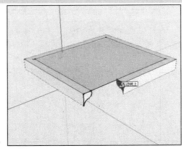

图 2-175　捕捉天花板平面

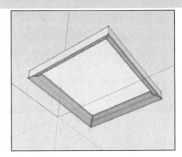

图 2-176　完成效果

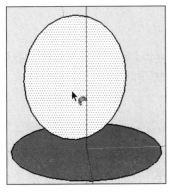

图 2-177　选择圆形平面

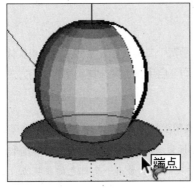

图 2-178　捕捉底部圆形

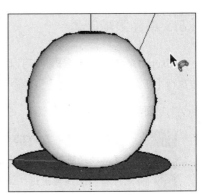

图 2-179　完成效果

3. 实体上的应用

在 SketchUp 中利用【路径跟随】工具还可以在实体模型上直接制作出边角细节，具体操作方法如下：

01 首先在实体表面上直接绘制好边角轮廓，然后启用【路径跟随】工具并单击选择，如图 2-180 所示。

02 待光标变成 时单击选择边角轮廓，然后再将光标置于实体的轮廓线上，此时就可以参考出现的虚线确定跟随效果，如图 2-181 所示。

03 确定好跟随效果后单击鼠标左键，完成后的实体边角效果如图 2-182 所示。

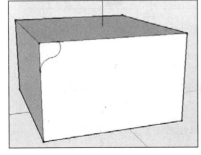

图 2-180　选择边角截面

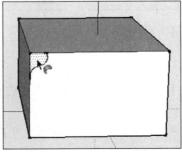

图 2-181　捕捉实体模型边线

图 2-182　完成效果

技巧

利用【路径跟随】工具直接在实体模型上创建边角效果时，如果捕捉完整的一周将制作出图 2-183 所示的效果。此外，还可以任意捕捉实体轮廓线进行效果的制作，如图 2-184 与图 2-185 所示。

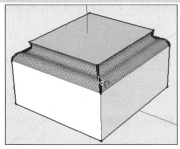
图 2-183　捕捉一周的效果

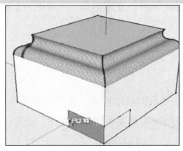
图 2-184　捕捉效果

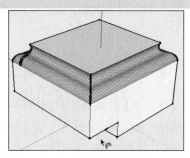
图 2-185　完成效果

2.4 SketchUp 风格工具栏

单击【风格】工具栏各个按钮，可以快速切换不同的显示模式，以满足不同的观察要求。该工具栏从左至右分别为【X 光透视模式】、【后边线】、【线框】、【消隐】、【阴影】、【材质贴图】以及【单色】七种显示模式，如图 2-186 所示。

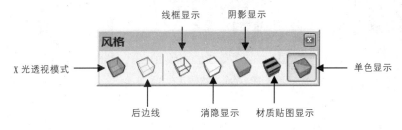
图 2-186　SketchUp 风格工具栏

2.4.1 X 光透视模式显示模式

在进行封闭空间的设计时，如果需要直接观察室内平面布置、构件效果，则单击【X 光透视模式】按钮 实现透视效果，如图 2-187 与图 2-188 所示。在该过程中并不需要隐藏任何模型，操作快捷又有效。

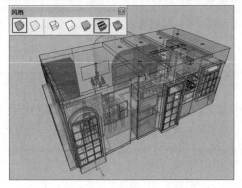
图 2-187　X 光透视模式与纹理图像混合显示

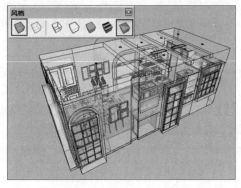
图 2-188　X 光透视模式与单色混合显示

2.4.2 后边线显示模式

【后边线】是一种附加的显示模式，单击该按钮，可以在当前显示效果的基础上以虚线的形式显示模型背面无法被观察到的直线，如图 2-189 所示。但需要注意的是，在当前为【X 光透视模式】与【线框】显示效果时，该附加显示无效。

2.4.3 线框显示模式

【线框】是 SketchUp 中最节省系统资源的显示模式，其效果如图 2-190 所示。在该种显示模式下，场景中的所有对象均以实直线显示，材质、纹理图像等效果也将暂时失效。在进行大型场景的视图缩放、平移等操作时，最好能切换到该模式，以有效地避免卡屏、迟滞等现象。

2.4.4 消隐显示模式

【消隐】模式仅显示场景中可见的模型面，此时大部分的材质与纹理图像都会暂时失效，仅在视图中体现实体与透明材质的区别。因此，这是一种比较节省资源的显示方式，如图 2-191 所示。

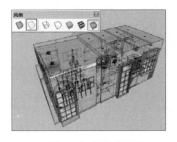 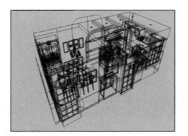 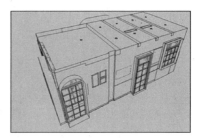

图 2-189　后边线显示　　　　　　图 2-190　线框显示　　　　　　图 2-191　消隐显示

2.4.5 阴影显示模式

【阴影】是一种介于【消隐】与【材质贴图】之间的显示模式，该模式将在可见模型面的基础上，根据已经赋予场景的材质，自动在模型面上生成相近的色彩，如图 2-192 所示。在该模式下，实体与透明材质的区别也有所体现，因此，显示的模型的空间感比较强烈。

技 巧

如果场景模型没有指定任何材质，则在【阴影】模式下仅以黄、蓝两色表明模型的正反面。

2.4.6 材质贴图显示模式

【材质贴图】是 SketchUp 中最全面的显示模式。在该模式下，材质的颜色、纹理及透明效果都将得到完整的体现，如图 2-193 所示。

2.4.7 单色显示模式

【单色显示】是一种在建模过程中经常使用到的显示模式。该种模式用纯色显示场景中的可见模型面，以黑色实线显示模型的轮廓线，在占用较少系统资源的前提下，产生十分强烈的空间立体感，如图 2-194 所示。

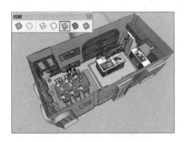

图 2-192　阴影显示

图 2-193　材质贴图显示

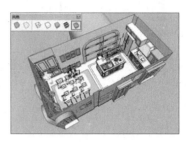

图 2-194　单色显示

技 巧

【材质贴图】显示模式十分占用系统资源，因此通常被用于观察材质以及模型的整体效果，而在建立模型、旋转、平衡视图等操作时，则应尽量使用其他模式，以避免卡屏、迟滞等现象。此外，如果场景中的模型没有被赋予任何材质，该模式将无法应用。

2.5 SketchUp 主要工具栏

SketchUp 中的【主要】工具栏的功能设置如图 2-195 所示，主要有【选择】、【制作组件】、【材质】以及【擦除】4 种工具。其中【选择】工具的使用前面小节进行过详细介绍，接下来将介绍另外三个工具的使用方法与技巧。

图 2-195　SketchUp 常用工具栏

2.5.1 制作组件工具

【制作组件】工具用于管理场景中的模型。在场景中制作好了某个模型套件（如由拉手、门页、门框、组成的门模型）后，将其制作成【制作组件】，不但可以精简模型个数，有利于模型的选择，而且还可以直接进行复制。并且，只要修改了其中的任意一个模型，由其复制的模型也会发生相同的改变，从而大大提高工作效率。

此外，将模型制作成【组件】后可以将其单独导出，这样不但可以将其分享给他人，而且也方便自己随时再导入调用。接下来首先了解【组件】的制作方法。

1．创建与分解组件

01　打开配套光盘内"第 2 章|2.5.1 组件原始"模型，其为一个由多个部件组成的餐桌模型，如图 2-196 所示。

02 此时的餐桌并未整体创建为【组件】，因此可能对单个部件进行错误操作，如图 2-197 所示。

03 按组合键 "Ctrl+A" 选择所有模型部件，然后单击组件工具按钮 或单击鼠标右键选择 "创建组件" 命令，如图 2-198 所示。

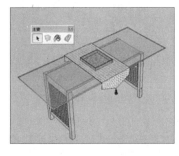
图 2-196　餐桌模型

图 2-197　对单个部件进行错误操作

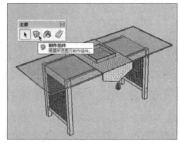
图 2-198　单击创建组件命令

04 弹出【创建组件】面板后可设置【名称】等参数，如图 2-199 所示。设置完成后单击【创建】按钮即可将其整体制作成【组件】，如图 2-200 所示。

05 将模型整体创建为组件后，在进行移动、缩放等操作时即可默认以整体的形式进行操作，如图 2-201 所示。

图 2-199　创建组件面板

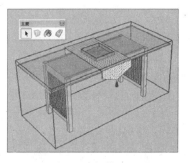
图 2-200　创建休闲椅组件

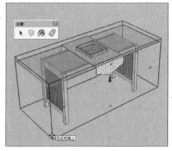
图 2-201　整体进行椅子的缩放

技巧

　　在 Sketcup 中进行单面植物效果的渲染时，【创建组件】面板中【总是朝向相机】的参数将变得十分重要。勾选该参数后，随着机位的移动，制作好的植物组件也会相应地转动，使其始终以正面面向相机，如图 2-202~图 2-204 所示。

图 2-202　原始效果

图 2-203　勾选【总是朝向相机】参数

图 2-204　调整效果

06 制作好组件后可以整体复制出其他位置的相同组件，如图 2-205 所示。在方案的推敲过程中，如果要进行统一修改，可以首先单击右键选择【编辑组件】命令，如图 2-206 所示。

07 对应地改变整体或任意一个组件的大小，此时复制的其他模型均可发生同样的改变，如图 2-207 所示。

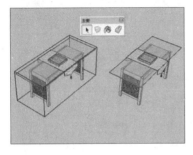
图 2-205　复制组件

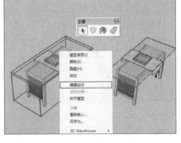
图 2-206　选择编辑组件命令

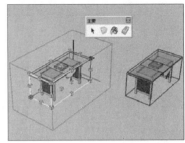
图 2-207　组件修改时的效果

08 而如果要单独对某个组件进行调整，可以选择该组件并单击鼠标右键为其添加【设定为唯一】命令，如图 2-208 所示。此时再进行模型的变换将不会对由其复制的组件产生关联影响，如图 2-209～图 2-210 所示。

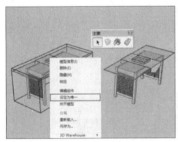
图 2-208　单独处理组件

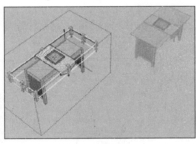
图 2-209　缩小模型

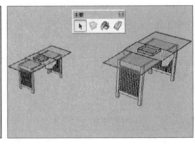
图 2-210　调整完成效果

09 选择组件，在其表面单击鼠标右键弹出快捷菜单，使用【炸开模型】命令即可打散制作好的组件。

2．导出与导入组件

【组件】制作完成后，首先应该将其导出为单独的模型。当其他的场景需要使用时，就可直接导入，具体的操作如下。

01 选择制作好的【组件】，在其表面单击鼠标右键弹出快捷菜单，选择【另存为】命令，如图 2-211 所示。

02 在弹出的【另存为】面板中设置路径为 SketchUp 安装下的"Components"，然后单击【保存】命令即可，如图 2-212 所示。

03 【组件】保存完成后，在其他需要调用该组件的场景中执行【窗口】/【组件】菜单命令，即可通过弹出的【组件】面板进行选择并直接插入场景，如图 2-213 所示。

技 巧

只有将【组件】保存在 SketcheUp 安装路径中名为"Components"的文件夹内，才可以通过【组件】面板进行直接调用。

3．组件库

个人或者团队制作的【组件】通常都比较有限，Google 公司在收购 SketchUp 后结合其强大的搜索功能，使 SketchUp 用户可以直接在网上搜索【组件】，同时也可以将自己制作好的组件上载到互联网上供其他用户使用。

这样，全世界的 SketchUp 用户就构成了一个十分庞大的网络【组件库】。在网上搜索以及上载【组件】的具体方法与技巧如下：

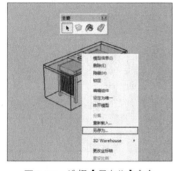
图 2-211　选择【另存为】命令

图 2-212　保存组件

图 2-213　需要调用休闲椅的场景

01　了解下载组件的方法。在【组件】面板中输入下载模型的关键词，如图 2-214 所示，然后单击后方的
🔍【搜索】按钮进行模型搜索，如图 2-215 所示。

图 2-214　输入下载模型的关键词

图 2-215　进行模型搜索

图 2-216　搜索完成

02　搜索完成后即会在面板中显示对应的结果，如图 2-216 所示。

03　通过下拉按钮选择搜索到的模型，如图 2-217 所示；双击目标模型即可进行该模型的下载，如图 2-218 所示。下载完成后即可将其直接插入场景，如图 2-219 所示。

04　如果要上载制作好的【组件】，则首先选择目标模型，然后添加【共享组件】命令，如图 2-220 所示。

05　进入【3D 模型库】上载面板，单击【上载】按钮即可进行上载，如图 2-221 所示。

06　上载成功后，其他用户即可通过互联网进行搜索与下载，如图 2-222 所示。

注意

使用 Google 3D 模型库进行【组件】的上载前，需注册 Google 用户并同意上载协议。

图 2-217　选择目标模型

图 2-218　进行模型下载

图 2-219　插入场景中

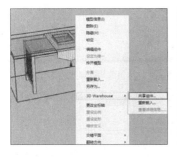

图 2-220　选择共享组件命令

图 2-221　上载组件

图 2-222　上载完成

2.5.2 材质工具

本节将重点讲解 SketchUp 中材质的赋予方法、【材质编辑器】的功能以及【纹理图像】的编辑技巧。

1. 使用材质工具赋予材质的方法

`01` 打开配套光盘"第 2 章 2.5.2 材质原始模型"，其为一个没有任何材质效果的茶几模型，如图 2-223 所示。

`02` 单击【材质】工具按钮 或执行【窗口】/【默认面板】/【材料】菜单命令打开【材料】面板。

技 巧

【材质】工具的默认快捷键为"B"。

`03` SketchUp 分门别类地制作了一些材质，单击对应的文件夹名称或通过下拉按钮均可进入目标类材质，如图 2-224 与图 2-225 所示。

`04` 赋予茶几支撑木纹材质。进入名称为"木质纹"的文件夹，然后选择"原色樱桃木"材质，如图 2-226 所示。

`05` 当光标将变成 时，进入茶几支撑组并赋予其对应的材质，如图 2-227 所示。

`06` 进入名称为"半透明材质"的文件夹，然后选择"半透明安全玻璃"材质赋予茶几玻璃材质，如图 2-228 所示。

`07` 场景材质制作完成后，可以单击【在模型中的样式】按钮 进行查看，如图 2-229 所示。

08 此外还可以单击【样本颜料】按钮 ✐，然后直接在模型表面吸取其所具有的材质，如图 2-230 与图 2-231 所示。

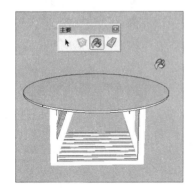

图 2-223 茶几模型

图 2-224 材质分类

图 2-225 下拉按钮中的材质分类

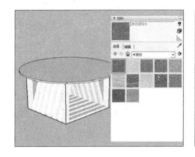

图 2-226 选择"原色樱桃木"材质

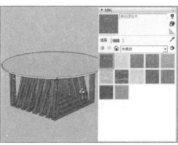

图 2-227 赋予茶几支撑木纹材质

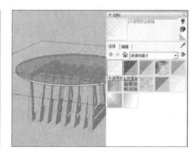

图 2-228 赋予玻璃材质

图 2-229 查看模型中现有材质

图 2-230 单击【样本颜料】按钮

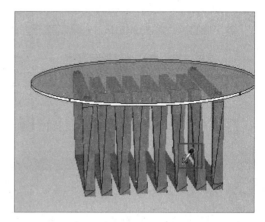

图 2-231 提取模型材质样本

SketchUp 虽然提供了许多材质，但并不一定能完全满足实际工作的需求。此时可以通过选择已有材质再进入【编辑】选项卡进行修改，或直接单击【创建材质】按钮 ⊕ 按照要求制作新的材质。由于材质【编辑】选项卡与【创建材质】选项卡的参数一致，所以接下来将直接讲解【创建材质】选项卡的功能与使用方法。

2. 材质编辑器的功能

单击【创建材质】按钮 ⊕，即可弹出【创建材质】面板，其具体的功能如图 2-232 所示。

材质名称：新建材质时，可以根据材质特点进行命名以便于以后查找与调整。材质的命名应该简洁、明确，如"木纹""玻璃"等，也可以以拼音首字母进行命名，如"MW""BL"等。如果场景中有多个类似的材质，则应该在其后加以简短的区分，如"玻璃_半透明""玻璃_磨砂"等，此外也可以根据材质模型的对象进行区分，如"木纹_地板""木纹_书桌"等。

材质预览：通过"材质预览"可以快速查看当前新建的材质效果，如图 2-233~图 2-235 所示在预览窗口内可以对颜色、纹理以及透明度进行实时预览。

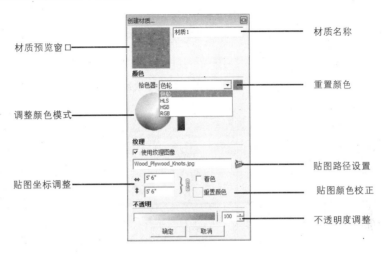

图 2-232　材质编辑器功能图解

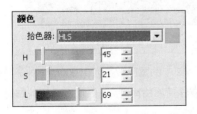

图 2-233　颜色预览

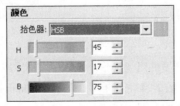

图 2-234　纹理预览

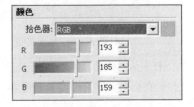

图 2-235　透明度预览

颜色模式：按下"颜色模式"后的下拉按钮，可以选择除默认"颜色选择"之外的"HLS""HSB"以及"RGB"三种模式，如图 2-236~图 2-238 所示。

图 2-236　HLS 模式

图 2-237　HSB 模式

图 2-238　RGB 模式

技巧

这四种颜色模式在色彩的表现能力上并没有任何区别，读者可以根据自己的习惯进行选择。但由于"RGB模式"使用红色（R）、绿色（G）以及蓝色（B）这三种光原色数值进行颜色的调整，比较直观，所以在本书中将采用该种模式。

重置颜色：按下"重置颜色"色块，系统将恢复颜色的 RGB 值为 137、122、41。

纹理图像路径：按下"纹理图像路径"后的【浏览材质图像文件】按钮 ，将打开【选择图像】面板进行纹理图像的加载，如图 2-239~图 2-240 所示。

> **注 意**
>
> 通过上述的过程添加纹理图像之后，【使用纹理图像】参数将自动勾选。此外，通过勾选【使用纹理图像】参数也可直接进入【选择图像】面板。如果要取消对纹理图像的使用，则将该参数取消勾选即可。

纹理图像坐标：外部加载的纹理图像，其原始尺寸如图 2-241 所示，并不一定适合于当前场景的使用。此时，通过"纹理图像坐标"数值的调整可以得到比较理想的显示效果，如图 2-242 所示。

图 2-239　单击【浏览材质图像文件】按钮

图 2-240　选择图像对话框

图 2-241　纹理图像原始尺寸效果

图 2-242　调整尺寸后的效果

在默认的设置下，纹理图像的长与宽的比例并不能修改，如想将图 2-242 中的宽度调整为 25000mm 以获得正方形的纹理图像效果时，其长度会如图 2-243 所示自动调整为 2000mm 以保持原始比例。此时可以单击其后的【解锁】按钮 ，然后再调整，如图 2-244~图 2-245 所示。

> **注 意**
>
> 在 SketchUp 中，【材质编辑器】只能用于对纹理图像尺寸与比例的改变。如果要对纹理图像位置、角度等进行修改则需要通过【纹理】菜单命令来完成，可参阅本节中"材质贴图编辑"小节中的详细内容。

纹理图像色彩校正：除了可以调整纹理图像的原始尺寸与比例外，勾选【调色】参数还可以在 SketchUp 内直接进行纹理图像色彩的校正，如图 2-246 与图 2-247 所示。单击其下的【重置颜色】色块，颜色即可还原，如

图 2-248 所示。

图 2-243　保持原始比例

图 2-244　解锁

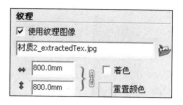

图 2-245　输入新的宽度

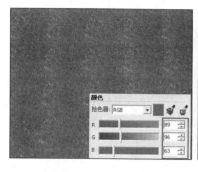

图 2-246　勾选【着色】复选框

图 2-247　校正颜色

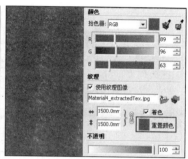

图 2-248　还原颜色

不透明度："不透明度"数值越高，则材质的透明效果越差，如图 2-249 与图 2-250 所示。其调整通常使用滑块进行，有利于对透明效果的实时观察。

图 2-249　不透明度为 100 时的材质效果

图 2-250　不透明度为 30 时的材质效果

图 2-251　【纹理】菜单命令

3. 纹理图像的调整

在 SketchUp【材质编辑器】面板中只能对纹理图像尺寸与比例进行改变，如果要对其进行诸如【旋转】、【镜像】等调整，则需要首先在赋予纹理图像的模型表面单击鼠标右键，然后通过【纹理】子菜单中的相应命令进行调整，如图 2-251 所示。

通过【纹理】子菜单中的【位置】命令，可以对已经赋予的纹理图像进行【移动】、【旋转】、【扭曲】、【拉伸】等调整，具体的操作方法与技巧如下：

01　打开本书配套光盘中的"第 2 章 2.5.2.3 纹理图像命令"模型，选择已经赋予纹理图像的卡片的表面并单击鼠标右键，然后选择【位置】命令，如图 2-252 所示。

02　此时将弹出用于调整纹理图像效果的半透明平面与四色图钉，如图 2-253 所示。

03　将光标置于某个图钉上时系统将显示该图钉的功能，如图 2-254 所示。接下来详细了解各色图钉的功能。

04　红色图钉为【纹理图像移动】图钉。选择【位置】菜单后保持默认即启用该功能，此时拖动鼠标指针可以对纹理图像进行任意方向的移动，如图 2-255~图 2-257 所示。

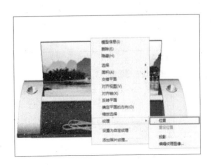

图 2-252　选择位置菜单命令

图 2-253　半透明平面与四色图钉

图 2-254　显示图钉功能

图 2-255　原始纹理图像位置

图 2-256　向左平移纹理图像

图 2-257　向上平移纹理图像

技巧

半透明平面内显示了纹理图像整体的分布效果，因此使用【纹理移动】工具可以十分方便地将目标纹理图像区域移动至模型表面并进行对齐。

05　绿色图钉为【纹理图像比例/旋转】图钉。单击鼠标左键，按住该按钮上下拖动可以对纹理图像进行上下旋转，左右拖动则改变纹理图像的比例，如图 2-258~图 2-260 所示。

图 2-258　选择【纹理图像比例/旋转】图钉

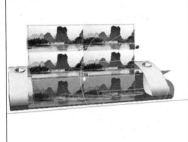

图 2-259　调整纹理图像比例

图 2-260　旋转纹理图像

06　黄色图钉为【纹理图像扭曲】图钉。单击鼠标左键，按住该按钮向任意方向拖动，将对纹理图像进行对应方向上的扭曲，如图 2-261~图 2-263 所示。

07　蓝色图钉为【纹理图像拉伸/旋转】图钉。单击鼠标左键按住该按钮水平移动将对纹理图像进行等比缩放，上下移动则将对纹理图像进行旋转，如图 2-264~图 2-266 所示。

08　通过以上任意方式调整好纹理图像效果后再次单击鼠标右键，将弹出图 2-267 所示的快捷菜单。如果确定已经调整完成，可以选择【完成】菜单命令结束调整；如果要返回初始效果，则可以选择【重设】菜单命令。

09 通过【镜像】子菜单可以快速地对当前调整的效果进行【左/右】与【上/下】的镜像，如图 2-268 与图 2-269 所示。

图 2-261　选择扭曲图钉　　　　　　图 2-262　左右扭曲纹理图像　　　　　图 2-263　上下扭曲纹理图像

图 2-264　选择拉伸/旋转图钉　　　　图 2-265　水平拉伸纹理图像　　　　　图 2-266　上下旋转纹理图像

技巧

已经通过【完成】菜单结束调整后，此时如果要进行效果的返回，可以选择【纹理图像】菜单下的【重设位置】命令。

10 通过【旋转】子菜单还可以快速地对当前调整的效果进行【90】、【180】、【270】三种角度的旋转。

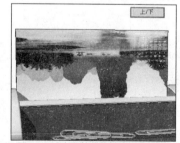

图 2-267　右击鼠标弹出快捷菜单　　　图 2-268　左右镜像纹理图像效果　　　图 2-269　上下镜像纹理图像效果

2.5.3　组工具

在 SketchUp 中，【组】工具与【组件】工具在操作上有类似的地方，但【组】工具倾向于管理当前场景内的模型，可以将相关的模型进行组合，这样既减少了场景中模型的数量，又便于相关模型的选择与调整。接下来介绍【组】的嵌套、编辑、锁定与解锁。

1. 嵌套组

如果场景模型由多个构件组成，为了方便使用，可以使用嵌套【组】，即首先将各个构件创建为单独的【组】，然后将其组合成一个整体的【组】。这样不但可以进一步简化模型数量，还能方便地调整各个构件的位置与造型，其具体操作方法如下。

01 首先将茶壶壶身、提手等部件创建为第一层【组】，如图 2-270 所示。

02 选择对应的构件，创建茶壶整体、茶杯整体以及托盘为第二层【组】，如图 2-271 所示。

03 将推车、花束与屋顶组创建为一个整体的【组】，如图 2-272 所示，这样就完成了【嵌套组】。

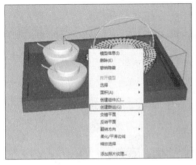

图 2-270　创建茶壶壶身等组

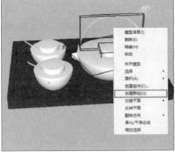

图 2-271　创建茶壶等组

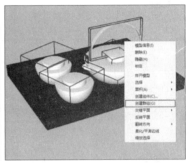

图 2-272　创建茶具整体组

04 创建好【嵌套组】后，可以对最外层的【组】进行位置造型的调整，如图 2-273 所示，也可以双击进入组内部调整各个层次的构件【组】，如图 2-274 与图 2-275 所示。

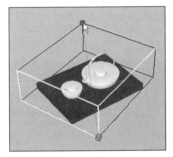

图 2-273　调整整体组

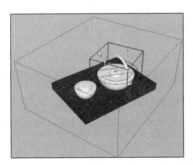

图 2-274　调整第二层组

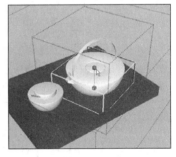

图 2-275　调整最里层组

技巧

在【组】嵌套创建完成后选择当层的【炸开模型】命令，只能还原到下一层的【组】。

2. 编辑组

01 打开【组】后选择其中的模型（或组），如图 2-276 所示；按下组合键 "Ctrl+X" 暂时将其剪切出组，如图 2-277 所示。

02 在空白处单击鼠标关闭【组】，按下组合键 "Ctrl+V" 将剪切的模型（或组）粘贴进场景，即可将其移出【组】，如图 2-278 所示。

03 如果要将模型（或组）加入到某个已有【组】内，可以按下组合键 "Ctrl+X" 将其剪切，然后双击打开目标【组】，再按下组合键 "Ctrl+V" 将其粘贴即可，如图 2-279~图 2-281 所示。

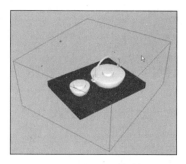

图 2-276　打开并选择模型

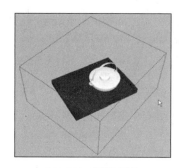

图 2-277　剪切屋顶组

图 2-278　粘贴屋顶至原组外

图 2-279　选择并剪切蝴蝶模型

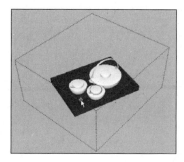

图 2-280　进入组并粘贴蝴蝶

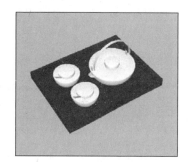

图 2-281　粘贴蝴蝶组完成

3．锁定与解锁组

在复杂的模型场景中，可以将暂时不需要编辑或已经确定好效果的【组】锁定，以避免出现错误操作。

01　确定需要锁定的【组】后单击鼠标右键，选择快捷菜单的【锁定】命令即可锁定当前组，如图 2-282 所示。

02　锁定的【组】以红色线框显示，此时不可对其进行选择以及其他操作，如图 2-283 所示。

03　如果要解锁【组】，在其上方单击鼠标右键选择【解锁】菜单命令即可，如图 2-284 所示。

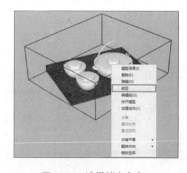

图 2-282　选择锁定命令

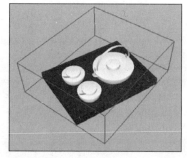

图 2-283　锁定的组

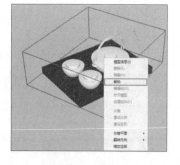

图 2-284　解锁组

技 巧

除了可以使用鼠标右键快捷菜单中的命令进行【锁定】与【取消锁定】处，还可以直接执行【编辑】/【锁定】/【取消锁定】命令。

2.6 SketchUp 常用插件

Suapp 是一款功能十分全面的 SketchUp 插件，在正确安装了该插件后执行【扩展程序】菜单命令即可进入其子菜单选择对应的功能命令，如图 2-285 与图 2-286 所示。

Suapp 的功能命令十分庞大，限于篇幅接下来将通过其使用方式区别对其功能进行简单的概述。

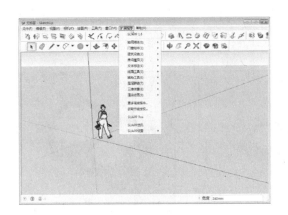

图 2-285　扩展程序菜单中的 Suapp 子菜单　　　　　图 2-286　Suapp 子菜单中的功能命令

2.6.1 通过插件直接生成参数模型

通过 Suapp 中的一些命令可以直接创建建筑墙体、门窗、支柱、屋顶等常用结构，接下来笔者以创建墙体为例介绍其操作方法：

01 执行【扩展程序】/【轴网墙体】/【绘制墙体】菜单命令，即弹出【参数设置】创建面板，如图 2-287 与图 2-288 所示。

02 在【参数设置】面板中设置【墙体宽度】与【墙体高度】数值后单击【确定】按钮，然后在视图中按住鼠标左键进行拖动确定墙体方向与长度，如图 2-289 所示。

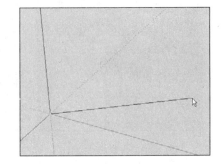

图 2-287　执行【绘制墙体】菜单命令　　　图 2-288　【参数设置】面板　　　图 2-289　拖动鼠标创建墙体

03 松开鼠标左键即可自动生成墙体，如图 2-290 所示。通过该种方式选择菜单中对应的命令即可创建常用的建筑构件等模型，如图 2-291~图 2-294 所示。

04　此外通过【三维体量】中的【绘几何体】菜单命令还可以快速绘制出一些常用的几何体模型，如图 2-295 与图 2-296 所示。

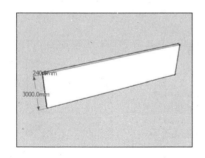

图 2-290　墙体创建完成效果

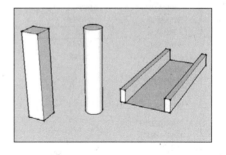

图 2-291　建筑结构创建效果

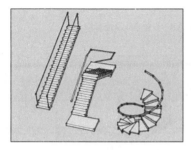

图 2-292　各式楼梯创建效果

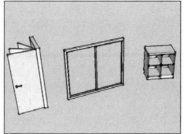

图 2-293　门窗及常用家具创建效果

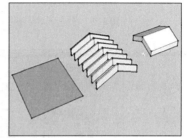

图 2-294　房屋屋顶结构创建效果

图 2-295　执行【绘几何体】菜单命令

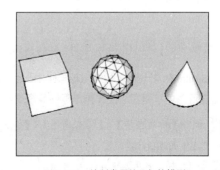

图 2-296　绘制常用的几何体模型

2.6.2 通过插件修改生成模型

Suapp 除了通过参数生成一些常用的模型与几何体外，还可以通过当前创建的简单模型生成如玻璃幕墙、斜坡屋顶等三维模型，下面以生成玻璃幕墙为例介绍该种使用方法：

01　在视图中创建一个平面，然后执行【扩展程序】/【门窗构件】/【玻璃幕墙】菜单命令，如图 2-297 所示。

02　在弹出的【参数设置】面板中设置好玻璃幕墙模型的各个特征，如图 2-298 所示。

03　单击【确定】按钮即可将之前创建的平面转变为对应参数设定的玻璃幕墙模型，如图 2-299 所示。通过类似的方法还可以生成多种屋顶模型，如图 2-300 所示。

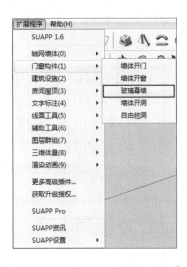

图 2-297　执行玻璃幕墙菜单命令

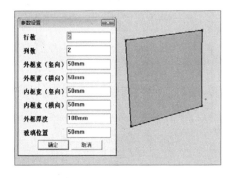

图 2-298　设置玻璃幕墙参数

图 2-299　玻璃幕墙生成效果

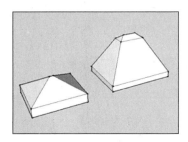

图 2-300　各种屋顶生成效果

2.6.3 通过插件进行模型修改

通过 Suapp 中的一些命令可以快速地对已经创建的模型进行修改，不但可以轻松创建出门洞、窗洞等结构，还能快速进行圆角、斜切边线和转角等细节修改，操作步骤如下：

01 执行【扩展程序】/【门窗构件】/【自由挖洞】菜单命令，然后选择一面墙体创建出开洞的形状与大小，如图 2-301 与图 2-302 所示。

02 确定开洞形状与大小后松开鼠标，然后选择创建的分割面进行删除即可创建出门洞或窗洞，如图 2-303 所示。

图 2-301　执行【自由挖洞】菜单命令

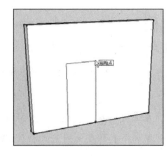

图 2-302　确定开洞形状与大小

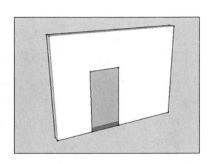

图 2-303　开洞完成

如果要进行线型或面细节的修改则可以通过【线面工具】子菜单实现，下面以进行圆角效果的处理为例介绍操作方法：

03 选择要进行圆角处理的线段，然后执行【扩展程序】/【线面工具】/【线倒圆角】菜单命令，如图 2-304 所示。

04 直接输入圆角半径，然后按"Enter"键确定生成圆角线段，删除多余的线段即可生成圆角，如图 2-305 与图 2-306 所示。

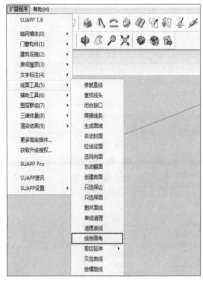

图 2-304　执行线倒圆角菜单命令

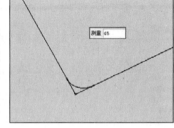

图 2-305　输入圆角半径

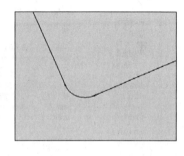

图 2-306　圆角处理完成

2.6.4 插件的其他功能

通过 Suapp 还可以进行模型镜像、标注、图层群组管理以及渲染动画等辅助操作，如图 2-307~图 2-312 所示。

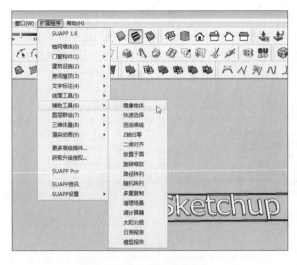

图 2-307　对模型进行镜像

图 2-308　镜像完成效果

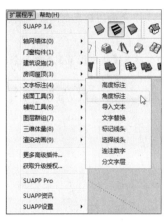

图 2-309　进行角度标注

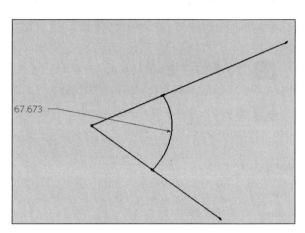

67.673

图 2-310　角度标注完成效果

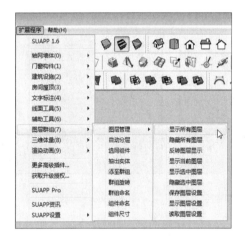

图 2-311　图层群组管理子菜单

图 2-312　渲染动画子菜单

2.6.5 超级圆（倒）角插件

使用【超级圆（倒）角】插件，可以快速制作十分精细的圆（倒）角效果，从而加强模型细节的表现。

成功安装【超级圆（倒）角】插件后，执行【视图】/【工具栏】/【Round Corner】菜单命令，调出其工具栏，如图 2-313 所示。

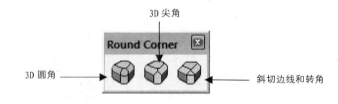

3D 尖角

Round Corner

3D 圆角　　　　　　斜切边线和转角

图 2-313　【超级圆（倒）角】工具栏

1．3D 圆角

01 结合使用【矩形】与【推/拉】工具，在场景中创建一个长方体，如图 2-314 所示。

02 单击【3D 圆角】按钮，如图 2-315 所示，选择长方体顶面，此时周边会出现红色的圆角范围提示框，如图 2-316 所示。

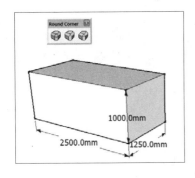

图 2-314　创建长方体

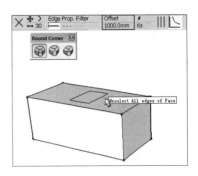

图 2-315　单击【3D 圆角】工具按钮

图 2-316　3D 圆角范围提示框

03 参考范围框，在【数值输入框】内输入圆角半径数值，然后连续按两次回车键，即可完成顶面的斜切边线和转角，如图 2-317~图 2-319 所示。

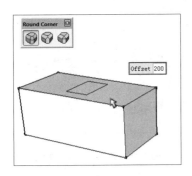

图 2-317　调整 3D 圆角半径

图 2-318　调整半径后的 3D 圆角范围提示

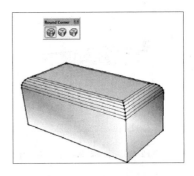

图 2-319　3D 圆角完成效果

技 巧

　　【3D 圆角】可以一次性完成与选择面相关的所有线段的圆角，也可单独对某些线段进行圆角，如图 2-320 与图 2-321 所示。此外，如果经过圆角处理后的模型不平滑，可以单击鼠标右键选择【柔化/平滑边线】菜单命令进行调整，如图 2-322 所示。

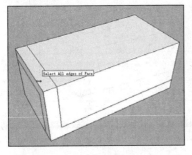

图 2-320　选择 3D 圆角目标线段

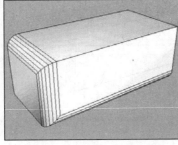

图 2-321　线段 3D 圆角完成效果

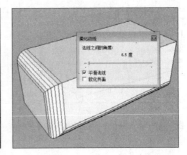

图 2-322　平滑表面

2．3D 尖角

01 【3D 尖角】工具的使用方法与【3D 圆角】相同。单击选择目标线段，参考提示范围，在【数值输入框】内输入尖角半径，连续按两次回车键，即可完成尖角效果，如图 2-323~图 2-325 所示。

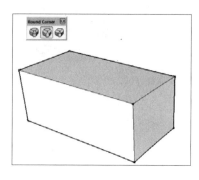

图 2-323　单击【3D 尖角】按钮

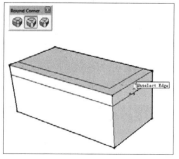

图 2-324　选择目标尖角线段

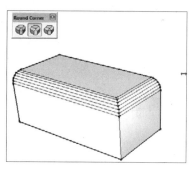

图 2-325　确认进行 3D 尖角

02 除了连续线段外，该工具还可以对间隔、连续转折等线段进行自由的斜切边线和转角，如图 2-326~图 2-328 所示。

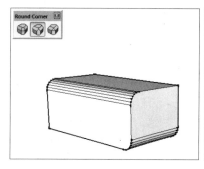

图 2-326　间隔线段尖角效果

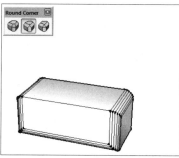

图 2-327　连续转折线尖角效果

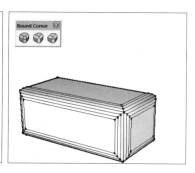

图 2-328　所有线段尖角效果

3.　斜切边线和转角

单击【斜切边线和转角】按钮，单击选择目标线段，参考提示范围，在【数值输入框】内输入斜切边线和转角半径，连续按两次回车键，即可完成斜切边线和转角效果，如图 2-329~图 2-331 所示。

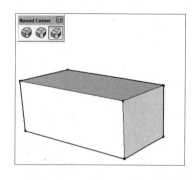

图 2-329　单击【斜切边线和转角】按钮

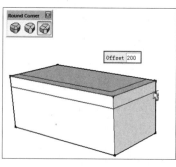

图 2-330　选择目标线段

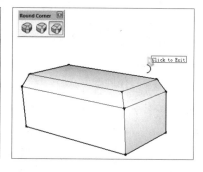

图 2-331　目标线段斜切边线和转角完成效果

技巧

在使用【3D 圆角】以及【3D 尖角】工具时，如果降低分段数至 1，同样可以得到斜切边线和转角效果，如图 2-332~ 图 2-334 所示。

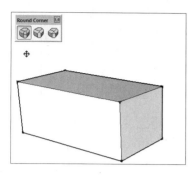

图 2-332　单击【3D 圆角】按钮

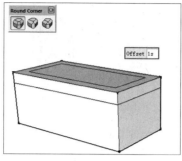

图 2-333　调整分段数至 1

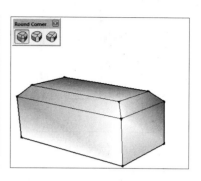

图 2-334　形成切边线和转角效果

2.6.6 超级推/拉插件

通过【超级推/拉】插件可以弥补 SketchUp 默认【推/拉】工具的诸多不足，轻松实现多面同时推/拉、任意方向推/拉等操作，在此介绍常用的几种超级推拉工具。

成功安装【超级推/拉】插件后，执行【视图】/【工具栏】/【超级推/拉】命令，调出其工具栏，如图 2-335 所示；单击相应工具的按钮，即可完成各种推/拉操作。

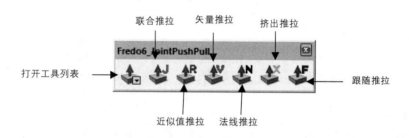

图 2-335　【超级推/拉】工具栏

1.　联合推/拉

01　SketchUp 默认的【推/拉】工具只能进行单面推/拉，如图 2-336 所示。而在曲面上分多次推/拉相邻的面，则会由于需要保持法线方向而形成分叉的效果，如图 2-337 所示。

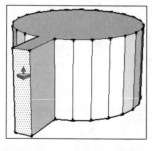

图 2-336　默认【推/拉】工具只可进行单面推/拉

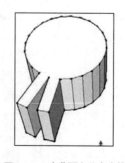

图 2-337　在曲面上分多次推/拉相邻的面效果

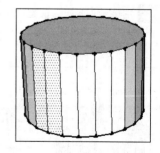

图 2-338　同时选择相邻及间隔面

02　使用【联合推/拉】工具，可以同时选择相邻及间隔面进行推/拉，且相邻面将产生合并的推/拉效果，如图 2-338～图 2-341 所示。

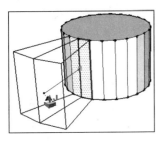

图 2-339　使用【联合推/拉】工具

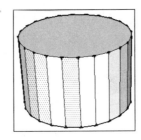

图 2-340　同时选择相邻及间隔面

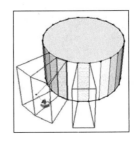

图 2-341　执行联合推/拉

03　进行【联合推拉】时想重新推拉可以单击鼠标右键，取消操作并退出，如图 2-342 所示，可在绘图区上方设置相应的参数，如图 2-343 所示。确定后的推/拉效果如图 2-344 所示。

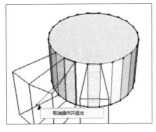

图 2-342　单击右键弹出快捷菜单

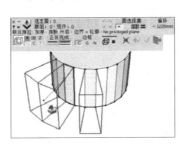

图 2-343　【联合推/拉】参数设置

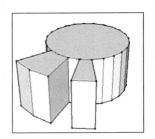

图 2-344　【联合推/拉】完成效果

2.　矢量推/拉

01　默认【推/拉】工具只能选择单个平面在法线方向上进行延伸，如图 2-345 所示。

02　选择多个平面，启用【矢量推/拉】工具则可进行任意方向的推/拉，如图 2-346~图 2-348 所示。

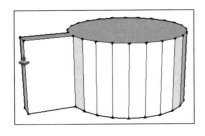

图 2-345　默认【推/拉】效果

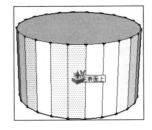

图 2-346　选择多面进行【矢量推/拉】

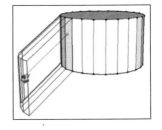

图 2-347　上下进行矢量推/拉效果

03　可在绘图区上方设置相应的参数，完成效果如图 2-349 与图 2-350 所示。

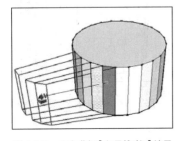

图 2-348　左右进行【矢量推/拉】效果

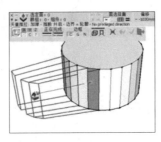

图 2-349　【矢量推/拉】参数设置面板

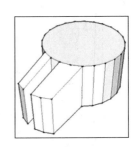

图 2-350　【矢量推/拉】完成效果

3. 法线推/拉

01 默认的【推/拉】工具向前推/拉时，是沿法线方向进行单面延伸，如图 2-351 所示。

02 启用【法线推/拉】工具，可以同时对多个面进行法线方向的延伸，如图 2-352 与图 2-353 所示。

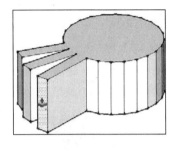 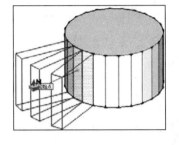 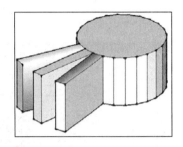

图 2-351　默认【推/拉】多次效果　　图 2-352　选择多面执行【法线推/拉】　　图 2-353　多面【法线推/拉】完成效果

03 SketchUp 默认的【推/拉】工具向后推/拉，为沿法线方向完成推拉效果，如图 2-354 所示。

04 启用【法线推/拉】工具向后推/拉，将不产生推拉效果，而产生反向的延长效果，如图 2-355 与图 2-356 所示。

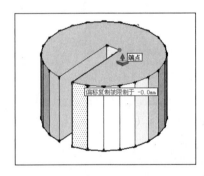 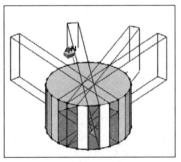 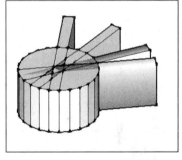

图 2-354　默认向内推/拉效果　　　图 2-355　法线向内推/拉　　　图 2-356　法线向内推/拉完成效果

2.7 SketchUp 文件导入与导出

2.7.1 SketchUp 常用文件导出

1. 导出 3DS 文件

01 打开配套光盘内的"第 2 章|2.7.1.1 导出 3DS.skp"模型文件，观察发现其为一个柜子模型，如图 2-357 所示。

02 执行【文件】/【导出】/【三维模型】菜单命令，如图 2-358 所示。

03 打开【输出模型】面板，选择导出文件类型为【3DS 文件】，如图 2-359 所示。

04 单击【选项】按钮，弹出【3DS 导出选项】面板，调整导出参数，如图 2-360 所示；然后单击【导出】按钮进行导出，如图 2-361 所示。

05 成功导出 "3DS" 文件后，SketchUp 将弹出【3DS 导出结果】面板，其中罗列了导出文件的详细信息，如图 2-362 所示。

06 启动 3ds max，执行【文件】/【导入】菜单命令。

07 在之前的导出路径中找到导出的文件并进行查看，如图 2-363 所示。

图 2-357　打开柜子模型

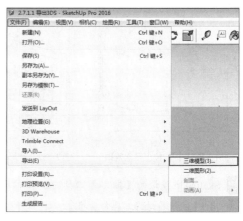

图 2-358　执行【文件】/【导出】/【三维模型】

图 2-359　选择导出文件类型为 3DS 文件

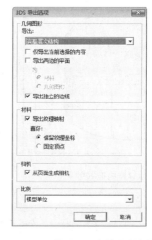

图 2-360　设置 3DS 文件导出选项

图 2-361　导出进度显示

图 2-362　【3DS 导出结果】对话框

图 2-363　打开文件

08 可以发现，导出的 "3DS" 文件包括完整的模型与【摄影机】视角，如图 2-364 所示。

图 2-364　3DS 文件默认渲染效果

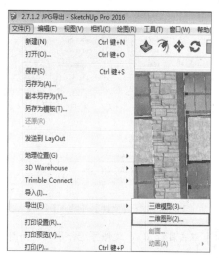

图 2-365　打开场景

2.　导出 JPG 图像文件

01 打开配套光盘内的"第 2 章|2.7.1.2JPG 导出.skp"文件，然后执行【文件】\【导出】\【二维图形】菜单命令，如图 2-365 所示。

02 打开【输出二维图形】面板，选择【文件类型】为 JPG，然后单击【选项】按钮设置【JPG 导出选项】面板中的参数，如图 2-366 所示。

03 单击【导出】按钮成功导出 JPG 文件后，启用图像查看软件打开导出的图片，如图 2-367 所示。

图 2-366　执行【文件】\【导出】\【二维图形】

图 2-367　打开导出的 JPG 文件效果

2.7.2 SketchUp 常用文件导入

1.　导入 AutoCAD 文件

01 执行【文件】/【导入】菜单命令，如图 2-368 所示。

02 在弹出的【导入】面板中选择文件类型为【AutoCAD 文件】；单击【选项】按钮，弹出【AutoCAD DWG/DXF 导入选项】面板，设置好导入单位并确定，如图 2-369 所示。

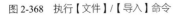

图 2-368　执行【文件】/【导入】命令　　　　　　图 2-369　选择导入类型并设置参数

03　双击目标 dwg 文件并进行导入，如图 2-370 所示。导入完成后将弹出【导入结果】提示面板，如图 2-371 所示。

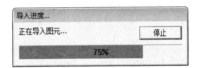

图 2-370　文件导入中　　　　　　　　　　　　图 2-371　导入完成

04　放置好导入图形文件，如图 2-372 所示。对比观察之前的 DWG 文件可以发现，导入图形十分完整，如图 2-373 所示。

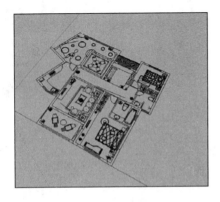

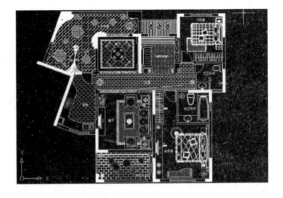

图 2-372　放置导入图形文件　　　　　　　　　图 2-373　DWG 图形文件效果

注意

如果导入之前的 SketchUp 场景中已经有了其他实体，则所有导入的几何体会合并为一个组。

2. 导入二维图形

01 执行【文件】/【导入】菜单命令，如图 2-374 所示，弹出【导入】面板。

02 展开文件类型下拉列表可选择多种二维图形类型，选择【JPEG 图像（*.jpg）】选项，如图 2-375 所示。

图 2-374　执行【文件】\【导入】

图 2-375　选择导入二维图形类型

03 在【导入】面板选择"图像"导入按钮，如图 2-376 所示。

04 双击打开目标图片即可将其导入 SketchUp，如图 2-377 所示。

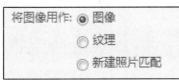

图 2-376　选择"图像"导入按钮

图 2-377　双击打开目标文件

05 拖动鼠标指针将其放置于原点附近，如图 2-378 所示，导入完成后的效果如图 2-379 所示。

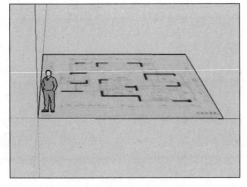

图 2-378　将导入文件放置在原点附近

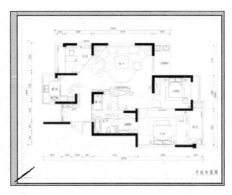

图 2-379　导入完成效果

注意

选择"用作纹理"与"用作新的匹配照片"两个选项导入的图片的效果如图 2-380 与图 2-381 所示,分别作为制作材质贴图与照片建模参照。

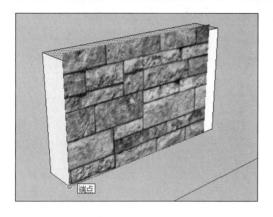

图 2-380 "用作纹理"导入图片效果

图 2-381 "用作新的匹配照片"导入效果

第3章

制作室内家具模型

本章选择了 5 个典型的室内家具模型，讲述 SketchUp 建模
流程、方法与技巧。

本章将通过一些常见的室内模型，讲解 SketchUp 创建模型的方法与技巧。其中各模型创建完成后的效果如图 3-1~图 3-5 所示。

图 3-1　简约酒柜

图 3-2　子母门

图 3-3　铁艺吊灯

图 3-4　古典欧式边柜

图 3-5　现代餐桌椅

3.1　制作简约酒柜

现代酒柜设计风格鲜明，造型时尚，能满足不同年龄段人群和家庭的需求。即使滴酒不沾，一款精美的酒柜也可以为悠闲的家居生活点缀出一丝优雅或不羁。功能多样、实用性与装饰性俱佳的西式酒柜越来越受到消费者的欢迎。本实例即制作一款时尚、简约的欧式酒柜效果。

01　打开 SketchUp，设置场景单位与精确度，如图 3-6 所示。

02　启用【矩形】工具，在【俯视图】中创建酒柜底部平面，如图 3-7 所示。

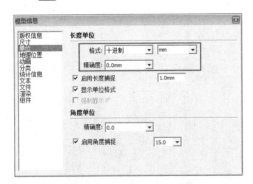

图 3-6　设置场景与精确度

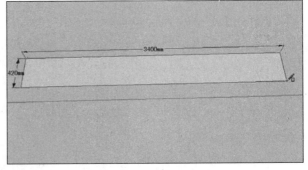

图 3-7　创建酒柜底座平面

03　启用【推/拉】工具为其制作 900mm 高度，如图 3-8 所示。

04　启用【偏移】工具为其制作 30mm 边框，如图 3-9 所示。

05　启用【推/拉】工具将其内部平面向内推入 20mm，如图 3-10 所示。

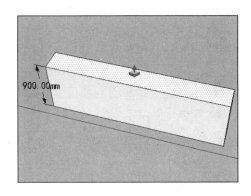

图 3-8　制作酒柜高度

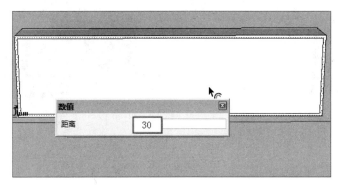

图 3-9　制作酒柜边框

06　逐步选择内部平面上的竖向与横向边线，并分别进行等分操作，如图 3-11 与图 3-12 所示。

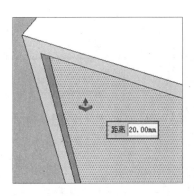

图 3-10　向内推入 20mm

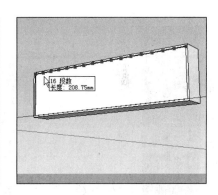

图 3-11　4 等分竖向线段

图 3-12　16 等分横向线段

07　结合使用【矩形】工具，捕捉等分点并分割矩形平面，如图 3-13 所示。

08　选择矩形的分割平面并单独创建为【组】，如图 3-14 所示。

09　启用【推/拉】工具捕捉边框表面，制作好矩形分割面的厚度，如图 3-15 所示。

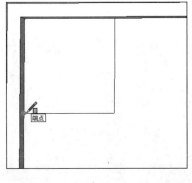

图 3-13　创建细分矩形平面

图 3-14　将细分平面创建为组

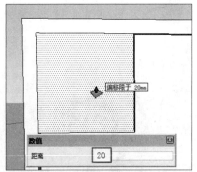

图 3-15　捕捉边框表面制作厚度

10　选择表面，启用【缩放】工具制作出斜面效果，如图 3-16 所示。

11　打开【材料】面板，赋予模型深灰色材质，效果如图 3-17 所示。

12　删除多余的模型面，如图 3-18 所示。然后通过复制制作出整体效果，如图 3-19 与图 3-20 所示。

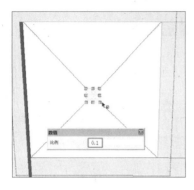

图 3-16　制作斜面效果

图 3-17　赋予模型深灰色材质

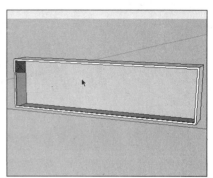

图 3-18　删除多余平面

13 打开【材料】面板，赋予柜体木纹材质，如图 3-21 所示。

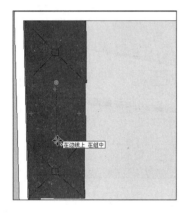

图 3-19　复制细节平面

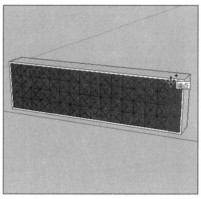

图 3-20　复制效果

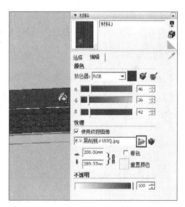

图 3-21　赋予柜体木纹材质

14 启用【矩形】工具，分割柜体表面并创建小的矩形，如图 3-22 所示。

15 启用【推/拉】工具制作好柜子上方的高度，如图 3-23 所示。

16 单击【风格】工具栏上的单色显示按钮 切换到单色显示。

17 启用【偏移】工具制作柜子上方的边框，如图 3-24 所示。

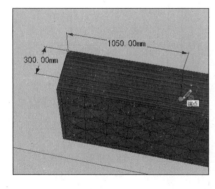

图 3-22　分割柜体表面

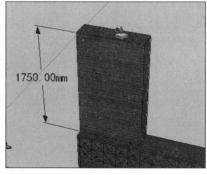

图 3-23　推拉柜子高度

图 3-24　制作柜子边框

18 选择竖向边线并将其 5 等分，如图 3-25 所示。

19 启用【直线】工具，捕捉分割点分割柜面，如图 3-26 所示。

20 选择分割线，向上以 10mm 距离复制，制作柜板平面，如图 3-27 所示。

图 3-25　5 等分竖向边线

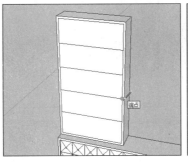

图 3-26　捕捉等分点分割柜面

图 3-27　制作柜板平面

21 启用【推/拉】工具推空形成柜板，如图 3-28 所示。

22 赋予柜子相同的木纹材质，然后复制出右侧的柜子，如图 3-29 所示。

23 全选当前创建好的模型，将其整体创建为【组】，如图 3-30 所示。

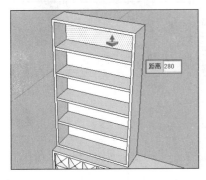

图 3-28　推空形成柜板

图 3-29　赋予材质并复制柜子

图 3-30　将柜子单独创建为组

24 启用【直线】工具，捕捉柜板的中点并创建中部模型面，如图 3-31 所示。

25 选择竖向边线将其等分为 4 段，如图 3-32 所示。选择横向边线将其等分为 6 段，如图 3-33 所示。

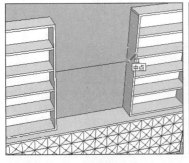

图 3-31　创建中部模型面

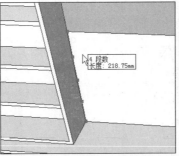

图 3-32　4 等分竖向边线

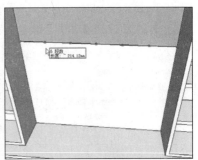

图 3-33　6 等分横向边线

26 启用【矩形】工具捕捉等分点并创建细分平面，如图 3-34 所示。

27 启用【直线】捕捉矩形中点并创建菱形分割面，如图 3-35 所示。

28 删除外围的多余平面，启用【偏移】工具制作边框，如图 3-36 所示。

29 启用【推/拉】工具，捕捉边框并制作菱形分割面的厚度，如图 3-37 所示。

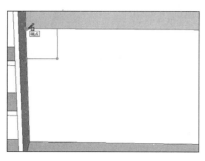

图 3-34　绘制细分平面

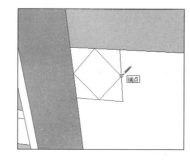

图 3-35　绘制菱形平面

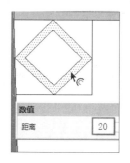

图 3-36　删除多余平面并制作边框

30 复制菱形单元，完成效果如图 3-38 所示。

31 打开【材料】面板，赋予模型材质，完成的最终效果如图 3-39 所示。

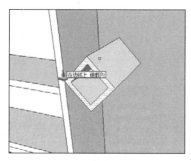

图 3-37　捕捉边框并制作厚度

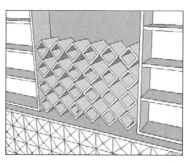

图 3-38　复制菱形单元

图 3-39　最终效果

3.2 制作子母门

　　子母门是一种特殊的双门扇对开门，由一个宽度较小的门扇（子门）与一个宽度较大的门扇（母门）构成。当需要设计的门宽度大于普通的单扇门宽度（800~1000mm），而又小于双扇门的总宽度（2000~4000mm）时，可以采用子母门。这样平时行人通过时，就不必推动太大的一扇门。当需要通过家具等大物件时，可以全部打开。

01 打开 SketchUp 后设置好场景单位与精确度，如图 3-40 所示。

02 启用【矩形】工具，创建门的矩形平面，如图 3-41 所示。

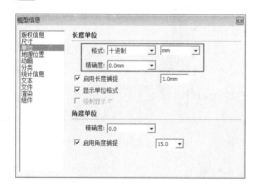

图 3-40　设置场景单位

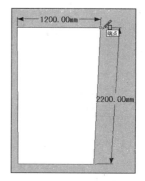

图 3-41　创建矩形平面

03 启用【偏移】工具，向外以 100mm 的距离制作门套线平面，如图 3-42 所示。

04 选择底部线段，以 20mm 的距离向上复制并制作出底部细节，如图 3-43 所示。

05 启用【推/拉】工具制作 45mm 的门套线厚度，如图 3-44 所示。

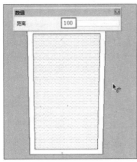

图 3-42　创建门套线平面

图 3-43　制作底部细节　　　　　　　　　图 3-44　制作门套线厚度

注 意

门底部 20mm 高度为门槛石厚度。

06 选择门套线表面，然后单击【斜切边线和转角】按钮，如图 3-45 所示。

07 调整斜切边线和转角参数，如图 3-46 所示。斜切边线和转角完成效果如图 3-47 所示。

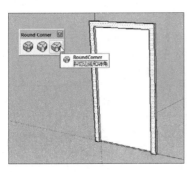
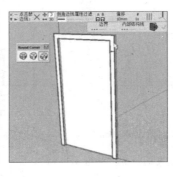
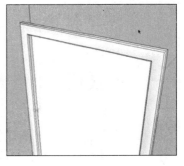

图 3-45　门套线表面斜切边线和转角　　图 3-46　设置斜切边线和转角参数　　图 3-47　斜切边线和转角完成效果

08 选择斜切边线和转角形成的平面，单击鼠标右键，选择【柔化】命令对其进行柔化处理，如图 3-48 所示。启用【推/拉】工具制作门框的厚度，如图 3-49 所示。

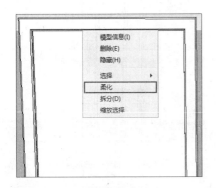
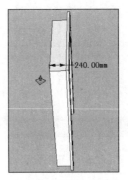
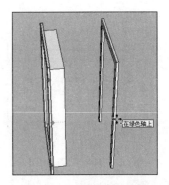

图 3-48　柔化表面　　　　　　　　图 3-49　制作门框厚度　　　　　　　图 3-50　复制门套线

09 选择门套线并复制至后方，如图 3-50 所示。通过【镜像】插件工具调整朝向后对齐位置，如图 3-51 所示。

10 将内部门页平面单独创建为组，如图 3-52 所示。

11 启用【推/拉】工具制作好门页的厚度，如图 3-53 所示。

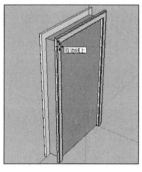
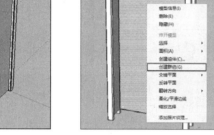

图 3-51 镜像并放置门套线 　　　图 3-52 选择内部平面创建为组 　　　图 3-53 制作门页厚度

12 选择门页内侧平面，结合使用【偏移】与【推/拉】工具制作缝隙细节，如图 3-54 与图 3-55 所示。

13 启用【直线】工具分割好内侧门平面，如图 3-56 所示。

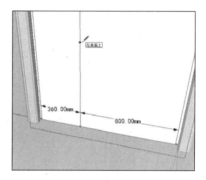

图 3-54 制作门页细节平面 　　　图 3-55 推入 10mm 深度 　　　图 3-56 分割门页

14 启用【偏移】工具制作小门的表面细节，如图 3-57 所示。

15 选择竖向边线，将其等分为 9 段，如图 3-58 所示。选择中间的线段进行 4 等分并调整好长度，如图 3-59 所示。

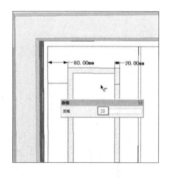
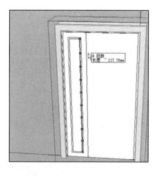
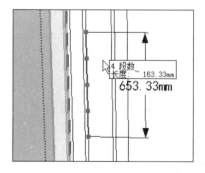

图 3-57 制作小门表面细节 　　　图 3-58 等分线段 　　　图 3-59 选择中间线段 4 等分

16 启用【直线】工具绘制好分割线，然后通过对线的移动复制制作好平面，如图 3-60 所示。

17 启用【推/拉】工具制作缝隙细节，如图 3-61 所示。

18 结合线的移动、复制与推拉，制作子母门的分割细节，如图 3-62 所示。

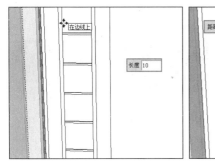
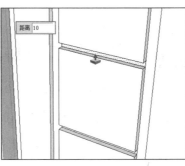
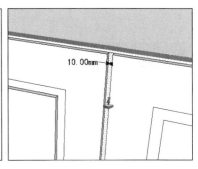

图 3-60　制作细节平面　　　　　　　图 3-61　制作缝隙细节　　　　　　图 3-62　分割子母门细节

19　启用【偏移】工具，制作好大门表面的初步细节，然后选择竖向边线将其等分为 5 段，如图 3-63 所示。

20　结合【直线】工具与【偏移】工具分割表面细节，如图 3-64 所示。

21　启用【推/拉】工具制作好表面的缝隙深度，如图 3-65 所示。

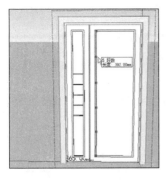
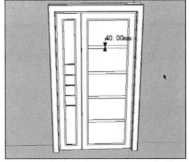

图 3-63　5 等分竖向边线　　　　　图 3-64　制作表面分割细节　　　　图 3-65　制作缝隙深度

22　经过如上操作，完成门页内侧效果，如图 3-66 所示。接下来制作其外侧效果。

23　启用【直线】工具分割门页外部平面，如图 3-67 所示。

24　启用【偏移】工具制作门的边框，如图 3-68 所示。

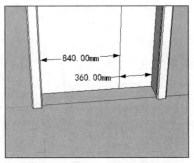

图 3-66　门页内部细节完成效果　　　图 3-67　分割门页外部平面　　　　图 3-68　偏移制作门的边框

25　启用【推/拉】工具向内推入 5mm 深度，如图 3-69 所示。

26　启用【缩放】工具制作斜面细节，如图 3-70 所示。

27　选择竖向线段，将其等分为 6 段，如图 3-71 所示。

28　结合使用【直线】与【偏移】工具制作单元格细节，如图 3-72 所示。

29　启用【推/拉】工具捕捉表面并制作单元格厚度，如图 3-73 所示。

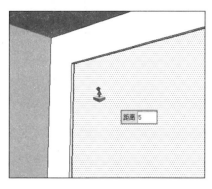

图 3-69　向内推入 5mm

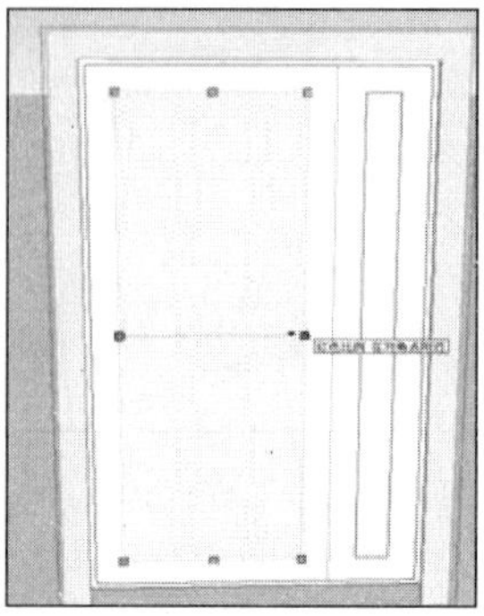

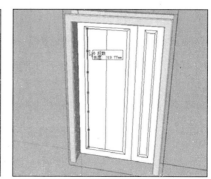

图 3-70　制作斜面细节

图 3-71　6 等分竖向边线

30　启用【缩放】工具制作斜面效果，如图 3-74 所示。

图 3-72　制作单元格边框

图 3-73　制作单元格厚度

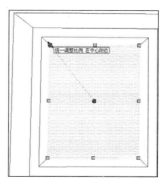

图 3-74　制作斜面效果

31　复制细化的单元格，完成效果如图 3-75 所示。

32　通过类似方法制作右侧小门，效果如图 3-76 所示。

33　打开【组件】面板，并合并门拉手模型，然后放置好位置，如图 3-77 所示。

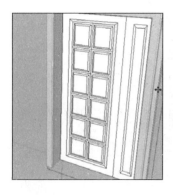

图 3-75　制作细化的单元格

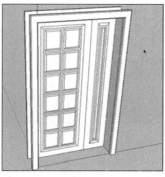

图 3-76　制作右侧小门

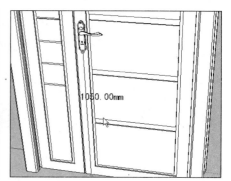

图 3-77　合并并放置门拉手模型

34　复制拉手至门正面，然后调整好其朝向与位置，完成效果如图 3-78 所示。

35　经过以上步骤，子母门的制作即已完成，正反两面的效果分别如图 3-79 与图 3-80 所示。

图 3-78　复制并调整正面门拉手　　　　图 3-79　子母门正面完成效果　　　　图 3-80　子母门背面完成效果

3.3　制作铁艺吊灯

　　安装一些别具匠心的灯饰，既可体现居室主人独到的眼光和与众不同的个性，又可在整个家居环境中起到画龙点睛的作用。本例制作的是一款时尚的铁艺吊灯造型。

01 打开 SketchUp 后，通过【模型信息】面板设置场景单位与精确度，如图 3-81 所示。

02 启用【圆】工具制作中部连接座平面，如图 3-82 所示。创建完成后输入 "32s"，以调整圆形边数，如图 3-83 所示。

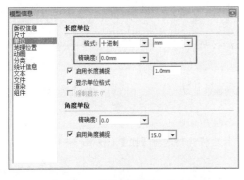

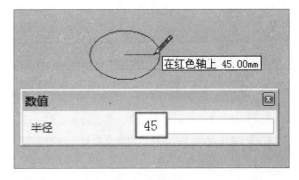

图 3-81　设置场景单位与精确度　　　　　　　　图 3-82　制作中部连接座平面

03 启用【推/拉】工具制作好结构，如图 3-84 所示。

04 启用【缩放】工具调整好底座的形态，如图 3-85 所示。

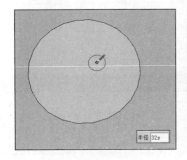

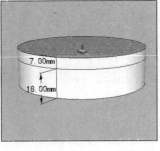

图 3-83　调整圆形边数　　　　图 3-84　【推/拉】工具制作结构　　　　图 3-85　调整底座形态

05 选择创建好的底座并将其创建为【组】，如图 3-86 所示。

06 调整视图至【前视图】，然后切换至【平行投影】，如图 3-87 所示。

07 启用【直线】工具创建内部灯枝长度，如图 3-88 所示。

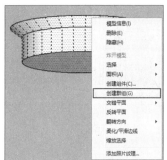

图 3-86 创建为组

图 3-87 调整至前视图

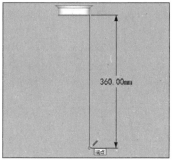

图 3-88 创建内部灯枝长度

08 结合使用【直线】与【圆弧】工具创建灯枝圆弧以及圆弧尾部细节，如图 3-89 与图 3-90 所示。

09 启用【圆】工具制作灯枝圆形截面，如图 3-91 所示。

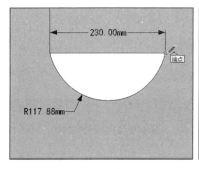

图 3-89 创建灯枝圆弧

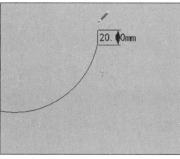

图 3-90 创建圆弧尾部细节

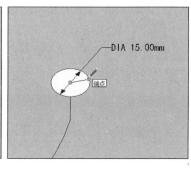

图 3-91 创建灯枝圆形截面

10 启用【路径跟随】工具，然后选择圆形平面，如图 3-92 所示。

11 捕捉创建好的路径，创建出灯枝，如图 3-93 所示。然后将其创建为【组】，如图 3-94 所示。

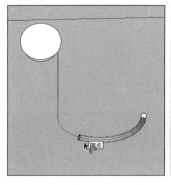

图 3-92 启用路径跟随工具

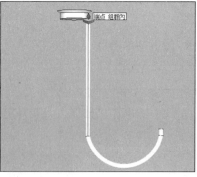

图 3-93 制作灯枝

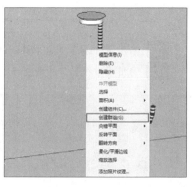

图 3-94 将灯枝创建为组

12 选择灯枝并调整好其与中部连接座的相对位置，如图 3-95 所示。

13 结合使用【圆】与【推/拉】工具制作烛台的轮廓结构，如图 3-96 所示。

14 启用【缩放】工具调整烛台的中部造型，如图 3-97 所示。

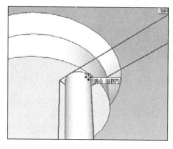
图 3-95　调整灯枝位置

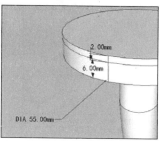
图 3-96　制作烛台轮廓

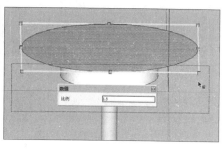
图 3-97　调整烛台造型

15 启用【推/拉】工具为其制作出 2mm 厚度，如图 3-98 所示。

16 启用【偏移】工具捕捉底座，向内偏移复制并制作出上部分割面，如图 3-99 所示。

17 启用【推/拉】工具为其制作 6mm 厚度，如图 3-100 所示。

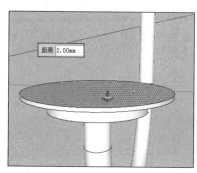
图 3-98　制作 2mm 厚度

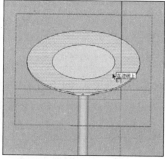
图 3-99　向内偏移复制

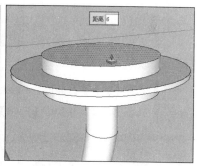
图 3-100　制作 6mm 厚度

18 结合使用【偏移】与【推/拉】工具制作蜡烛，如图 3-101 与图 3-102 所示。

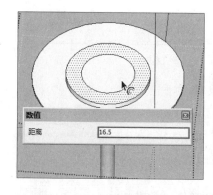

图 3-101　制作蜡烛底面

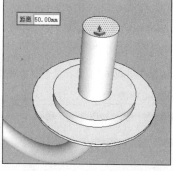
图 3-102　制作高度

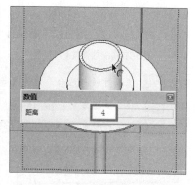
图 3-103　偏移出灯头平面

19 结合使用【偏移】与【推/拉】工具制作上部细节，如图 3-103 与图 3-104 所示。

20 选择内部圆形平面并向外复制一份，如图 3-105 所示。

21 选择复制好的圆形平面，对其进行旋转复制，完成效果如图 3-106 所示。

22 删除多余的平面，然后通过【路径跟随】工具制作出球体，如图 3-107 与图 3-108 所示。

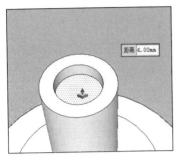

图 3-104　制作 4mm 深度

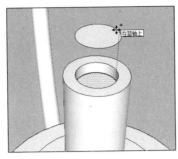

图 3-105　复制内部圆形平面

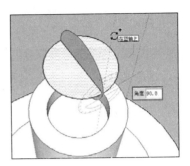

图 3-106　旋转复制圆形平面

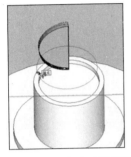

图 3-107　删除多余平面并路径跟随

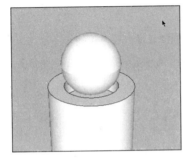

图 3-108　球体制作完成效果

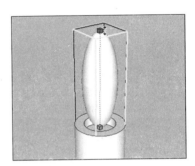

图 3-109　缩放调整上部形态

23 启用【缩放】工具调整出烛火的形态，如图 3-109 与图 3-110 所示。

24 结合使用【偏移】与【推/拉】工具制作底部造型细节，如图 3-111 和图 3-112 所示。

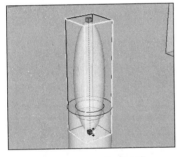

图 3-110　缩放调整下部形态

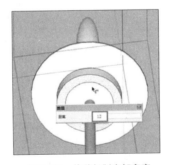

图 3-111　偏移复制底部宽度

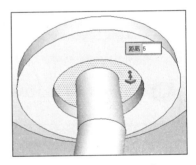

图 3-112　推入 5mm 深度

25 选择灯枝与烛台，启用【旋转】工具以 60° 进行复制，如图 3-113 所示。

26 追加多重复制，完成效果如图 3-114 所示。

27 选择灯枝向内以 20mm 距离复制一份，如图 3-115 所示。

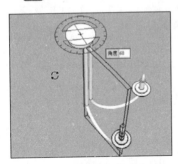

图 3-113　整体复制灯枝与烛台

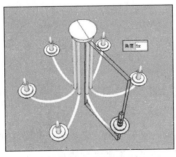

图 3-114　追加多重复制

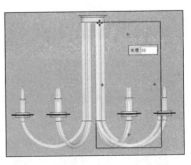

图 3-115　向内复制灯枝

28　进入【组】，选择下部模型并调整灯枝长度，如图 3-116 所示。

29　删除下部的圆弧细节，结合使用【圆弧】与【直线】工具重新创建灯枝圆弧并制作尾部细节，如图 3-117 与图 3-118 所示。

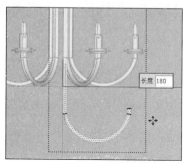

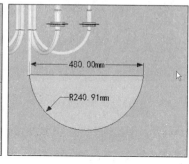

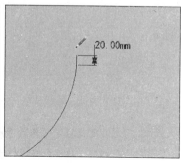

图 3-116　调整灯枝长度　　　　　　图 3-117　重绘灯枝圆弧　　　　　　图 3-118　制作尾部细节

30　启用【路径跟随】工具制作灯枝的圆弧效果，如图 3-119 所示。

31　复制烛台至内部灯枝未端，如图 3-120 所示。

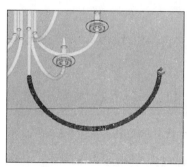

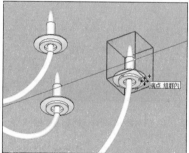

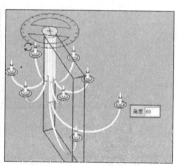

图 3-119　启用【路径跟随】工具　　　图 3-120　复制烛台　　　　图 3-121　整体复制内部灯枝与烛台

32　选择内部灯枝与烛台，通过多重旋转复制完成所有的灯枝效果，如图 3-121 与图 3-122 所示。

33　结合使用【圆弧】与【直线】工具，捕捉烛台并创建灯枝间的连接圆弧及两端细节，如图 3-123 与图 3-124 所示。

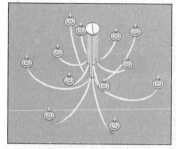

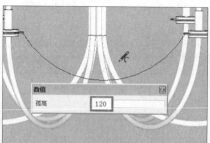
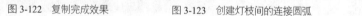

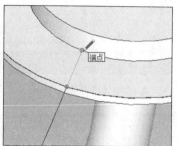

图 3-122　复制完成效果　　　　图 3-123　创建灯枝间的连接圆弧　　　图 3-124　创建两端细节

34　启用【圆】工具创建圆形截面，如图 3-125 所示。

35　启用【路径跟随】制作连接效果，如图 3-126 所示。

36　结合使用【圆】、【路径跟随】以及【缩放】工具制作装饰细节，然后放置好位置，如图 3-127 所示。

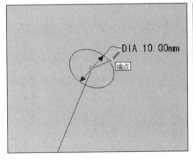

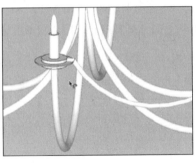

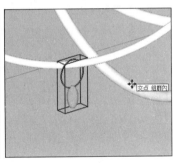

图 3-125　创建圆形截面　　　　　图 3-126　制作连接效果　　　　　图 3-127　制作装饰细节

37 通过多重旋转复制其他的装饰细节，完成效果如图 3-128 所示。

38 结合使用【偏移】与【推/拉】工具制作连接座的上部细节，如图 3-129 所示。

39 启用【推/拉】工具制作连接杆，如图 3-130 所示。

图 3-128　复制装饰细节　　　　　图 3-129　制作连接座上部细节　　　　图 3-130　推拉制作连接杆

40 复制连接座至顶部，如图 3-131 所示。然后启用【缩放】工具调整其大小，如图 3-132 所示。

41 经过以上步骤，铁艺吊灯即创建完成，整体效果如图 3-133 所示。

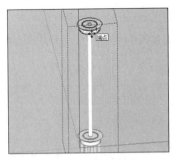

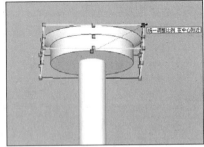

图 3-131　复制连接座至顶部　　　　图 3-132　缩放调整连接座大小　　　　图 3-133　铁艺吊灯完成效果

3.4 制作古典餐边柜

　　餐边柜是用在饭厅的一种多用家具，在满足收纳的同时可以作为隔断和装饰使用，以提升家居的品味，增加空间层次。本实例即制作一款精美的古典餐边柜模型效果。

01 打开 SketchUp 后设置场景单位与精确度，如图 3-134 所示。

02 启用【矩形】工具绘制边柜平面，如图 3-135 所示。

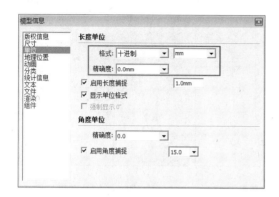

图 3-134　设置场景单位

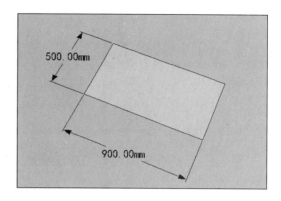

图 3-135　创建边柜平面

03 启用【推/拉】工具，为其制作 900mm 高度，如图 3-136 所示。

04 通过对线段的移动复制，分割出表面，如图 3-137 所示。

05 启用【推/拉】工具，选择分割面并制作 75mm 深度，如图 3-138 所示。

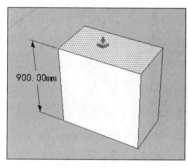

图 3-136　推拉制作高度

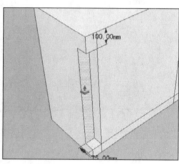

图 3-137　通过线段复制分割表面

图 3-138　推拉 75mm 深度

06 选择底部矩形平面并单独创建为【组】，如图 3-139 所示。

07 启用【推/拉】工具为其制作 10mm 高度，如图 3-140 所示。

08 启用【缩放】工具调整出斜面，如图 3-141 所示。

图 3-139　选择底部平面创建
　　　　　为组

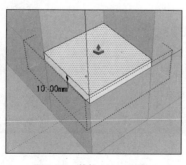

图 3-140　推拉 10mm 厚度

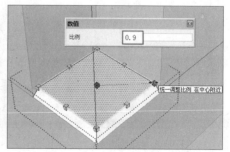

图 3-141　缩放调整出斜面

09 启用【圆】工具在矩形的中部创建分割面，如图 3-142 所示。

10 启用【推/拉】工具，按住 "Ctrl" 键制作上轮廓，如图 3-143 所示。

11 选择中部曲面，启用【联合推/拉】工具向外制作 10mm 的宽度，如图 3-144 所示。

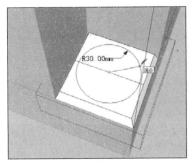

图 3-142　创建圆形分割面

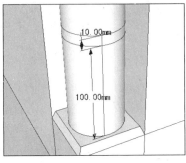

图 3-143　制作上轮廓

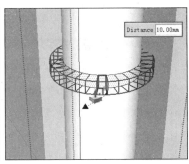

图 3-144　向外拉出 10mm

12 选择外表面，启用【3D 圆角】工具并调整其参数，如图 3-145 所示。

13 确认进行圆角处理，完成效果如图 3-146 所示。

14 复制圆环细节至上端，如图 3-147 所示。

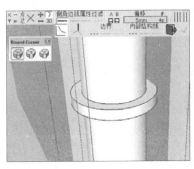

图 3-145　进行表面圆角处理

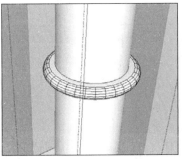

图 3-146　圆角完成效果

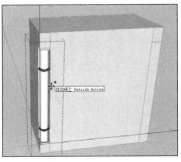

图 3-147　复制圆环细节至上端

15 复制之前制作好的圆柱至右侧，如图 3-148 所示。

16 启用【推/拉】工具制作底部结构，如图 3-149 所示。

17 启用【缩放】工具调整出斜面效果，如图 3-150 所示。

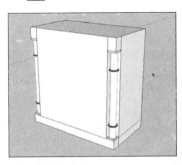

图 3-148　复制圆柱至右侧

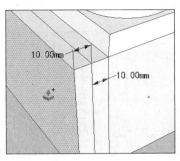

图 3-149　推拉底部结构

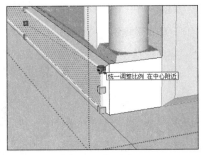

图 3-150　制作斜面效果

18 启用【直线】工具，捕捉中点等分正面，如图 3-151 所示。

19 选择中部分割线，将其等分为 3 段，如图 3-152 所示。

20 启用【直线】工具，捕捉等分点分割柜面细节，如图 3-153 所示。

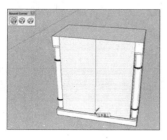

图 3-151　分割正面柜门

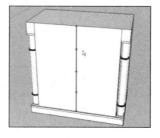

图 3-152　等分分割线

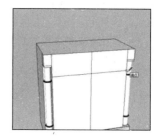

图 3-153　分割柜面细节

21 启用【推/拉】工具制作抽屉门的厚度，如图 3-154 所示。

22 启用【缩放】工具制作斜面细节，如图 3-155 所示。

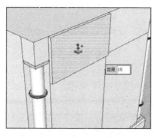

图 3-154　制作抽屉门厚度

图 3-155　制作斜面细节

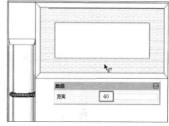

图 3-156　向内偏移复制 10mm

23 结合使用【偏移】与【推/拉】工具制作抽屉门的表面结构，如图 3-156 与图 3-157 所示。

24 启用【缩放】工具制作抽屉门的斜面细节，如图 3-158 所示。

25 将制作好的抽屉门单独创建为【组】，如图 3-159 所示。

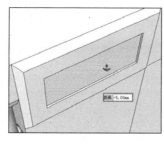

图 3-157　向内推入 5mm

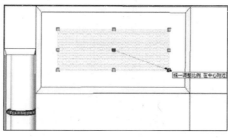

图 3-158　制作斜面细节

图 3-159　将抽屉门单独创建为组

26 复制创建好的抽屉门至右侧，完成效果如图 3-160 所示。

27 复制抽屉门至底部柜门处，如图 3-161 所示。

28 进入模型【组】，选择下部模型面并调整其长度，如图 3-162 所示。

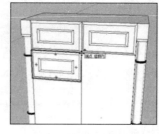

图 3-160　复制抽屉门至右侧

图 3-161　复制抽屉门至底部柜门处

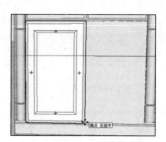

图 3-162　调整下部模型长度

29 复制柜门至右侧并调整高度，完成效果如图 3-163 与图 3-164 所示。

30 通过类似方法制作左侧面板效果，图 3-165 所示。

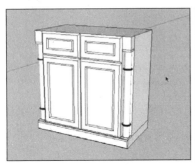
图 3-163　复制柜门至右侧

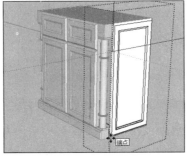
图 3-164　调整高度

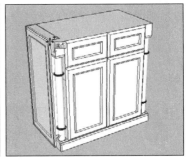
图 3-165　复制并镜像调整出左侧面板

31 将制作好的模型整体创建【组】，如图 3-166 所示。

32 启用【矩形】工具在柜面右侧创建矩形平面，以细化出顶部角线截面，如图 3-167 所示。

图 3-166　创建组

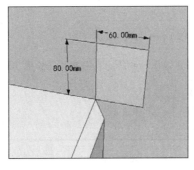
图 3-167　创建顶部角线平面

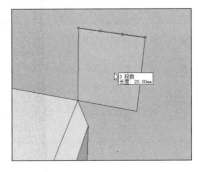
图 3-168　等分平面边线

33 结合线的等分与【直线】工具初步分割矩形，如图 3-168 与图 3-169 所示。

34 选择右上角竖向线段并再次将其 3 等分，如图 3-170 所示。

35 启用【圆弧】工具，捕捉等分点制作圆弧细节，如图 3-171 所示。

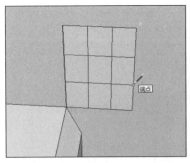
图 3-169　创建分割面

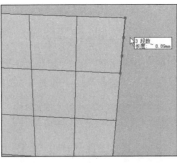
图 3-170　再次等分右上角竖向边线

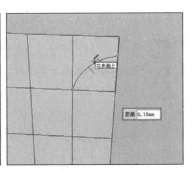
图 3-171　创建圆弧细节

36 通过类似方法制作其他圆弧，如图 3-172 所示。

37 删除多余的平面，得到图 3-173 所示的截面图形。

38 启用【矩形】工具，捕捉柜面角点并创建矩形平面，如图 3-174 所示。

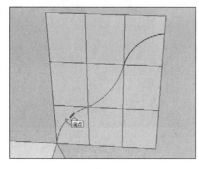
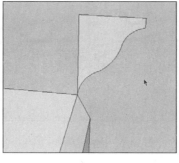
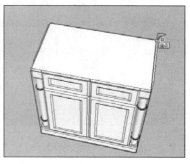

图 3-172　绘制其他圆弧　　　　　图 3-173　删除多余线段　　　　　图 3-174　捕捉柜面创建矩形平面

39 删除中部平面形成路径，如图 3-175 所示。

40 选择角线平面，启用【路径跟随】工具制作顶部角线效果，如图 3-176 所示。

41 启用【矩形】工具捕捉角点并封闭顶面，如图 3-177 所示。

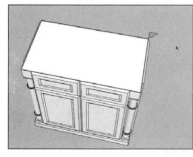

图 3-175　删除中部平面形成路径　　　图 3-176　制作顶部角线　　　　　图 3-177　封闭顶面

42 经过以上步骤，当前古典边柜造型效果如图 3-178 所示。

43 打开【材料】面板，赋予整体模型"原色樱桃木"材质，完成效果如图 3-179 所示。

44 打开【组件】面板，合并并放置抽屉拉手模型，如图 3-180 所示。

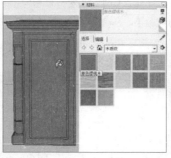

图 3-178　当前模型完成效果　　　　图 3-179　赋予木质纹材质　　　　图 3-180　合并并放置抽屉拉手模型

45 复制抽屉模型至右侧，完成效果如图 3-181 所示。

46 打开【组件】面板，合并并放置柜门拉手，然后复制出另一侧的模型，完成效果如图 3-182 所示。

47 经过以上步骤，本例古典边柜模型即已创建完成，效果如图 3-183 所示。

图 3-181　复制抽屉模型

图 3-182　合并并复制柜门拉手

图 3-183　古典边柜完成效果

3.5　制作现代餐桌椅

　　餐饮的乐趣源自生活的精彩。本例设计的现代餐桌椅简单自然，简洁而不失单调，与现代装潢追求自然的风格协调统一。

01　打开 SketchUp 后设置场景单位与精确度，如图 3-184 所示。

02　启用【矩形】工具绘制餐桌平面，如图 3-185 所示。

03　启用【推/拉】工具为其制作 800mm 高度，如图 3-186 所示。

图 3-184　设置单位以及精确度

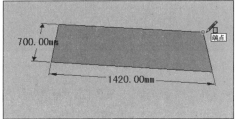

图 3-185　创建餐桌平面

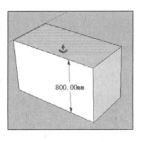

图 3-186　推拉制作餐桌高度

04　选择顶面，启用【移动】工具，按住"Ctrl"键分割出桌面，如图 3-187 所示。

05　选择底部模型面并单独创建为【组】，如图 3-188 所示。

06　启用【推/拉】工具，将四周向内推入 80mm，如图 3-189 所示。

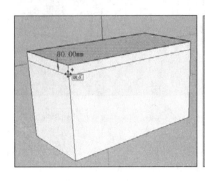

图 3-187　移动复制桌面结构

图 3-188　创建为组

图 3-189　将四周向内推入 80mm

07　选择底部模型，通过【缩放】工具调整其造型，如图 3-190 所示。

08 通过对线段的移动复制制作桌腿平面与厚度，如图 3-191 与图 3-192 所示。

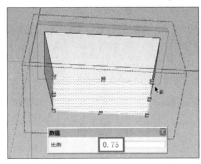

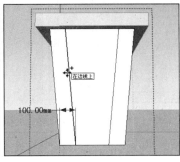

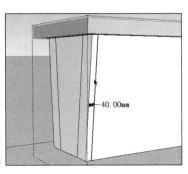

图 3-190　缩放底部平面　　　　　　　图 3-191　分割桌腿平面　　　　　　　图 3-192　分割桌腿厚度

09 启用【推/拉】工具推空正面，如图 3-193 所示。

10 删除侧面多余的平面，然后启用【直线】工具连接出桌腿造型，如图 3-194 所示。

11 启用【矩形】工具绘制桌腿并连接矩形，如图 3-195 所示。

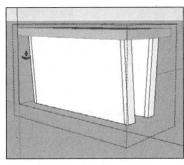

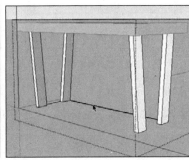

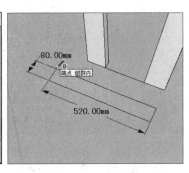

图 3-193　推空正面　　　　　　　图 3-194　删除侧面并连接出桌腿　　　　　　　图 3-195　绘制桌腿并连接矩形

12 启用【移动】工具，选择创建好的矩形并通过中点捕捉对齐，如图 3-196 与图 3-197 所示。

13 启用【推/拉】工具制作连接板厚度，如图 3-198 所示。

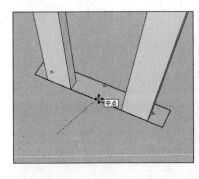

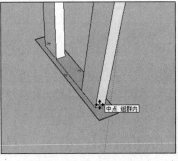

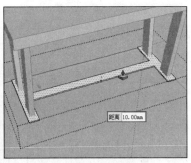

图 3-196　捕捉中点对齐长度　　　　　　　图 3-197　捕捉中点对齐宽度　　　　　　　图 3-198　制作连接板厚度

14 选择模型顶面，以 16mm 的距离移动复制 4 份，完成效果如图 3-199 所示。

15 启用【推/拉】工具将其逐层推入 6mm，完成效果如图 3-200 所示。

16 选择桌面造型，启用【缩放】工具调整桌面厚度，如图 3-201 所示。

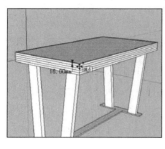

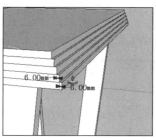

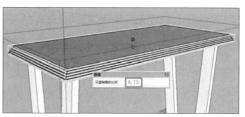

图 3-199   多重复制移动桌面平面   图 3-200   逐层推入 6mm   图 3-201   调整桌面厚度

17 调整视图至【右视图】，然后切换至【平行投影】，如图 3-202 所示。

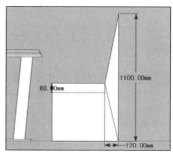

图 3-202   切换至右视图并调整为平行投影   图 3-203   创建餐椅平面   图 3-204   创建餐椅结构轮廓平面

18 启用【矩形】工具绘制餐椅平面，如图 3-203 所示。

19 结合线的移动复制与【直线】工具逐步创建餐椅轮廓，如图 3-204~图 3-209 所示。

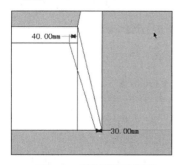

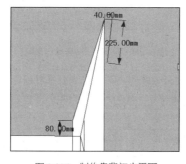

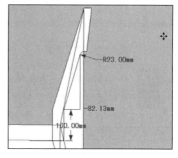

图 3-205   制作后腿平面细节   图 3-206   制作靠背初步平面   图 3-207   完成靠背平面造型

20 删除多余平面，然后选择各结构平面并单独创建为【组】，如图 3-210 所示。

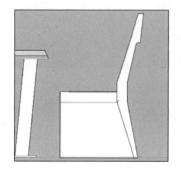

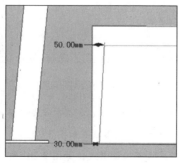

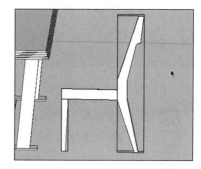

图 3-208   删除多余平面   图 3-209   制作前腿平面   图 3-210   创建组

21 启用【推/拉】工具制作后腿的厚度，如图 3-211 所示。

22 选择后腿两侧的平面并启用【3D 圆角】工具，如图 3-212 所示。

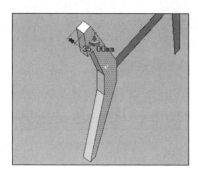

图 3-211　制作后腿厚度

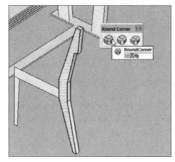

图 3-212　选择两侧平面处理圆角

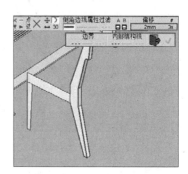

图 3-213　设置 3D 圆角参数

23 调整好 3D 圆角参数，如图 3-213 所示，确定后得到图 3-214 所示的效果。

24 选择前腿底部的模型面，通过红轴缩放调整其造型，如图 3-215 所示。

25 选择制作好的前后腿，以 460mm 的距离向右复制一份，如图 3-216 所示。

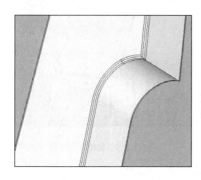

图 3-214　3D 圆角完成效果

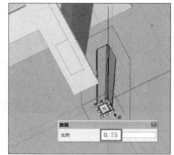

图 3-215　通过缩放调整前腿造型

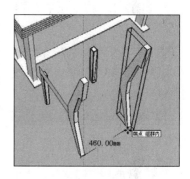

图 3-216　整体复制前后腿至右侧

26 启用【推/拉】工具，捕捉椅腿表面并制作座垫厚度，如图 3-217 所示。

27 选择前方线段并向上调整，完成造型如图 3-218 所示。

28 结合使用【直线】与【推/拉】工具，制作座垫的尾部效果，如图 3-219 所示。

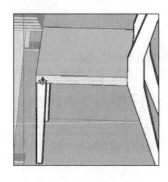

图 3-217　制作座垫厚度

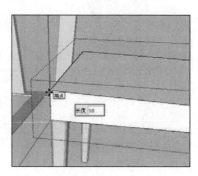

图 3-218　调整线段改变造型

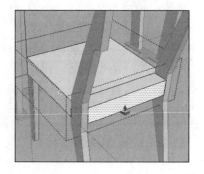

图 3-219　制作座垫尾部造型

29 通过【3D 圆角】工具处理对座垫表面进行圆角处理，如图 3-220 所示。

30 选择椅腿表面并向后复制一份，如图 3-221 所示。

31 删除多余的模型面以形成所需平面，然后启用【缩放】工具制作出靠背的初步造型，如图 3-222 所示。

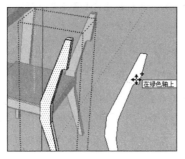

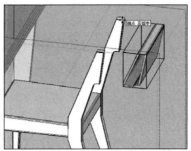

图 3-220　对座垫表面圆角处理　　　　图 3-221　复制椅腿表面　　　　图 3-222　制作靠背初步造型

32 启用【缩放】工具调整靠背造型，如图 3-223 所示。

33 启用【3D 圆角】工具处理靠背的边缘细节，如图 3-224 所示。

34 经过以上步骤制作出的当前餐椅造型效果如图 3-225 所示。

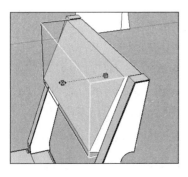

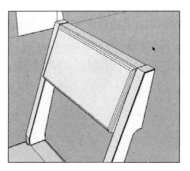

图 3-223　缩放调整造型　　　　　图 3-224　制作圆角细节　　　　图 3-225　餐椅完成效果

35 打开【材料】面板，为座垫与靠背赋予布纹材质，如图 3-226 所示。

36 使用【缩放】工具调整餐椅的最终造型，如图 3-227 所示。

37 复制并调整餐椅的朝向，完成最终效果如图 3-228 所示。

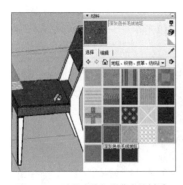

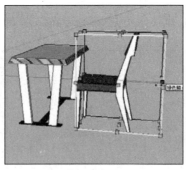

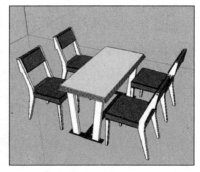

图 3-226　赋予座垫与靠背布纹材质　　图 3-227　调整餐椅造型　　　图 3-228　复制并调整餐椅朝向

第4章

现代前卫风格户型设计与表现

现代风格是较为流行的一种室内设计风格，以线条清晰、色彩跳跃、造型简洁为特色，注重空间布局与实用功能的完美结合，讲究时尚与潮流但不追求奢华与绝对的个性。

本章将以细化玄关、吧台、客厅与书房等来诠释现代风格在室内设计中的应用并展示其效果。

4-1 现代风格设计概述

现代风格即现代主义风格，是工业社会的产物，起源于1919年鲍豪斯学派。该风格提倡突破传统、创造革新。重视功能和空间组织，注重发挥结构构成本身的形式美。其造型简洁，反对多余装饰，崇尚合理的构成工艺；尊重材料的特性，讲究材料自身的质地和色彩的配置效果。典型的现代风格室内效果如图4-1与图4-2所示。

图4-1　现代风格室内效果一　　　　　　　　　图4-2　现代风格室内效果二

现代风格在空间构成、材料与色彩运用以及家具配饰方面的特点主要体现在以下几点。

1. 空间构成

现代风格设计追求的是空间的实用性和灵活性。居室空间是根据相互间的功能关系组合而成的，而且各功能间相互渗透，使其整体利用率达到了最高，如图4-3所示。

空间组织不再是以房间组合为主，空间划分也不再局限于硬质墙体，而是更注重会客、餐饮、学习、睡眠等功能空间的逻辑关系，通过电视墙软性分隔空间如图4-4所示。

通过家具、吊顶、地面材料、陈列品甚至光线的变化来表现不同功能空间的划分，而且在时间段的变化上表现出极强的灵活性、兼容性和流动性。

图4-3　空间渗透的高利用率　　　　　　　　　图4-4　通过电视墙软性分隔空间

此外，现代风格的居室重视对个性和创造性的表现，不主张一味追求高档豪华，而着力表现区别于其他住宅的东西。这些个性化的功能空间完全可以按主人的个人喜好进行设计，从而表现出与众不同的效果，如图4-5~图4-7所示。

图 4-5　个性化沙发背景墙　　　　　　　图 4-6　个性化楼梯与书架　　　　　　　图 4-7　个性化儿童卧室

2. 装饰材料与色彩设计

装饰材料与色彩设计为现代风格的室内效果提供了更加多元化的空间背景。首先，在选材上不再局限于传统的石材、木材、面砖等天然材料，而是将选择范围扩大到金属、涂料、玻璃、塑料以及合成材料等，如图 4-8 所示。其次，在材质的运用上力求充分了解材料的质感与性能，注重环保与材质之间的和谐与互补，表现出一种完全区别于传统风格的高技术的室内空间气氛，图 4-9 所示，从而在人与空间的组合中反映出流行与时尚才更能代表多变的现代生活这一主题。

图 4-8　金属与玻璃的应用

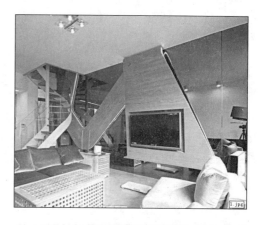

图 4-9　高技术空间气氛

其次，现代风格的色彩设计受现代绘画流派思潮的影响很大，主要通过强调原色之间的对比协调来追求一种具有普遍意义的永恒的艺术主题。其中，墙贴、装饰画、织物等墙面装饰的选择，对于整体色彩效果的表现也起到点题的作用，如图 4-10 所示。

3. 家具、灯具和陈列品

现代室内家具、灯具和陈列品的选型要服从整体空间的设计主题。家具应依据人体在一定姿态下的肌肉、骨骼结构来选择、设计，从而调节人的体力损耗，减少肌肉的疲劳。

图 4-10　墙面装饰点睛效果

灯光设计的发展方向主要有两大特点：一是根据功能细分为照明灯光、背景灯光和艺术灯光三类，不同居室的灯光效果应为这三者的有机组合；二是在陈列品的设置上，应尽量突出个性和美感，如图 4-11~图 4-13 所示。

　　图 4-11 室内灯光组合 1　　　　　图 4-12 室内灯光组合 2　　　　　图 4-13 个性的陈列品

在本案例中，将根据空间平面布置图样及以上设计原则，完成一整套现代风格空间的设计与表现，整体鸟瞰以及各空间细节效果如图 4-14~图 4-25 所示。

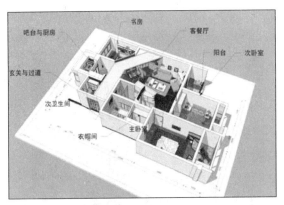
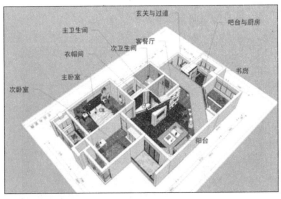

　　图 4-14　现代风格户型鸟瞰效果 1　　　　　图 4-15　现代风格户型鸟瞰效果 2

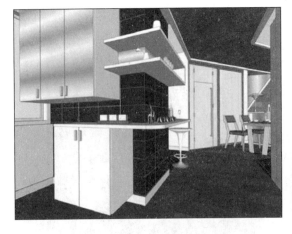

　　图 4-16　玄关与过道效果　　　　　　　图 4-17　吧台与厨房效果

图 4-18　餐厅效果

图 4-19　书房效果

图 4-20　客厅沙发背景墙效果

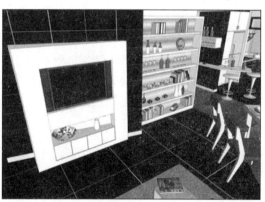

图 4-21　客厅电视墙效果

图 4-22　主卫洗手间效果

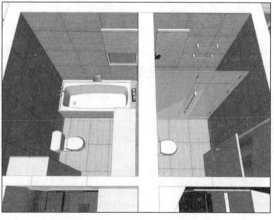

图 4-23　主卫浴室与次卫效果

图 4-24　主卧室效果

图 4-25　次卧室效果

4.2 正式建模前的准备工作

4.2.1 导入图样并整理图样

01 打开 SketchUp，进入【模型信息】面板，设置场景单位，如图 4-26 所示。

图 4-26　设置场景单位

图 4-27　执行文件/导入选项

02 执行【文件】/【导入】菜单命令，如图 4-27 所示。然后在弹出的【导入】面板中调整文件类型为"所有支持的图片类型"，如图 4-28 所示。

03 选择【用作图像】选项，双击导入配套光盘中的"现代风格平面布置图.jpg"文件。

04 导入 JPG 图样后，将左侧角点对齐至坐标原点，完成效果如图 4-29 所示。

图 4-28　选择文件类型

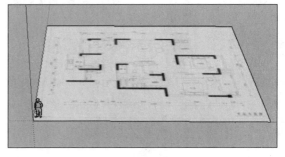

图 4-29　导入 JPG 图样并对齐原点

05　启用【卷尺】工具，测量当前主卧室门的宽度，如图 4-30 所示。

06　松开鼠标，直接输入卧室门的标准宽度"1200"，如图 4-31 所示，然后按回车键进行确定。

07　在弹出的面板中选择"是"，确定重置图样大小，如图 4-32 所示。

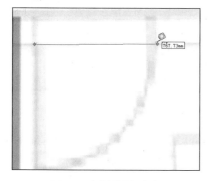

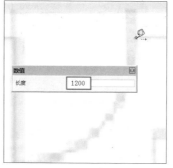

图 4-30　测量卧室门宽度　　　　图 4-31　输入卧室门标准宽度　　　　图 4-32　确定进行图样重置

08　重置好图样大小后测量入户门的宽度，如图 4-33 所示。由于其标准长度为 1200mm，通过测量数据可以看到当前图样的比例已经正确。

09　通过如上的导入与比例调整步骤，当前图样的效果如图 4-34 所示。

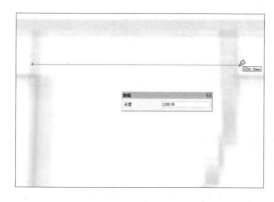

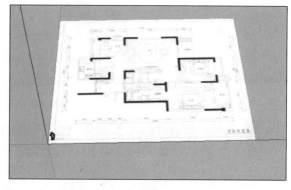

图 4-33　测量入户门宽度　　　　　　　　图 4-34　当前图样效果

4.2.2 分析建模思路

本案例将完成整个户型的设计，因此开始需要建立好整体的墙体框架以及门窗，然后再进行各个空间立面细节效果的制作。空间细化的制作顺序将主要根据人进入户型的流线进行，如图 4-35 所示。接下来了解案例的整体制作流程。

1. 制作空间框架

参考底图中的内侧墙线，快速分割出表现空间的平面，如图 4-36 与图 4-37 所示。然后使用推拉工具制作其高度，完成墙体的制作，如图 4-38 所示。

图 4-35　案例设计及表现范围

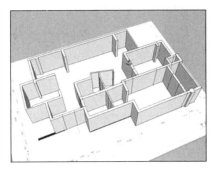

图 4-36　参考图样绘制墙线平面　　　　图 4-37　墙线平面绘制完成　　　　　图 4-38　制作墙体

完成墙体制作后，再逐步制作空间的门洞与窗洞，如图 4-39 与图 4-40 所示，完成后的空间整体框架效果如图 4-41 所示。

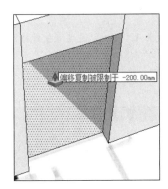

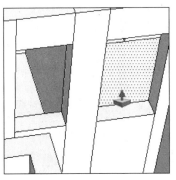

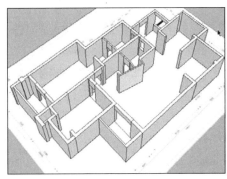

图 4-39　制作门洞　　　　　　　图 4-40　制作窗洞　　　　　　　图 4-41　整体框架制作完成

再通过组件合并或模型直接制作，完成空间的门与窗效果，如图 4-42 与图 4-43 所示。

空间门窗完成后的框架效果如图 4-44 所示，接下来开始进行各个空间的细化。

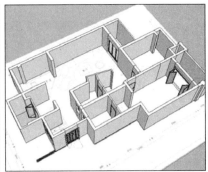

图 4-42　制作门效果　　　　　　图 4-43　制作窗效果　　　　　　图 4-44　空间门窗完成效果

2. 细化玄关与过道

首先参考底图制作鞋柜，如图 4-45 所示。

然后制作中部与上部的搁板以及柜子细节，如图 4-46 所示。

最后再赋予其对应材质，完成效果图 4-47 所示。

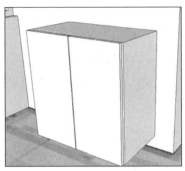

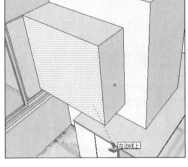

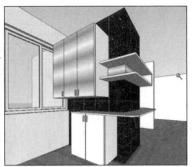

图 4-45　制作玄关鞋柜　　　图 4-46　制作玄关中部与上部细节　　　图 4-47　玄关与过道完成效果

3．细化吧台与厨房

首先制作吧台与厨房共用的柜子以及确定冰箱位置，如图 4-48 所示。

然后制作厨房下方的厨柜，如图 4-49 所示，再合并入抽油烟机、洗手盆，并制作左侧上方的吊柜。

最后制作厨房墙面上的窗户等细节，完成效果如图 4-50 所示。

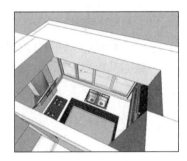

图 4-48　制作吧台与厨房柜子　　　图 4-49　细化厨柜　　　图 4-50　厨房完成效果

4．细化客厅

参考图样制作沙发处的柜子等细节，如图 4-51 所示。

制作墙面与顶棚造型，效果如图 4-52 所示。

制作电视背景墙等细节，效果如图 4-53 所示。

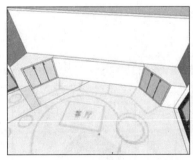

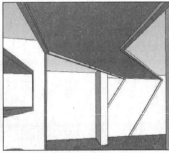

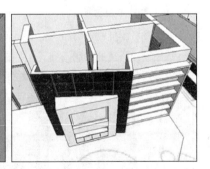

图 4-51　制作沙发柜子　　　图 4-52　制作墙面与顶棚造型　　　图 4-53　制作电视背景墙

5．细化书房

首先制作书房的玻璃门细节，效果如图 4-54 所示。

然后制作书房的休息台与推拉窗，如图 4-55 所示。

最后制作书房的墙壁搁板细节，完成的书房整体效果如图 4-56 所示。

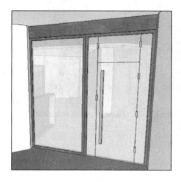 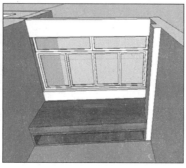 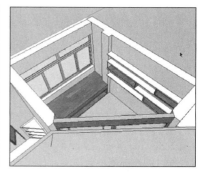

图 4-54　制作书房玻璃门　　　　图 4-55　制作书房休息台与窗户　　　　图 4-56　制作壁柜完成书房效果

6．制作主卫生间

主卫生间包括前方的洗手台与后方的浴室空间。

❑　制作洗手台空间

首先参考图样制作洗手台，如图 4-57 所示。

然后处理墙面造型细节，制作镜面及墙面的材质细节，完成效果如图 4-58 所示。

最后再制作背面的柜子模型，完成效果如图 4-59 所示。

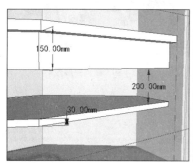 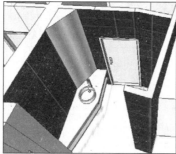 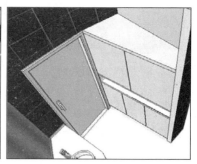

图 4-57　制作主卫洗手台　　　　图 4-58　制作镜面及墙面材质细节　　　　图 4-59　制作背面柜子

❑　制作浴室空间

首先参考图样制作门后的柜子细节，如图 4-60 所示。

然后制作浴室的玻璃门细节，如图 4-61 所示。

最后再合并卫浴用具，如图 4-62 所示，完成主卫生间空间的整体效果如图 4-63 所示。

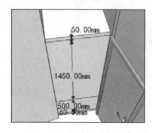   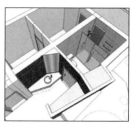

图 4-60　制作浴室柜子　　　　图 4-61　制作玻璃门　　　　图 4-62　合并卫浴用具　　　　图 4-63　主卫完成效果

7. 制作主卧室

主卧室包括中间的卧房、前方的阳台以及后方的衣帽间、卫生间。

❑ **制作卧房空间**

首先参考图样位置，制作墙面电视柜以及梳妆台等模型，如图 4-64 所示。

然后制作背景墙效果，如图 4-65 所示。

最后再合并床模型，完成效果如图 4-66 所示。

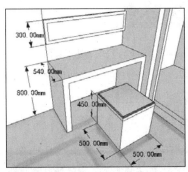

图 4-64 制作墙面电视柜以及梳妆台

图 4-65 制作卧房背景墙

图 4-66 合并床模型

❑ **制作其他空间**

卧房空间制作完成后，首先处理好前方阳台的柜子，如图 4-67 所示。

然后制作衣帽间的细节效果，如图 4-68 所示。

最后参考主卫生间的制作方法，制作主卧室的卫生间，效果如图 4-69 所示。

图 4-67 制作阳台柜子

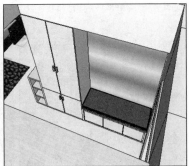

图 4-68 制作衣帽间细节

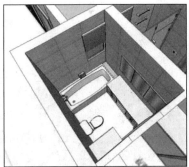

图 4-69 制作主卧室卫生间

8. 制作次卧室

首先制作次卧室的柜子细节，完成效果如图 4-70 所示。

然后合并床模型，完成效果如图 4-71 所示，再合并右下角的电脑桌。

最后处理好阳台细节，完成次卧室效果如图 4-72 所示。

9. 最终处理

各个空间的立面细节制作完成后，再制作地面细节，然后合并各空间常用的桌椅以及装饰物，完成最终效果。

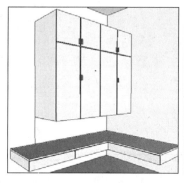

图 4-70　制作次卧室柜子

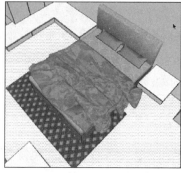

图 4-71　合并卧室床模型

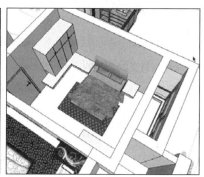

图 4-72　完成次卧室效果

❑　处理地面细节

首先，结合各个空间对功能与美观的需要，制作地面材质，如图 4-73~图 4-77 所示。

地面材质制作完成后，再整体制作踢脚线，如图 4-78 所示。接下来合并常用的桌椅与装饰品。

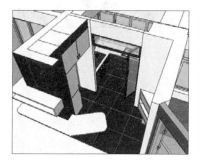

图 4-73　制作地面材质

图 4-74　制作过道及书房地面材质

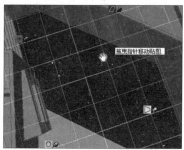

图 4-75　制作客厅地面材质

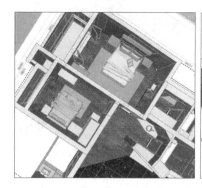

图 4-76　制作卧室地面材质

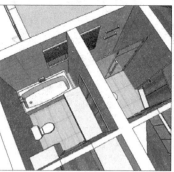

图 4-77　制作卫浴空间地面材质

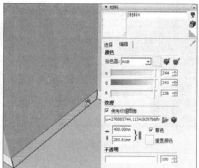

图 4-78　制作踢脚线

❑　合并常用桌椅与装饰品

根据各个空间的功能与特点，合并桌椅及家具，如图 4-79 与图 4-80 所示。然后合并窗帘、台灯等细节装饰物，如图 4-81 所示。

合并完成后的空间效果如图 4-82 所示，接下来首先制作阴影效果，如图 4-83 所示。

最后制作空间标识，完成的最终效果如图 4-84 所示。

图 4-79 合并单独的椅子

图 4-80 合并整体家具

图 4-81 合并细节装饰

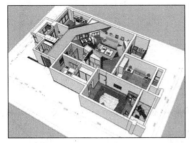

图 4-82 合并完成后的空间效果

图 4-83 制作阴影

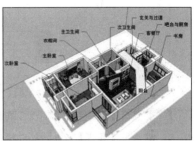

图 4-84 制作空间标识

4.3 创建整体框架

4.3.1 创建墙体框架

01 启用【直线】工具，捕捉图样内侧并创建墙线，如图 4-85 所示。

02 在绘制的过程中需注意在门窗位置处预留顶点，如图 4-86 所示。以便在后面进行墙体推拉时自动形成分割线，如图 4-87 所示。

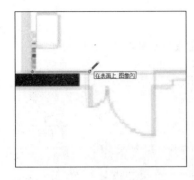

图 4-85 创建内侧墙线

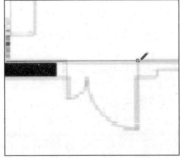

图 4-86 绘制门窗线预留顶点

图 4-87 推拉形成分割线

技巧

在绘制如飘窗一类的转折线时，应注意使用 SketchUp 的自动跟踪功能绘制等长的线段，如图 4-88 所示。

03 参考图样绘制空间平面，效果如图 4-89 所示。

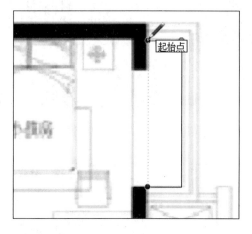

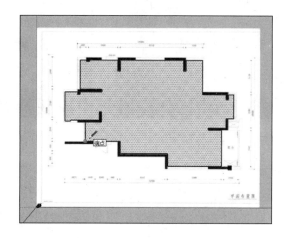

图 4-88　使用自动跟踪功能　　　　　　　　　　　图 4-89　空间平面绘制完成

04 启用【偏移】工具，以 240mm 的偏移距离快速地制作外墙厚度，如图 4-90 所示。

05 启用【直线】工具修整外墙细节，最终得到的外墙图形如图 4-91 所示。

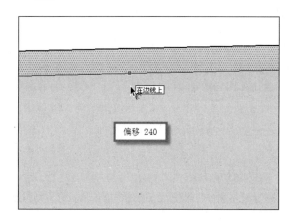

图 4-90　通过偏移复制快速制作外墙　　　　　　　图 4-91　外墙绘制完成

06 参考图样，启用【直线】工具绘制内墙，如图 4-92 所示。

07 为了得到平行的内墙墙线，可通过直接复制已有线段确定好内墙宽度，如图 4-93 与图 4-94 所示。

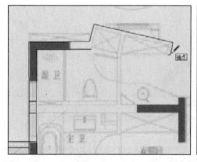

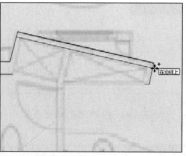

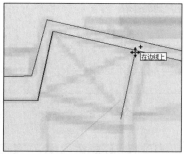

图 4-92　绘制内墙　　　　　　　图 4-93　确定内墙宽度 1　　　　　　　图 4-94　确定内墙宽度 2

08 客卫生间区域最终内墙效果如图 4-95 所示。卧室处的最终内墙效果如图 4-96 所示。

09 内墙绘制完成后，全选图形将其创建为【组】，如图 4-97 所示。

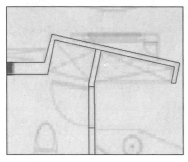

图 4-95　客卫生间内墙效果

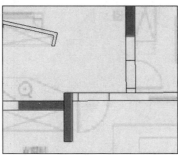

图 4-96　卧室内墙效果

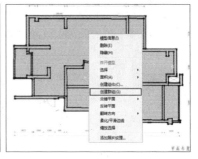

图 4-97　整体创建为组

10 启用【推/拉】工具制作 2800mm 高度，如图 4-98 所示。重复操作，制作其他墙体的高度，完成墙体框架效果如图 4-99 所示。

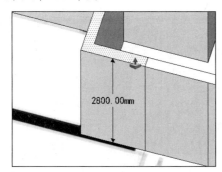

图 4-98　推拉部分墙体高度

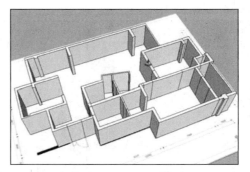

图 4-99　墙体框架完成效果

4.3.2　创建门洞与窗洞

1.　创建门洞

01 选择入户门底部的边线，启用【移动】工具后按住"Ctrl"键，将该线段向上以 2200mm 的高度复制，确定入户门的门洞高度，如图 4-100 与图 4-101 所示。

02 启用【推/拉】工具推空分割平面形成门洞，如图 4-102 所示。

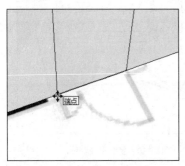

图 4-100　选择入户门洞底部边线

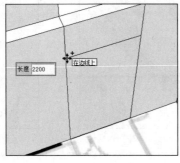

图 4-101　向上复制

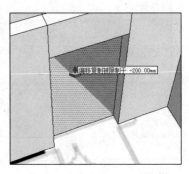

图 4-102　推空形成往入户门洞

03 通过类似方法，以 2000mm 高度制作卧室与卫生间门洞，如图 4-104 与图 4-105 所示。

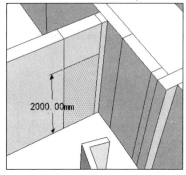
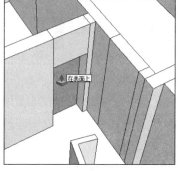
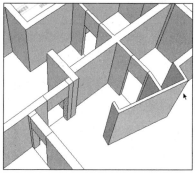

图 4-103 制作卧室门分割平面　　　图 4-104 推空形成卧室门　　　图 4-105 制作其他卧室及卫生间门洞

04 对于之前未进行封闭的墙体，先使用【推/拉】工具复制闭合墙体，如图 4-106 所示。

05 结合线段的移动复制与【推/拉】工具制作该面墙体门洞，如图 4-107 与图 4-108 所示。

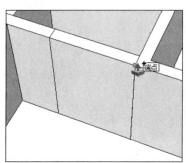
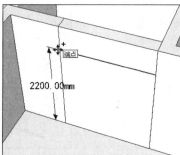
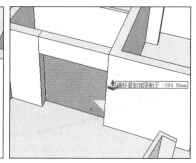

图 4-106 推拉复制闭合阳台墙体　　　图 4-107 复制制作门洞　　　图 4-108 推空形成阳台门洞

06 结合使用以上介绍的两种方法，制作空间中的所有门洞，完成效果如图 4-109 所示。

2. 创建窗洞

01 首先通过移动复制线段，逐步确定卫生间墙体上窗台线与窗洞上沿高度，如图 4-110 与图 4-111 所示。

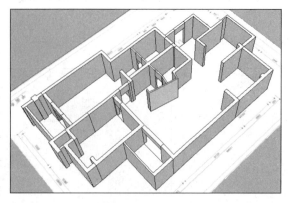
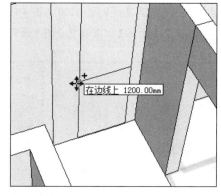

图 4-109 门洞创建完成效果　　　　　　图 4-110 复制出窗台线

02 选择创建好的窗户平面，按住 "Ctrl" 键复制至左侧墙面，然后调整宽度，如图 4-112 所示。

03 启用【推/拉】工具推空窗洞平面形成窗洞，如图 4-113 所示。

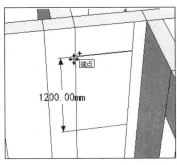

图 4-111 确定窗洞上沿高度

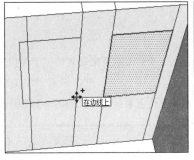

图 4-112 复制窗洞分割面

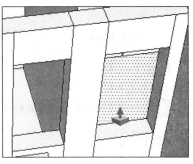

图 4-113 推空形成窗洞

04 通过类似方法制作其他位置的窗洞,如图 4-114~图 4-116 所示。

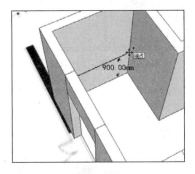

图 4-114 复制出窗台线

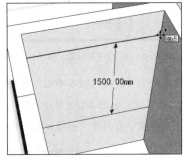

图 4-115 复制确定窗户上洞

图 4-116 推空形成窗洞

注 意

如果要对某些空间进行特别设计,如本例中厨房、书房等处,可以先不进行窗洞的制作,如图 4-117 所示,在进行空间的立面设计时再最终确定出窗洞高度与大小。

05 经过以上步骤制作门洞与窗洞后,得到的空间效果如图 4-118 所示。

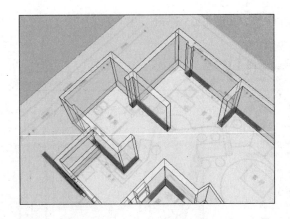

图 4-117 保持厨房及书房处的墙面

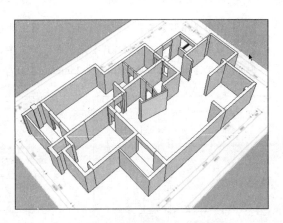

图 4-118 门洞与窗洞完成效果

4.3.3 制作门窗

1. 完成门效果

01 执行【文件】|【导入】命令，合并前面章节中创建的"子母门"模型，然后调整其位置与大小，如图 4-119 与图 4-120 所示。

02 打开【材料】面板为其制作并赋予浅色木纹材质，如图 4-121 所示。

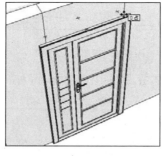
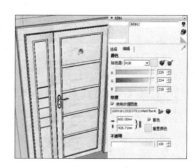

图 4-119 执行【文件】|【导入】命令　　图 4-120 合并并放置子母门　　图 4-121 调整子母门材质

03 隐藏门模型，启用【矩形】工具分割出底部门槛石平面，如图 4-122 所示。

04 启用【推/拉】工具制作门槛石的厚度，如图 4-123 所示。

05 打开【材料】面板为其制作并赋予黑金砂材质，如图 4-124 所示。接下来制作卧室门。

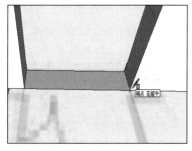
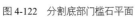
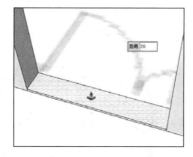
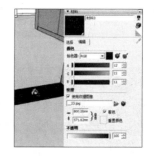

图 4-122 分割底部门槛石平面　　图 4-123 制作门槛石厚度　　图 4-124 赋予门槛石材质

06 启用【矩形】工具，捕捉门洞并创建好主卧室门平面，如图 4-125 所示。

07 启用【偏移】工具制作门套线平面，如图 4-126 所示。

08 启用【推/拉】工具为其制作 25mm 门套线厚度，如图 4-127 所示。

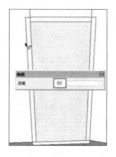
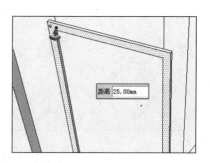

图 4-125 绘制主卧室门平面　　图 4-126 制作门套线平面　　图 4-127 制作门套线厚度

09 选择门套线的表面，启用【3D 圆角】工具制作 10mm 的 3D 圆角效果，如图 4-128 所示。

10 选择制作的门套线，将其移动复制至后方，然后通过"镜像"工具调整好朝向，如图 4-129 所示。

11 启用【推/拉】工具制作门页厚度，如图 4-130 所示。

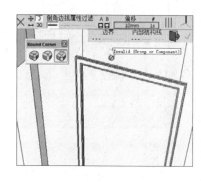
图 4-128 制作 3D 圆角

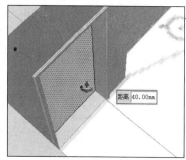
图 4-129 复制门套线至后方

图 4-130 推拉制作门页厚度

12 打开【组件】面板合并门把模型，然后放置好其位置，如图 4-131 所示。

13 复制门把至内部，然后调整好其朝向，完成的卧室门效果如图 4-132 所示。

图 4-131 合并并旋转门把

图 4-132 主卧室门完成效果

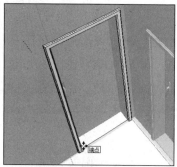
图 4-133 复制次卧室门

14 选择主卧室门将其复制至次卧室，然后调整宽度，如图 4-133 所示，最终完成的效果如图 4-134 所示。

15 通过类似操作制作卫生间的门模型，完成效果如图 4-135 所示。接下来制作空间的推拉门模型。

16 启用【矩形】工具捕捉客厅阳台的门洞并创建推拉门平面，如图 4-136 所示。

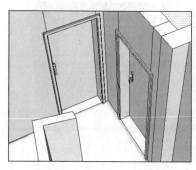
图 4-134 次卧室门完成效果

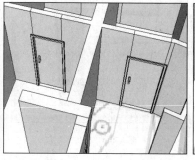
图 4-135 卫生间门完成效果

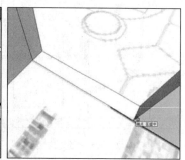
图 4-136 创建客厅阳台门平面

17 启用【偏移】工具制作门框平面，如图 4-137 所示。

18 选择上部线段将其拆分为 3 段，如图 4-138 所示。

19 结合使用【直线】与【偏移】工具制作门页及边框平面，如图 4-139 所示。

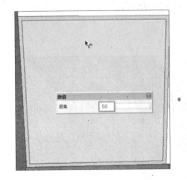 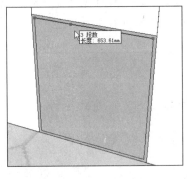 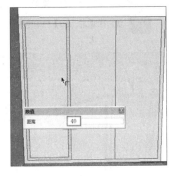

图 4-137　制作门框平面　　　　　图 4-138　拆分上部线段　　　　　图 4-139　制作门页边框平面

20 启用【推/拉】工具制作门页的边框细节，完成效果如图 4-140 所示。然后按住 "Ctrl" 键制作出背面的相同细节，如图 4-141 所示。

21 打开【材料】面板，分别赋予门框与玻璃对应的材质，完成效果如图 4-142 所示。

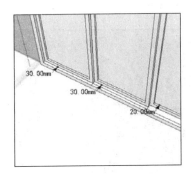 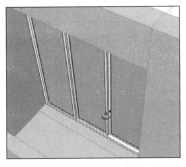 

图 4-140　制作门页边框细节　　　　　图 4-141　制作背面细节　　　　　图 4-142　赋予对应材质

22 最后选择创建好的推拉门，捕捉门框中点并调整其位置，如图 4-143 所示。

23 通过类似方法制作厨房门与主卧室阳台门，完成效果如图 4-144 与图 4-145 所示。

24 门模型制作完成，接下来制作窗户模型。

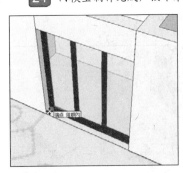 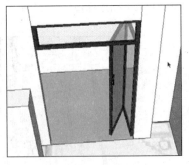 

图 4-143　调整位置完成效果　　　　　图 4-144　制作厨房门　　　　　图 4-145　制作主卧室阳台门

技巧

　　在制作过程中，如果门洞的宽度不理想，可以与设计师沟通后，灵活调整以取得比较合适的宽度，如图 4-146 所示。

2. 完成窗效果

01 启用【矩形】工具，捕捉窗洞并创建玄关处的窗户平面，如图 4-147 所示。

02 启用【偏移】工具制作窗户边框，如图 4-148 所示。

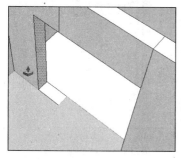

图 4-146 灵活调整主卧室门洞宽度

图 4-147 创建玄关处窗户平面

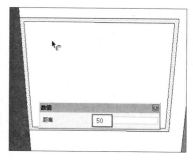

图 4-148 制作窗户边框

03 选择上部边线将其拆分为 3 段，如图 4-149 所示。

04 结合使用【直线】、【偏移】以及【推/拉】工具，制作窗页边框平面的细节，如图 4-150～图 4-152 所示。

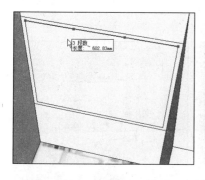

图 4-149 拆分上部边线

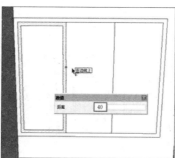

图 4-150 制作窗页边框平面

图 4-151 制作窗页正面细节

05 启用【矩形】工具，捕捉卫生间窗洞并创建该处的窗户平面，如图 4-153 所示。

06 选择竖向边线并将其拆分为 4 段，如图 4-154 所示。

图 4-152 制作窗页背面细节

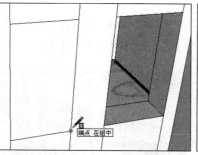

图 4-153 绘制客卫生间窗户平面

图 4-154 4 拆分竖向边线

07 结合使用【偏移】与【推/拉】工具，制作窗框细节，如图 4-155 所示。

08 启用【偏移】工具制作窗户的玻璃细节，然后赋予对应的材质，完成效果如图 4-156 所示。

09 选择制作的窗户模型，通过捕捉中点并调整其位置，如图 4-157 所示。

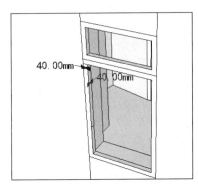

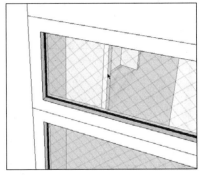

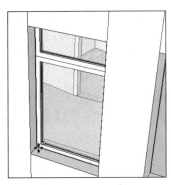

图 4-155 制作窗框细节　　　　　　图 4-156 制作玻璃细节　　　　　　图 4-157 调整窗户位置

10 选择上部窗页模型，启用【旋转】工具将其调整为开启状态，如图 4-158 所示

11 复制已经制作的窗户至另一个卫生间窗洞，然后调整其大小，如图 4-159 所示。

12 结合使用【直线】与【推/拉】工具，制作内部窗帘的结构细节（窗帘盒以及窗帘页单元），如图 4-160 所示。

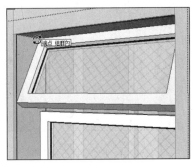

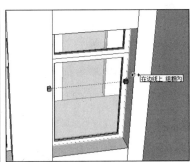

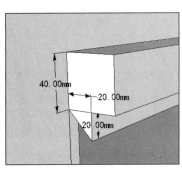

图 4-158 调整窗户状态　　　　　　图 4-159 复制主卫生间窗户　　　　　图 4-160 制作窗帘结构细节

13 复制窗帘页单元并完成窗帘效果，如图 4-161 所示。然后复制窗帘至另一个窗户并调整其长度，完成效果如图 4-162 所示。

14 经过以上步骤，本例门窗即已制作完成，当前模型效果如图 4-163 所示。

15 接下来开始进行空间的细化，首先细化玄关与过道。

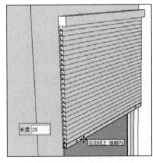

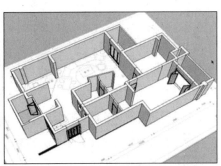

图 4-161 复制形成窗帘　　　　　　图 4-162 卫生间窗户完成效果　　　　图 4-163 空间门窗完成效果

4.4 细化玄关与过道吧台

01　启用【矩形】工具绘制好鞋柜平面，如图 4-164 所示。

02　启用【推/拉】工具制作轮廓，如图 4-165 所示。

03　启用【直线】工具分割出柜门，如图 4-166 所示。

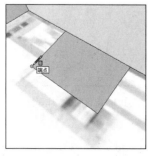
图 4-164　绘制鞋柜平面

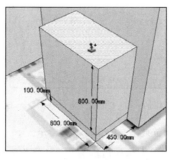
图 4-165　摔倒拉制作鞋柜轮廓

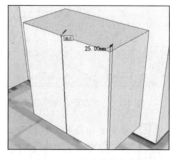
图 4-166　分割制作柜门

04　启用【推/拉】工具，将两侧分割平面向内推拉，制作 10mm 的深度，如图 4-167 所示。

05　启用【推/拉】工具制作 6mm 深度的柜门拼缝，效果如图 4-168 所示。

06　经过以上步骤，鞋柜制作完成的效果如图 4-169 所示。

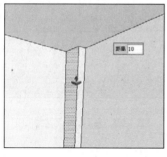
图 4-167　制作 10mm 深度

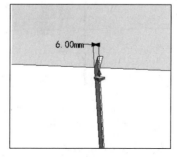
图 4-168　制作柜门拼缝

图 4-169　鞋柜完成效果

07　启用【直线】工具，参考图样绘制出吧台平面，如图 4-170 所示。

08　调整吧台平面至鞋柜上方，然后结合使用【直线】与【圆弧】工具处理转角与前端圆角细节，如图 4-171 与图 4-172 所示。

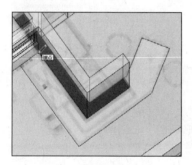
图 4-170　绘制吧台面

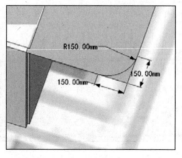
图 4-171　绘制转角圆弧

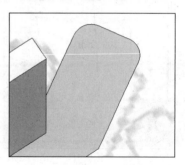
图 4-172　处理前端圆角细节

09 启用【推/拉】工具制作20mm吧台面的厚度，如图4-173所示。

10 启用【直线】工具，在墙面上绘制出上方柜子的平面，如图4-174所示。

11 启用【推/拉】工具，捕捉下方鞋柜并制作上方柜子的深度，如图4-175所示。

图4-173 制作吧台面厚度

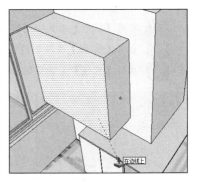

图4-174 绘制上方柜子平面

图4-175 结合捕捉制作厚度

12 重复类似操作，制作上方柜子细节效果，如图4-176所示。

13 结合使用【矩形】与【推/拉】工具制作柜门拉手，然后赋予金属材质，如图4-177所示。

14 复制拉手至其他柜门，完成柜子效果如图4-178所示，接下来制作中部搁板。

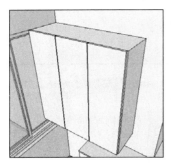

图4-176 制作上方柜子细节

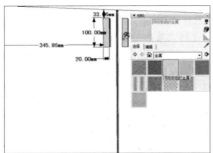

图4-177 制作柜门拉手

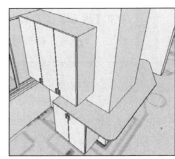

图4-178 复制拉手至其他柜门

15 启用【直线】工具绘制搁板平面，如图4-179所示。

16 启用【推/拉】工具制作搁板轮廓，完成效果如图4-180所示。

17 启用【推/拉】工具推空中部分割面形成搁板，然后打开【材料】面板，并赋予上部柜面与搁板内面镜面效果，如图4-181所示。

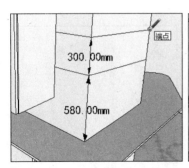

图4-179 制作墙壁搁板平面

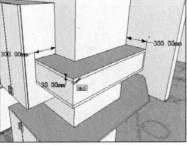

图4-180 制作搁板轮廓

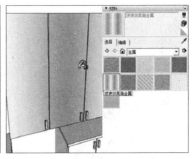

图4-181 推空搁板并赋予材质

[18] 赋予墙面黑色石材并调整好贴图效果，如图 4-182 所示。经过以上步骤，即可完成玄关与过道效果，如图 4-183 所示。接下来细化吧台与厨房。

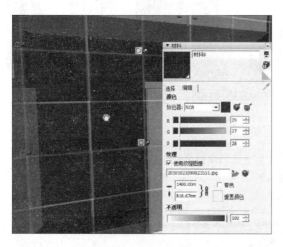

图 4-182　赋予墙面石材

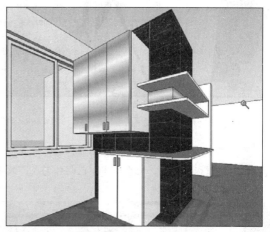

图 4-183　玄关与过道完成效果

4.5 细化吧台与厨房

在空间布置上，本例吧台与厨房共用区域的空间布置如图 4-184 所示。

1. 完成吧台空间

[01] 参考图样结合使用【矩形】与【推/拉】工具推平墙体，如图 4-185 所示。

[02] 打开【材料】面板，按住 "Ctrl" 键吸取之前制作的墙面材质，然后赋予上一步制作的墙体，效果如图 4-186 所示。

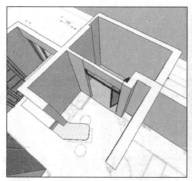

图 4-184　吧台与厨房空间布置

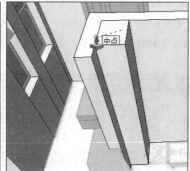

图 4-185　推平墙体

图 4-186　赋予墙体材质

[03] 启用【直线】工具，分割靠墙的柜子初步平面，如图 4-187 所示。

[04] 启用【推/拉】工具推空冰箱并放置好，然后处理柜子的下部细节，如图 4-188 所示。

[05] 启用【直线】工具分割柜面细节，柜子初步完成效果如图 4-189 所示。

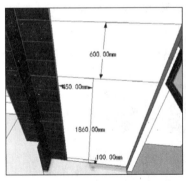

图 4-187　分割柜子初步平面

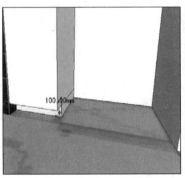

图 4-188　制作柜子下部细节

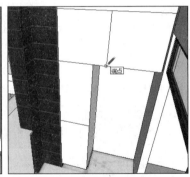

图 4-189　柜子初步完成效果

06　结合线的移动复制，推拉制作柜门的缝隙细节，然后复制并调整拉手，完成效果如图 4-190 所示。

07　经过以上步骤，吧台空间即已制作完成，效果如图 4-191 所示。

图 4-190　制作柜门并复制拉手

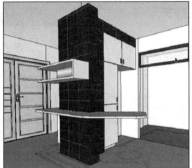

图 4-191　吧台完成效果

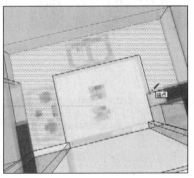

图 4-192　分割厨柜平面

2.　细化厨房

❑　制作厨柜

01　参考图样，启用【直线】工具分割好厨柜平面，如图 4-192 所示。

02　选择厨柜平面并将其创建为【组】，如图 4-193 所示。

03　启用【推/拉】工具，通过推拉复制制作厨柜轮廓，如图 4-194 所示。

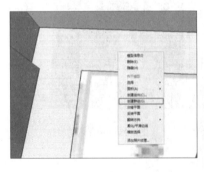

图 4-193　将厨柜平面创建为组

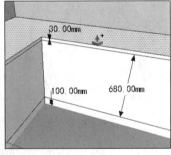

图 4-194　推拉制作厨柜轮廓

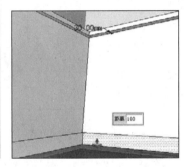

图 4-195　制作柜底与柜台面细节

04　启用【推/拉】工具制作柜底与柜台面细节，完成效果如图 4-195 所示。

05 选择竖向线段，将其拆分为 8 段，如图 4-196 所示；选择左侧的横向线段并将其拆分为 10 段，如图 4-197 所示。

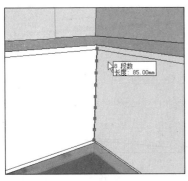 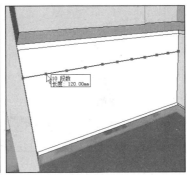 

图 4-196 将竖向线段拆分为 8 段　　　图 4-197 将横向线段拆分为 10 段　　　图 4-198 捕捉拆分点分割柜面

06 启用【直线】工具捕捉拆分点分割柜面，如图 4-198 所示。调整分割线后得到的最终效果如图 4-199 所示。

07 启用【偏移】工具制作柜面边框，如图 4-200 所示。然后将边框线段拆分为 10 段，如图 4-201 所示。

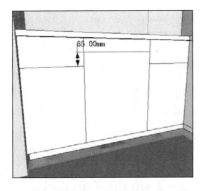 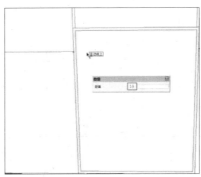 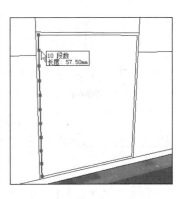

图 4-199 柜面分割完成效果　　　图 4-200 通过偏移复制制作边框　　　图 4-201 将边框线段拆分为 10 段

08 启用【直线】工具分割中部柜面，完成效果如图 4-202 所示。

09 启用【推/拉】工具为其制作 10mm 深度缝隙细节，如图 4-203 所示。接下来制作其上方的按钮细节。

10 首先在其上方创建一条分割线，然后将其拆分为 10 段以用于定位按钮，如图 4-204 所示。

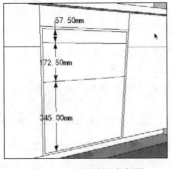 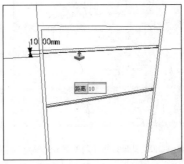 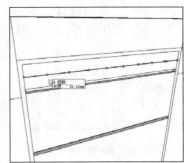

图 4-202 细分割中部柜面　　　图 4-203 制作柜面缝隙细节　　　图 4-204 创建拆分线并拆分为 10 段

11 启用【圆】工具绘制出圆形按钮平面，如图 4-205 所示。

12 结合线段的移动复制与【推/拉】工具制作圆形按钮细节，如图 4-206 所示。

13 参考拆分点复制圆形按钮，然后分割右侧平面，如图 4-207 所示。

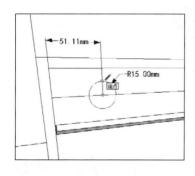

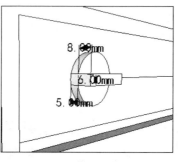

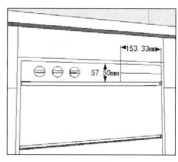

图 4-205　绘制圆形按钮平面　　　　图 4-206　制作圆形按钮细节　　　　图 4-207　复制按钮并分割右侧平面

14 结合【偏移】与【推/拉】工具制作方形按钮，完成效果如图 4-208 所示。

15 复制方形按钮，完成效果如图 4-209 所示。接下来制作柜门拉手。

16 启用【矩形】工具绘制拉手平面，如图 4-210 所示。

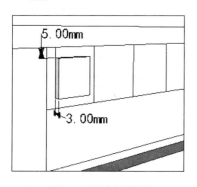

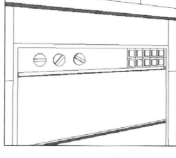

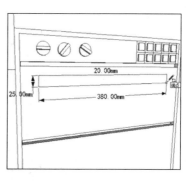

图 4-208　制作方形按钮　　　　　　图 4-209　复制方形按钮　　　　　　图 4-210　绘制柜门拉手平面

17 启用【推/拉】工具制作 40mm 拉手的厚度，然后结合线的移动复制与【推/拉】工具制作拉手效果如图 4-211 所示。

18 结合使用【圆弧】与【推/拉】工具处理好拉手转角圆弧细节，如图 4-212 与图 4-213 所示。

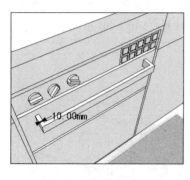

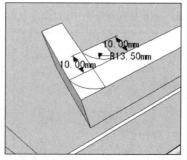

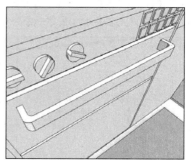

图 4-211　制作拉手轮廓　　　　　　图 4-212　处理拉手转角处圆弧效果　　　图 4-213　拉手制作完成效果

19 复制柜门拉手，如图 4-214 所示。完成的左侧柜面效果如图 4-215 所示。接下来制作中部柜面细节。

20 然后选择中部柜面，将其拆分为 3 段，如图 4-216 所示。

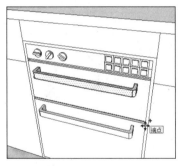

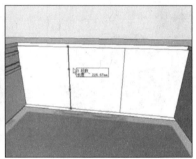

图 4-214　复制柜门拉手　　　　　　图 4-215　制作其他柜门细节　　　　图 4-216　3 拆分中部柜面分割线

21 启用【直线】工具，捕捉拆分点分割柜面，如图 4-217 所示。

22 结合线的移动复制与【推/拉】工具制作柜门缝隙细节，如图 4-218 所示。

23 复制并调整拉手模型，完成效果如图 4-219 所示。

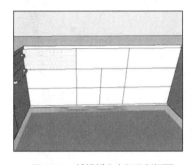
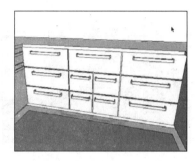

图 4-217　捕捉拆分点细分割柜面　　图 4-218　制作柜门缝隙细节　　　　图 4-219　复制并调整拉手模型

24 通过类似方法制作右侧柜门细节，完成效果如图 4-220 所示。

25 打开【材料】面板，为柜门制作并赋予红色木纹材质，如图 4-221 所示。

26 为左侧中部柜门赋予黑色面板材质，其他部件赋予金属材质，如图 4-222 所示。

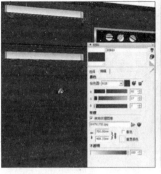

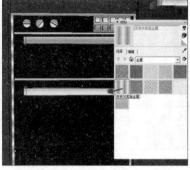

图 4-220　制作右侧柜门细节　　　　图 4-221　赋予柜门木纹材质　　　　图 4-222　赋予材质

27 打开【组件】面板，合并燃气灶与洗菜盆模型，如图 4-223 与图 4-224 所示。

28 启用【矩形】工具在洗菜盆处绘制分割面，然后通过【缩放】工具调整其大小，如图 4-225 所示。

图 4-223　合并燃气灶　　　　　　图 4-224　合并洗菜盆　　　　　图 4-225　绘制并调整洗菜盆分割面

29 删除分割面后得到洗菜盆效果如图 4-226 所示。接下来制作上方抽油烟机与吊柜的效果。

30 打开【组件】面板，合并抽油烟机模型，效果如图 4-227 所示。

31 启用【直线】工具，在右侧墙面上分割出吊柜平面，如图 4-228 所示。

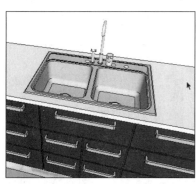

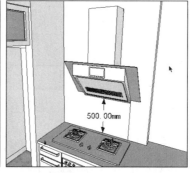

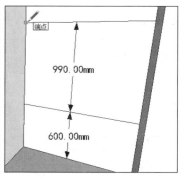

图 4-226　删除分割面　　　　　　图 4-227　合并抽油烟机　　　　　图 4-228　制作右侧吊柜平面

32 结合使用【推/拉】与【直线】工具制作吊柜细分面，效果如图 4-229 所示。

33 结合使用【偏移】与【推/拉】工具制作吊柜的柜门细节，然后合并拉手，效果如图 4-230 所示。

34 打开【材料】面板赋予吊柜各部分对应的材质，完成效果如图 4-231 所示。接下来细化厨房窗户。

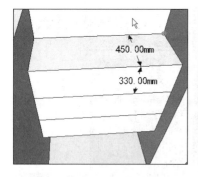

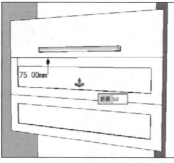

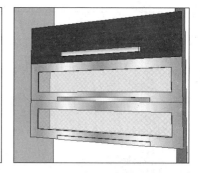

图 4-229　制作吊柜深度并 3 拆分　　图 4-230　合并拉手并制作柜门　　图 4-231　赋予吊柜材质效果

□　**细化窗户**

01 启用【直线】工具，分割出窗台与窗户平面，如图 4-232 所示。然后进一步分割窗户平面，如图 4-233 所示。

02 选择分割好的平面并单独创建为【组】，如图 4-234 所示。

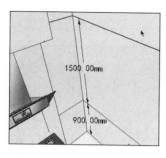

图 4-232 分割窗台与窗户平面

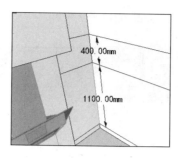

图 4-233 分割窗户平面

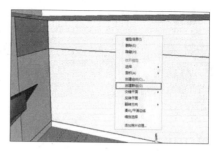

图 4-234 创建为组

03 启用【直线】工具细分割窗户平面，如图 4-235 所示。

04 结合使用【偏移】与【推/拉】工具制作窗户细节，完成效果如图 4-236 所示。

05 选择制作的窗户模型，调整其与窗台的相对位置，如图 4-237 所示。

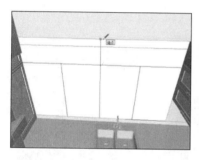

图 4-235 细分割窗户平面

图 4-236 制作窗户细节

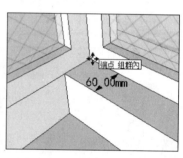

图 4-237 调整窗户与窗台相对位置

06 启用【推/拉】工具调整好厨房的上部墙体，如图 4-238 所示。

07 经过以上步骤，即已制作完成厨房，效果如图 4-239 所示。

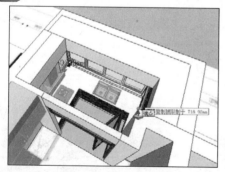

图 4-238 调整窗户上方墙面细节

图 4-239 厨房完成效果

4.6 细化客厅

客厅空间主要制作沙发处的柜子、电视柜、展示柜以及右侧的阳台等相关效果，如图 4-240 所示。

1. 制作沙发柜

01 启用【直线】工具，参考图样分割左侧柜子平面，如图 4-241 所示。

02 启用【推/拉】工具制作柜子的高度，如图 4-242 所示。

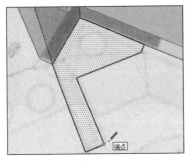

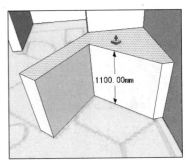

图 4-240　客厅平面布置　　　　图 4-241　分割左侧柜子平面　　　　图 4-242　制作柜子高度

03 结合使用【偏移】与【直线】工具，分割出柜门平面，如图 4-243 所示。

04 结合线的移动复制与【推/拉】工具制作柜门缝隙，然后合并拉手，完成效果如图 4-244 所示。

05 结合使用【偏移】与【推/拉】工具制作柜面细节，如图 4-245 所示。

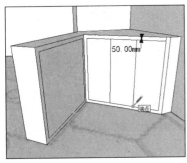

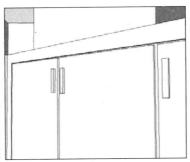

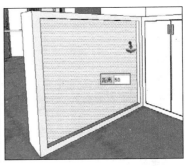

图 4-243　分割柜门平面　　　　图 4-244　制作柜门并复制拉手　　　　图 4-245　制作柜面细节

06 打开【材料】面板赋予模型面镜面效果，如图 4-246 所示。以相同方法制作另一侧的柜面，效果如图 4-247 所示。

07 启用【推/拉】工具参考图样拉长柜体，如图 4-248 所示。

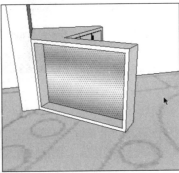

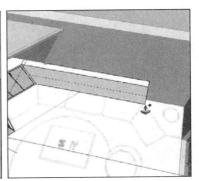

图 4-246　赋予凹陷面镜面材质　　　　图 4-247　处理另一侧柜面　　　　图 4-248　参考图样拉长柜体

08 重复之前的操作制作另一端柜体细节，如图 4-249 所示，整体完成效果如图 4-250 所示。

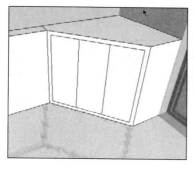

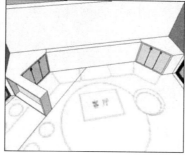

图 4-249　制作右侧柜子　　　　　图 4-250　柜子整体完成效果　　　　图 4-251　绘制分割位置参考线

2. 制作墙面及顶面造型

01 启用【直线】工具，参考图样绘制墙面分割参考线，如图 4-251 所示。

02 根据参考线，启用【直线】工具绘制出墙面分割线，如图 4-252 所示。

03 逐步选择地面参考线并向上移动复制，如图 4-253 与图 4-254 所示。

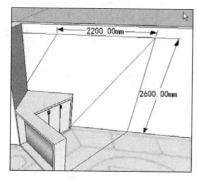

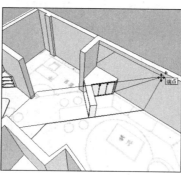

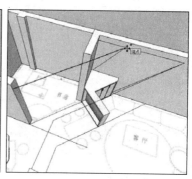

图 4-252　绘制墙面分割线　　　　图 4-253　向上复制前方分割线　　　图 4-254　向上复制后方分割线

04 启用【直线】工具连接分割线以形成平面，如图 4-255 所示。

05 将平面单独创建为【组】，如图 4-256 所示。

06 通过对线段的移动复制制作边框，如图 4-257 所示。

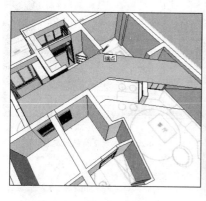

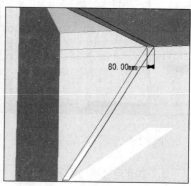

图 4-255　连接分割线形成平面　　　图 4-256　将平面单独创建为组　　　图 4-257　复制制作边框

07 启用【推/拉】工具制作边框厚度，如图 4-258 与图 4-259 所示。接下来处理结合处的效果。

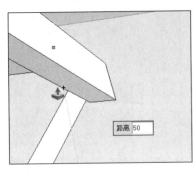

图 4-258　制作顶部边框厚度

图 4-259　制作墙面边框厚度

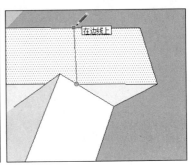

图 4-260　创建分割线

08　启用【直线】工具，捕捉交点并创建分割线，如图 4-260 所示。

09　删除右侧多余的平面，然后选择外部线段并向上复制，如图 4-261 所示。

10　删除上部多余平面，然后启用【直线】工具创建连接线以形成平面，如图 4-262 所示。

11　经过以上步骤，结合点处理完成效果如图 4-263 所示。

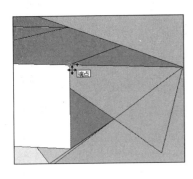

图 4-261　复制边线并删除平面

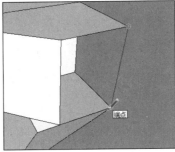

图 4-262　创建平面连接线

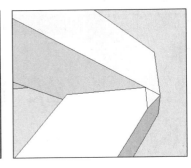

图 4-263　结合点处理完成效果

12　通过类似方法处理其他的边框细节，完成整体效果如图 4-264 所示。

13　打开【材料】面板，赋予框架造型木纹材质，赋予墙面镜面效果，如图 4-265 与图 4-266 所示。

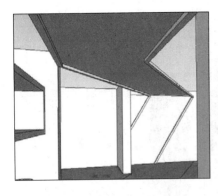

图 4-264　墙面顶部造型完成效果

图 4-265　赋予框架造型木纹材质

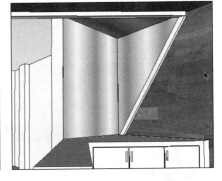

图 4-266　赋予墙面镜面效果

3.　制作电视柜与展示柜

01　电视柜与展示柜的平面布置效果如图 4-267 所示。

02　首先为墙面赋予黑色石材，然后参考图样启用【直线】工具分割电视柜平面，如图 4-268 所示。

03　启用【推/拉】工具制作电视柜的轮廓细节，如图 4-269 所示。

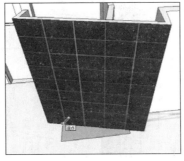

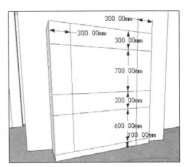

图 4-267　电视柜与展示柜布置　　　　　图 4-268　分割电视柜平面　　　　　图 4-269　推拉出电视柜轮廓

04　启用【推/拉】工具推空下方空间，如图 4-270 所示。然后制作下方柜子轮廓，如图 4-271 所示。

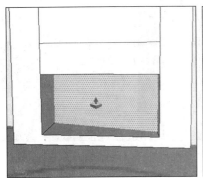

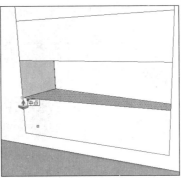

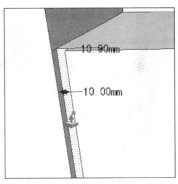

图 4-270　推空下方空间　　　　　　　　图 4-271　制作柜子轮廓　　　　　　　图 4-272　制作柜门细节

05　结合使用【直线】与【推/拉】工具制作柜门细节，如图 4-272 与图 4-273 所示。

06　结合使用【偏移】与【推/拉】工具制作电视机的机位细节，如图 4-274 所示。

07　经过如上步骤，即已完成电视柜效果如图 4-275 所示。接下来制作其右侧的展示柜。

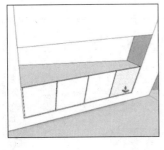

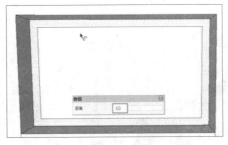

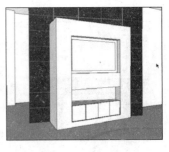

图 4-273　柜子完成效果　　　　　　图 4-274　制作电视机机位细节　　　　　图 4-275　电视柜完成效果

08　启用【直线】工具，参考图样分割展示柜平面，如图 4-276 所示。

09　启用【推/拉】工具制作 2400mm 的柜子高度，然后将竖向边线拆分为 6 段，如图 4-277 所示。

10　启用【偏移】工具制作柜子边框，如图 4-278 所示。

11　通过线段的移动复制，分割柜子平面，如图 4-279 所示。

12　启用【推/拉】工具制作柜板细节，如图 4-280 所示。

13 打开材质编辑器赋予柜子对应的材质，完成效果如图 4-281 所示。

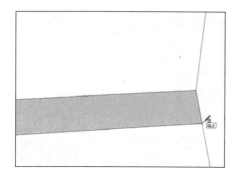

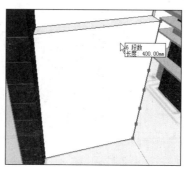

图 4-276 分割展示柜平面　　　　图 4-277 制作高度并拆分竖向边线　　　　图 4-278 偏移复制制作边框

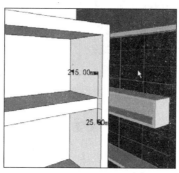

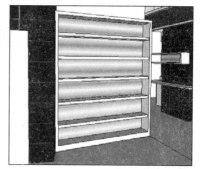

图 4-279 分割柜子平面　　　　图 4-280 制作柜板细节　　　　图 4-281 赋予柜子对应材质

14 经过以上步骤，电视柜与展示柜即已制作完成，效果如图 4-282 所示，接下来制作客厅前方的阳台效果。

4. 处理客厅阳台效果

01 阳台平面布置如图 4-283 所示。首先通过对线段进行移动复制与【推/拉】制作阳台栏杆轮廓，如图 4-284 所示。

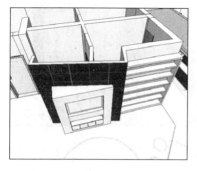

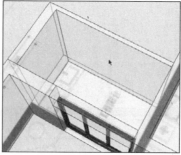

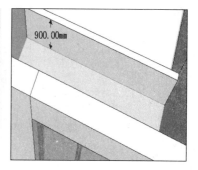

图 4-282 电视墙与展示柜效果　　　　图 4-283 客厅阳台平面布置　　　　图 4-284 制作阳台栏杆轮廓

02 结合【偏移】与【推/拉】工具制作栏杆的细节造型，然后赋予材质，完成效果如图 4-285 所示。

03 启用【直线】工具，参考平面图样分割洗手台平面，如图 4-286 所示。

04 启用【推/拉】工具制作洗手台轮廓，如图 4-287 所示。

05 通过对线进行移动复制与【推/拉】，制作洗手台细节，如图 4-288 所示。

06　打开【材料】面板制作洗手台的材质效果，如图 4-289 所示。

07　打开【组件】面板合并入"洗手盆"，完成模型效果如图 4-290 所示。接下来开始细化书房。

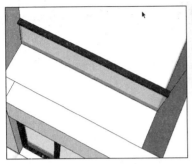

图 4-285　制作栏杆与玻璃面

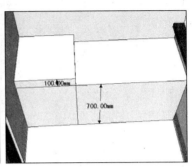

图 4-286　分割洗手台平面

图 4-287　制作洗手台轮廓

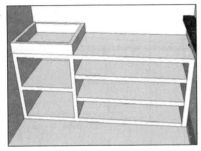

图 4-288　制作洗手台细节

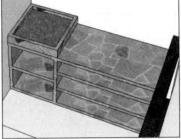

图 4-289　赋予材质

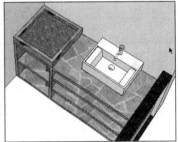

图 4-290　合并洗手盆

4-7　细化书房

1．制作书房门

01　启用【矩形】工具，捕捉墙面中点并绘制门平面，如图 4-291 所示。

02　启用【推/拉】工具制作门厚度，如图 4-292 所示。

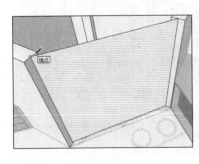

图 4-291　捕捉墙面中点绘制门平面

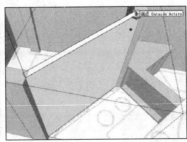

图 4-292　制作门厚度

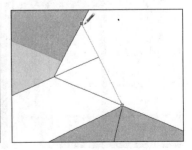

图 4-293　参考门模型分割墙体

03　结合使用【直线】与【推/拉】工具处理墙面细节，如图 4-293~图 4-295 所示。

04　启用【推/拉】工具，按住 "Ctrl" 键捕捉吊顶，复制顶面并分割书房门，如图 4-296 所示。

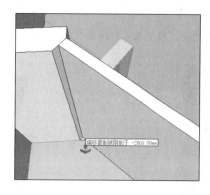

图 4-294　推空左侧分割面

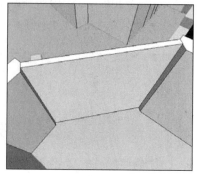

图 4-295　处理好右侧墙面细节

图 4-296　推拉复制平面

[05]　结合使用【偏移】与【推/拉】工具制作门框细节，如图 4-297 与图 4-298 所示。

[06]　启用【直线】工具分割玻璃面，如图 4-299 所示。

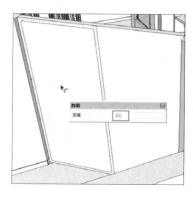

图 4-297　制作边框平面细节

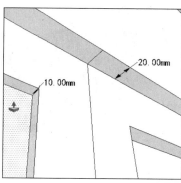

图 4-298　制作边框造型细节

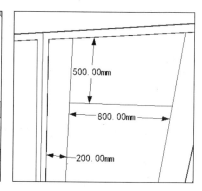

图 4-299　分割玻璃面

[07]　偏移复制线段，并对其进行【推/拉】，以制作玻璃门细节，完成效果如图 4-300 所示。

2．制作休息台与窗户

[01]　参考图样分割出休息台平面，然后启用【推/拉】工具制作其厚度，如图 4-301 所示。

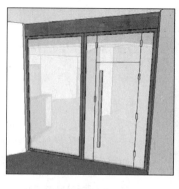

图 4-300　制作玻璃门

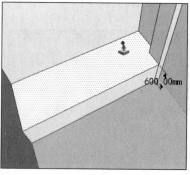

图 4-301　制作休息台轮廓

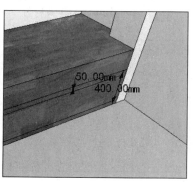

图 4-302　分割休息台平面

[02]　结合使用【偏移】与【推/拉】工具制作休息台细节，如图 4-302 与图 4-303 所示。

[03]　通过线的移动复制确定书房的窗台高度与窗户大小，如图 4-304 所示。

04 结合使用【偏移】与【推/拉】工具制作窗户细节，完成效果如图 4-305 所示。

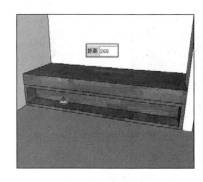

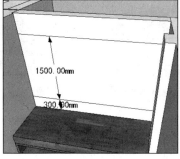

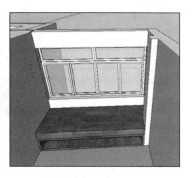

图 4-303　制作休息台细节　　　　　图 4-304　分割窗户平面　　　　　图 4-305　制作窗户细节

3. 制作书架

01 通过对线的移动复制分割出书架搁板平面，如图 4-306 所示。

02 结合使用【推/拉】与【直线】工具制作搁板的轮廓细节，如图 4-307 所示。

03 启用【直线】工具细分搁板表面，如图 4-308 所示。

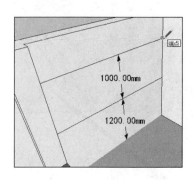

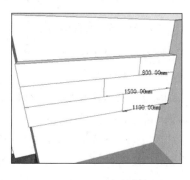

图 4-306　分割搁板平面　　　　图 4-307　制作搁板厚度并拆分表面　　　　图 4-308　细分搁板表面

04 结合使用【偏移】与【推/拉】工具制作搁板的边框细节，如图 4-309 所示。

05 启用【推/拉】工具制作搁板细节，如图 4-310 与图 4-311 所示。

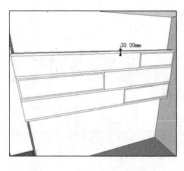

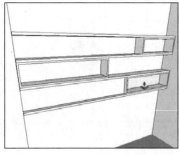

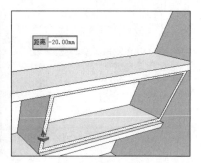

图 4-309　制作搁板边框细节　　　　图 4-310　推空形成搁板　　　　图 4-311　处理搁板细节

06 打开【材料】面板，赋予搁板各部件对应的材质，如图 4-312 所示。

07 经过以上步骤，书房制作即已完成，效果如图 4-313 所示。

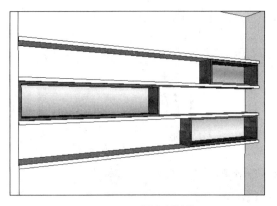

图 4-312　赋予搁板材质

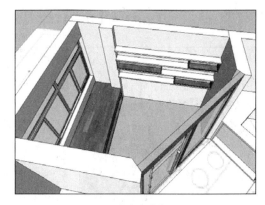

图 4-313　书房完成效果

4.8　细化客卫生间

客卫生间主要包括前方作为洗手台以及后方作为浴室的两个空间，如图 4-314 所示。

1.　制作洗手台空间

01　启用【直线】工具，参考图样绘制洗手台平面，如图 4-315 所示。

02　将平面单独创建为【组】，然后选择平面并调整好高度，如图 4-316 所示。

03　结合使用【推/拉】与【偏移】工具制作洗手台的厚度与边框细节，如图 4-317 所示。

04　启用【推/拉】工具，制作洗手台与下方搁板，如图 4-318 所示。

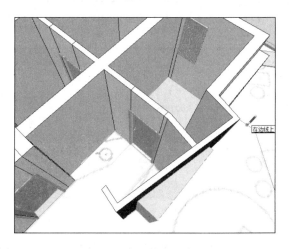

图 4-314　客卫生间平面布置

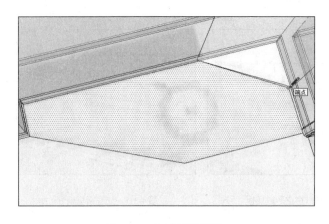

图 4-315　分割洗手台平面

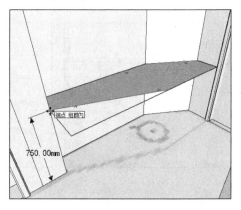

图 4-316　调整洗手台高度

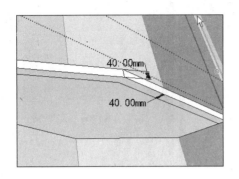

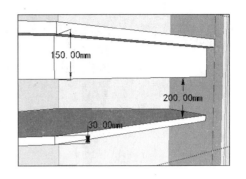

图 4-317 制作洗手台厚度与边框细节　　　　　　图 4-318 洗手台完成效果

05 打开【组件】面板，合并洗手盆模型。

06 打开【材料】面板，赋予洗手台对应的材质，如图 4-319 所示。

07 赋予墙面各部分以对应的材质，完成效果如图 4-320 所示。

08 参考图样，采用之前的方法制作右侧的柜子模型，如图 4-321 所示。接下来细化卫浴空间。

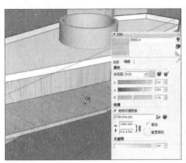

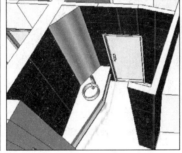

图 4-319 赋予洗手台材质　　　　图 4-320 赋予墙面材质　　　　图 4-321 制作右侧柜子

2. 制作卫浴空间

01 卫浴空间的平面布置如图 4-322 所示。

02 参考图样，结合使用【直线】与【推/拉】工具制作门后方柜子的轮廓，如图 4-323 所示。

03 结合对线的移动复制与【推/拉】制作柜子细节，然后打开【材料】面板赋予其对应的材质，完成效果如图 4-324 所示。

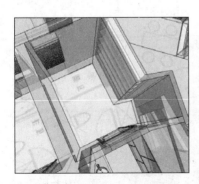

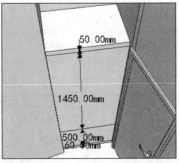

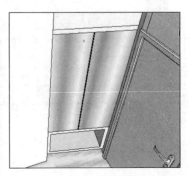

图 4-322 客卫生间浴室平面布置　　　图 4-323 制作门后方柜子轮廓　　　图 4-324 制作造型与材质

04 参考图样，结合对线的移动复制与【推/拉】制作浴室的玻璃门，如图 4-325~图 4-327 所示。

图 4-325　参考图样分割玻璃面

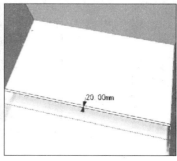

图 4-326　制作 20mm 厚度玻璃面

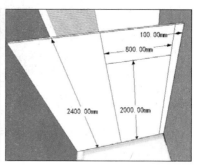

图 4-327　分割玻璃面

05 采用与制作书房玻璃门类似的方法，制作浴室玻璃门的细节，完成效果如图 4-328 所示。

06 打开【材料】面板赋予浴室墙壁石材，完成效果如图 4-329 所示。

07 打开【组件】面板，合并相关卫浴用具，如图 4-330 所示。

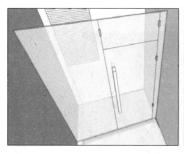

图 4-328　制作玻璃门并赋予材质

图 4-329　赋予墙壁材质

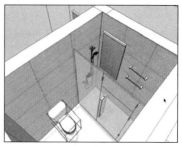

图 4-330　合并卫浴用具

08 客卫生间的最终效果如图 4-331 所示。接下来细化主卧室。

4-9　细化主卧室

主卧室空间比较复杂，除了卧房外还包括衣帽间、主卫生间以及前方的阳台空间，如图 4-332 所示。

1.　制作卧房空间

01 启用【矩形】工具，在前方的墙面上绘制好电视机的机位平面，如图 4-333 所示。

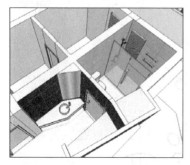

图 4-331　客卫生间完成效果

图 4-332　主卧室空间布置

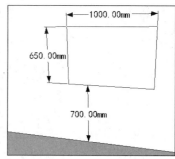

图 4-333　绘制电视机机位平面

02 结合使用【偏移】与【推/拉】工具细化电视机机位，如图 4-334 所示。

03 结合使用【矩形】以及【推/拉】等工具制作梳妆台模型，如图 4-335 所示。

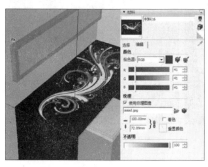

图 4-334 细化电视机机位造型

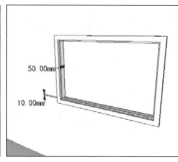

图 4-335 制作梳妆台造型

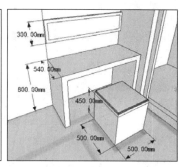

图 4-336 赋予梳妆台材质

04 打开【材料】面板，赋予梳妆台花纹材质，如图 4-336 所示。梳妆台的最终完成效果如图 4-337 所示。

05 启用【直线】工具分割主卧室的背景墙造型与高度，如图 4-338 与图 4-339 所示。

图 4-337 梳妆台完成效果

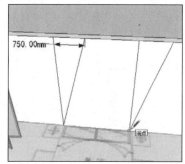

图 4-338 分割背景墙

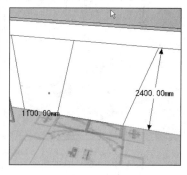

图 4-339 确定背景墙高度

06 启用【推/拉】工具制作背景墙造型，如图 4-340 所示。

07 打开【材料】面板并赋予背景墙材质，完成效果如图 4-341 所示。

08 打开【组件】面板，合并并放置床模型，完成效果如图 4-342 所示。

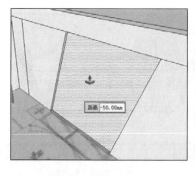

图 4-340 制作背景墙造型

图 4-341 赋予背景墙材质

图 4-342 合并床模型

2. 制作阳台空间

01 通过线的移动复制确定好窗台高度与窗户大小，如图 4-343 所示。

02 将分割平面单独创建为【组】，如图 4-344 所示。

03 结合【偏移】与【推/拉】工具制作窗户造型，完成效果如图4-345所示。

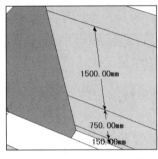

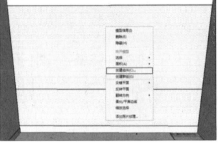

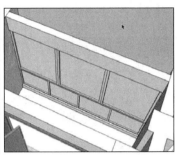

图 4-343　分割阳台窗台与平面　　　　图 4-344　创建组　　　　图 4-345　细化出窗户造型

04 打开【材料】面板，赋予窗户各部分材质，如图4-346所示。

05 参考图样，结合使用【直线】与【推/拉】工具制作柜子的轮廓，如图4-347所示。

06 结合【偏移】与【推/拉】工具制作柜子造型，完成效果如图4-348所示。

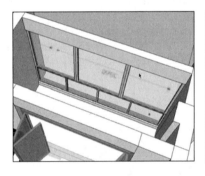

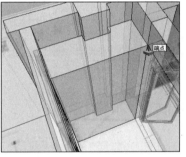

图 4-346　赋予对应材质　　　　图 4-347　制作柜子轮廓　　　　图 4-348　柜子完成效果

3. 制作衣帽间空间

01 衣帽间的平面布置如图4-349所示。

02 首先结合使用【矩形】与【推/拉】工具制作衣柜的轮廓，如图4-350所示。

03 结合使用【偏移】与【推/拉】工具细化衣柜造型，如图4-351所示。

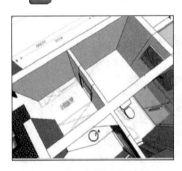

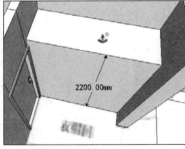

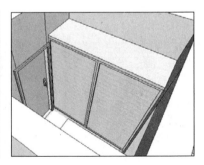

图 4-349　衣帽间平面布置　　　　图 4-350　制作衣柜轮廓　　　　图 4-351　细化衣柜造型

04 结合使用【矩形】与【推/拉】工具制作左侧柜子的轮廓，如图4-352所示。

05 结合使用【偏移】与【推/拉】工具细化柜子的细节造型，如图4-353所示。

06 打开【材料】面板，赋予柜子与墙面对应的材质，完成效果如图4-354所示。接下来制作主卫生间空间。

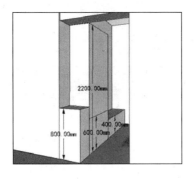

图 4-352　制作左侧柜子轮廓

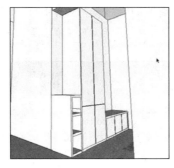

图 4-353　细化左侧柜子造型

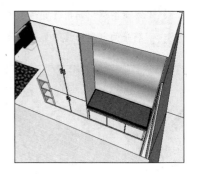

图 4-354　赋予左侧柜子与墙面材质

4．制作主卫生间空间

01　结合使用【矩形】与【推/拉】工具制作洗手台的轮廓，如图 4-355 所示。

02　结合使用【偏移】与【推/拉】工具制作洗手台的初步造型，如图 4-356 所示。

03　使用与之前类似的方法，最终完成洗手台造型，如图 4-357 所示。

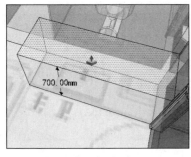

图 4-355　制作洗手台轮廓

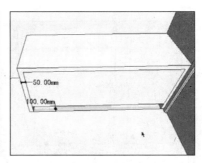

图 4-356　制作洗手台初步细节

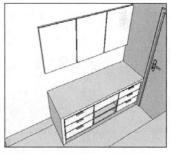

图 4-357　完成洗手台细节

04　打开【组件】面板，合并浴缸、马桶以及柜子等模型，如图 4-358 与图 4-359 所示。

05　打开【材料】面板，为浴室空间赋予石材，完成效果如图 4-360 所示。接下来制作次卧室空间。

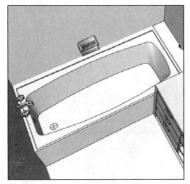

图 4-358　合并浴缸模型组件

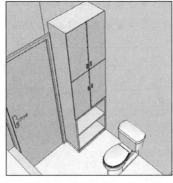

图 4-359　合并马桶与柜子模型

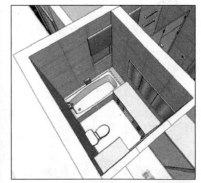

图 4-360　赋予材质效果

4.10　细化次卧室

次卧室的结构比较简单，除了卧房外只有前方的一个较为狭小的阳台，如图 4-361 所示。

01 参考图样，启用【直线】工具绘制床柜的平面，如图 4-362 所示。

02 将平面创建为【组】并整体调整高度，然后启用【推/拉】工具制作初步轮廓，如图 4-363 所示。

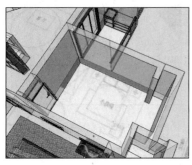
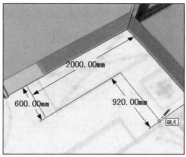
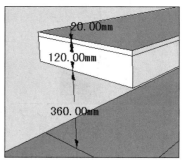

图 4-361　次卧室平面布置图　　　　图 4-362　分割下方床柜平面　　　　图 4-363　调整床柜高度并制作轮廓

03 结合线的移动复制与【推/拉】工具制作床柜的细节，如图 4-364 所示。

04 结合使用【矩形】以及【推/拉】工具制作上方吊柜的轮廓，如图 4-365 所示。

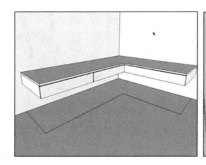
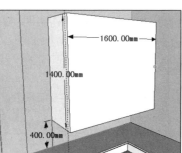
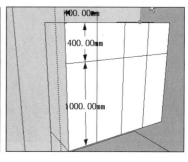

图 4-364　制作床柜细节　　　　图 4-365　制作吊柜轮廓　　　　图 4-366　制作吊柜初步细节

05 移动复制线段，并结合【偏移】与【推/拉】工具逐步制作吊柜的细节，如图 4-366 与图 4-367 所示。

06 通过相同的方法制作右侧的床柜，完成效果如图 4-368 所示。

07 打开【组件】面板合并"床"模型，完成效果如图 4-369 所示。

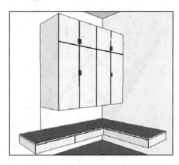
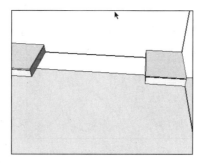
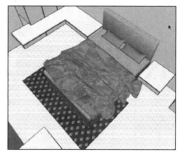

图 4-367　完成吊柜造型并赋予材质　　　　图 4-368　制作右侧床柜　　　　图 4-369　合并床模型

08 结合使用【矩形】、【推/拉】以及【偏移】工具制作电脑桌模型，如图 4-370~图 4-372 所示。

09 重复类似的方法，制作次卧室的阳台窗户模型并赋予对应的材质，如图 4-373 与图 4-374 所示。

10 经过以上步骤，次卧室即已完成，效果如图 4-375 所示。

11 本案例空间的整体效果如图 4-376 所示。最后将进行地面、装饰，以及阴影与标识文字的制作。

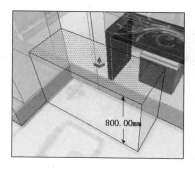

图 4-370　制作电脑桌轮廓

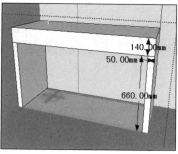

图 4-371　制作电脑桌初步造型

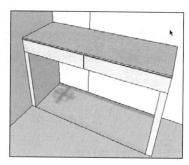

图 4-372　细化电脑桌造型

图 4-373　细化阳台窗户模型

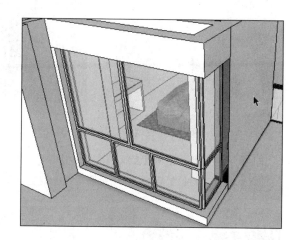

图 4-374　赋予材质

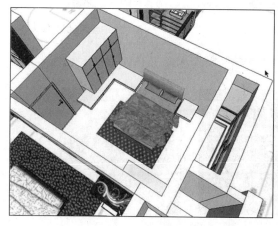

图 4-375　次卧室制作效果

图 4-376　整体空间效果

4.11 完成最终效果

4.11.1 处理地面细节

1. 制作地面材质

01 参考图样，启用【直线】工具分割吧台与厨房地面，如图 4-377 所示。

02 打开【材料】面板，赋予地面石材并调整好贴图，如图 4-378 所示。最终得到的效果如图 4-379 所示。

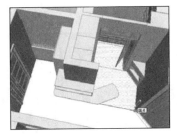

图 4-377　分割吧台与厨房地面　　　　图 4-378　赋予石材并调整贴图　　　　图 4-379　吧台与厨房地面效果

03 参考图样，启用【直线】工具分割过道、餐厅以及书房地面，如图 4-380 所示。

04 打开【材料】面板，赋予地面木纹并调整好贴图，如图 4-381 所示。最终得到的效果如图 4-382 所示。

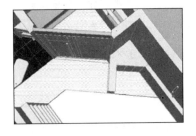

图 4-380　分割过道、餐厅以及书房地面　　　图 4-381　赋予材质并调整贴图　　　图 4-382　地面完成效果

05 以同样的方法制作客厅地面的材质细节，如图 4-383~图 4-385 所示。

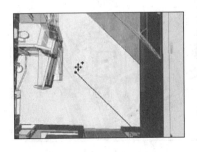
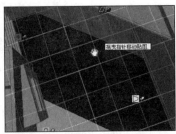

图 4-383　分割客厅地面细节　　　　图 4-384　赋予石材并调整贴图　　　　图 4-385　客厅地面完成效果

06 以同样的方法制作卧室的地面效果，如图 4-386 所示。然后处理门槛下方的波打线效果，如图 4-387 与图 4-388 所示。

图 4-386 赋予木纹材质　　　　图 4-387 隐藏门模型　　　　图 4-388 制作门槛波打线效果

07 以同样的方法制作卫生间地面的材质，如图 4-389 所示。然后处理门槛下方的波打线细节，如图 4-390 所示。

08 制作主卧室外阳台的地面细节，完成效果如图 4-391 所示。

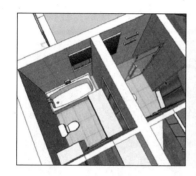

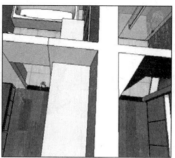

图 4-389 卫生间地面材质效果　　　图 4-390 制作门槛波打线效果　　　图 4-391 制作阳台地面效果

2. 制作踢脚线细节

01 选择空间框架，将其向外复制一份，如图 4-392 所示。

02 在复制的框架内，通过对线的移动复制制作踢脚线平面，如图 4-393 所示。

03 通过相同的方法制作空间内所有踢脚线的平面，如图 4-394 所示。

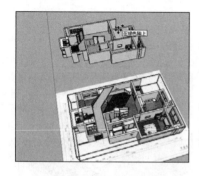

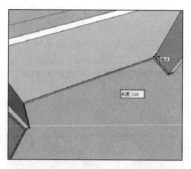

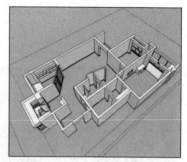

图 4-392 复制空间框架　　　图 4-393 制作踢脚线平面　　　图 4-394 制作所有房间踢脚线平面

04 打开【材料】面板，赋予踢脚线平面木纹材质，如图 4-395 所示。

05 启用【推/拉】工具制作 10mm 的踢脚线厚度，如图 4-396 所示。

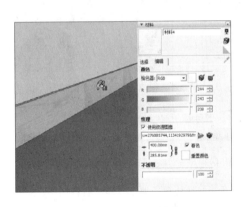

图 4-395　赋予木纹材质

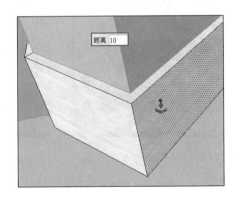

图 4-396　推拉 10mm 厚芫

06　删除原有框架平面，然后将制作的踢脚线框架对齐，完成的空间效果如图 4-397 所示。

07　空间的整体效果如图 4-398 所示。接下来合并家具、生活用具以及装饰品等细节模型。

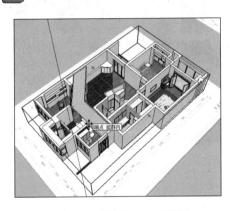

图 4-397　删除原有框架后对齐

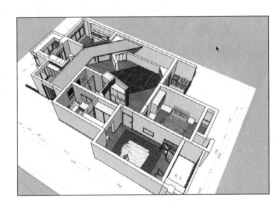

图 4-398　空间整体效果

4.11.2 合并家具与装饰品

1．合并桌椅模型

01　打开【组件】面板，根据空间功能与特点合并对应的桌椅，如图 4-399～图 4-404 所示。

图 4-399　合并吧椅

图 4-400　合并餐桌椅

图 4-401 合并沙发茶几套

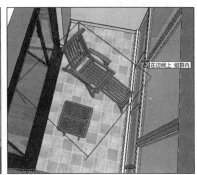

图 4-402　合并书桌椅　　　　　　　　图 4-403　合并电脑椅　　　　　　　　图 4-404　合并休闲椅

02 桌椅合并完成后，本例各空间效果如图 4-405~图 4-412 所示。

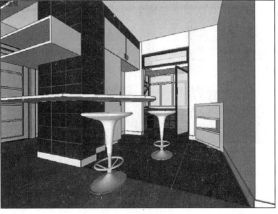

图 4-405　玄关与过道效果　　　　　　　　　　　　　图 4-406　吧台与厨房效果

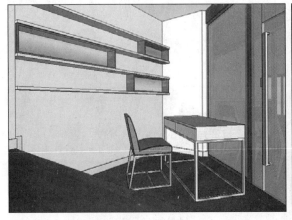

图 4-407　书房效果　　　　　　　　　　　　　　图 4-408　客厅效果

图 4-409　主卧室效果

图 4-410　次卧室效果

图 4-411　客卫生间效果

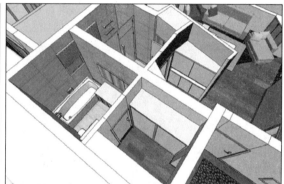

图 4-412　衣帽间及主卫生间

2. 合并生活用具与装饰品

01 根据空间功能与设计特点，合并生活用具与装饰品，如图 4-413~图 4-420 所示。

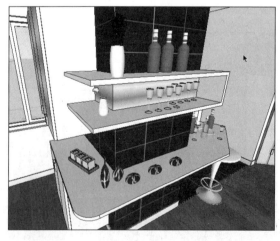

图 4-413　合并吧台与玄关物品

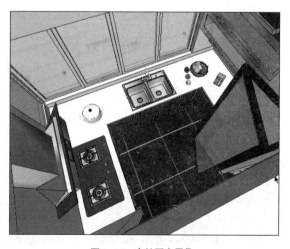

图 4-414　合并厨房用品

02 根据各空间的特点与功能分布，合并相关用品，如图 4-415~图 4-420 所示。

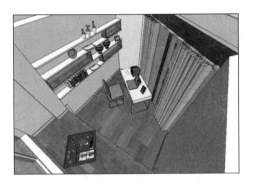

图 4-415　合并书房用品

图 4-416　合并餐厅用品

图 4-417　合并客厅用品 1

图 4-418　合并客厅用品 2

图 4-419　合并主卧室用品

图 4-420　合并次卧室用品

03　生活用具与装饰品合并完成之后，本案例的鸟瞰效果如图 4-421 与图 4-422 所示。

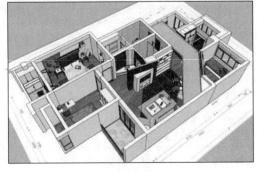

图 4-421　鸟瞰效果 1

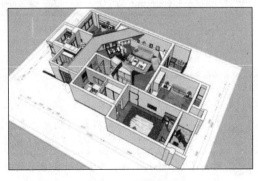

图 4-422　鸟瞰效果 2

4.11.3 制作阴影

01 首先切换场景至【单色显示】模式，如图 4-423 所示。

02 按下【显示/隐藏阴影】显示当前阴影效果，如图 4-424 所示。

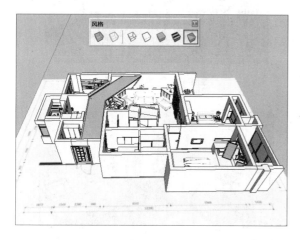

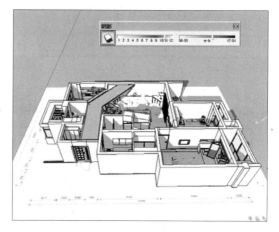

图 4-423 切换至单色显示模式

图 4-424 显示当前阴影效果

03 调整时间以及日期滑块，然后实时观察阴影的变化以得到理想的阴影效果，最终得到的阴影效果如图 4-425 所示。

4.11.4 制作空间标识

01 单击【文字】按钮，然后在客厅内确定标注的起点，如图 4-426 所示。

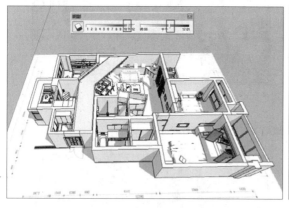

图 4-425 最终确定的阴影效果

图 4-426 确定客厅标注起点

02 在空间外确定文字的放置位置，然后输入当前空间的名称为"客餐厅"，如图 4-427 所示。

03 执行【窗口】/【默认面板】/【图元信息】菜单命令，弹出【图元信息】面板，或右键选择【模型信息】快捷命令，然后进入"引线文字"字体调整面板调整字体参数，如图 4-428 所示。

04 单击【选择全部引线文字】参考，然后再单击【更新选定的文字】按钮，调整文字效果，如图 4-429 所示。

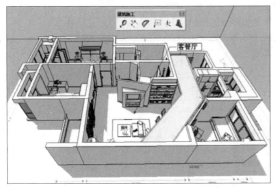

图 4-427　确定文本位置并输入空间名称

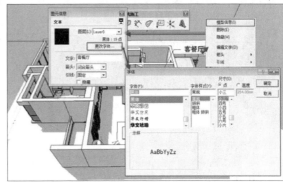

图 4-428　调整字体

05 通过同样的方法制作案例中其他空间的名称，如图 4-430 所示。

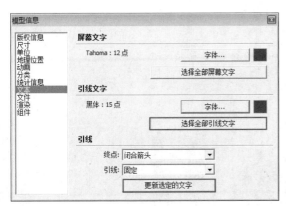

图 4-429　调整文字效果

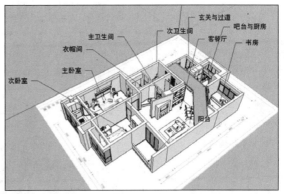

图 4-430　标注好其他空间名称

06 调整显示为【材质贴图】显示模式，最终得到本案例户型的鸟瞰效果如图 4-431 与图 4-432 所示。

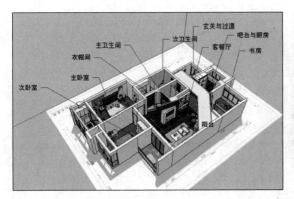

图 4-431　空间最终鸟瞰效果 1

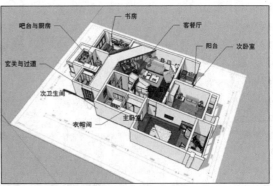

图 4-432　空间最终鸟瞰效果 2

第 5 章

地中海风格客厅
及餐厅设计

地中海风格是极具亲和力的设计风格，其以"蔚蓝色的浪漫情怀，海天一色、艳阳高照的纯美自然"为灵魂，贯穿于白灰泥墙、连续的拱廊与拱门、陶砖、海蓝色的屋瓦和门窗等主要元素之中，整体空间简洁明快、色调柔和，流露出古老的文明气息。

本章将主要从客厅与餐厅两大部分的细化展现地中海风格在色彩、造型、装饰等方面的特点。

5.1 地中海风格设计概述

地中海装修风格兴起于 9 至 11 世纪的西欧，该风格有着明亮、大胆、色彩丰富等明显特色。其在设计中保持简单的理念，捕捉光线、取材大自然，大胆而自由地运用色彩、样式。典型的地中海客厅与餐厅效果如图 5-1 与图 5-2 所示。

图 5-1　典型地中海风格客厅效果

图 5-2　典型地中海风格餐厅效果

在空间造型上，地中海风格最为显著的特点是其拱门与半拱门、马蹄状的门窗造型。圆形拱门及回廊通常处理为数个连接或垂直交接，在走动观赏中，出现延伸般的透视感。

在家具配饰的选择上，地中海风格通常采用低彩度、直线简单且修边浑圆的木质家具。地面多铺赤陶或石板，墙面则通过马赛克镶嵌、拼贴进行点缀。

在色彩上，地中海风格有着三种典型的色彩搭配：蓝与白，黄、蓝紫和绿，土黄及红褐。典型地中海风格的空间细节如图 5-3~图 5-5 所示。

图 5-3　地中海空间细节 1

图 5-4　地中海空间细节 2

图 5-5　地中海空间细节 3

在本例中将使用 CAD 平面布置图，结合以上所述的地中海风格空间、配饰、色彩特点，完成对客厅、过道以及餐厅效果的制作，各空间细节效果如图 5-6~图 5-8 所示，整体效果如图 5-9~图 5-11 所示。

图 5-6　过道吊顶及门洞细节

图 5-7　餐厅吊顶及墙面细节

图 5-8　客厅墙面细节

图 5-9　客厅完成效果

图 5-10　餐厅完成效果

图 5-11　过道完成效果

5.2 正式建模前的准备工作

5.2.1 在 AutoCAD 中整理图样

01 启动 AutoCAD，打开配套光盘"第 05 章\地中海装修图样.dwg"，如图 5-12 所示。

02 选择平面布置图样，单击 AutoCAD【图层】下拉列表按钮，单击图层前的 💡 图标，关闭标注、文字等不需要的图层，如图 5-13 所示。

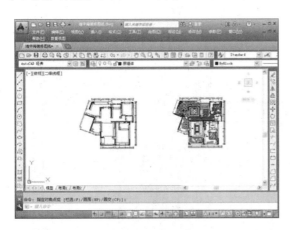

图 5-12　打开图样

图 5-13　整理图样

03 删除与建模无关的图形内容，选择正立面图形将其整体调整为白色显示，如图 5-14 所示。然后按下"Ctrl+C"键进行复制，如图 5-15 所示。

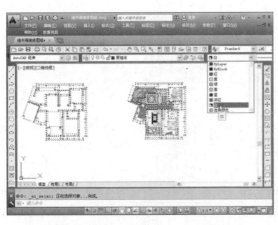

图 5-14　将平面布置图样整体调整为白色显示

图 5-15　全选平面布置图样并复制

04 执行【文件】/【新建】菜单命令，创建一个空白的图样文档，如图 5-16 所示。

05 按下"Ctrl+V"键粘贴之前复制的图样，如图 5-17 所示。

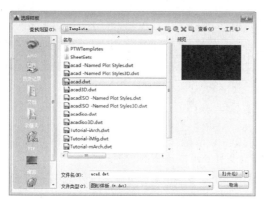

图 5-16　新建 AutoCAD 空白文档

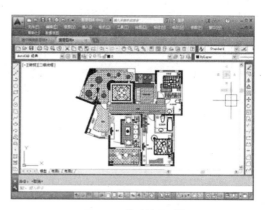

图 5-17　粘贴整理图样

06　按下 "Ctrl+S" 快捷键，另存当前图样内容，如图 5-18 所示。至此，图样整理并另存完成，如图 5-19 所示。接下来将其导入 SketchUp。

图 5-18　另存当前图样

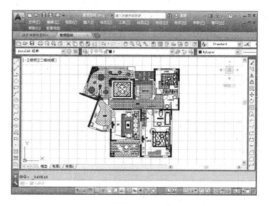

图 5-19　完成图样整理及单独保存

5.2.2 导入图样并分析思路

01　打开 SketchUp，进入【模型信息】面板，设置场景单位如图 5-20 所示。

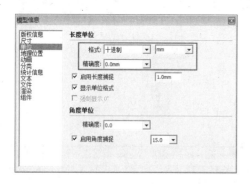

图 5-20　设置场景单位

图 5-21　执行文件/导入选项

02　执行【文件】/【导入】菜单命令，如图 5-21 所示。在弹出的【导入】面板中调整文件类型为 "AutoCAD 文件"，如图 5-22 所示。

03　单击【导入】面板中的【选项】按钮，在弹出的面板中设置参数，如图 5-23 所示。

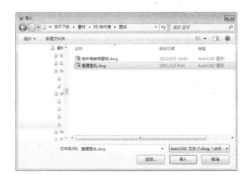

图 5-22　选择图样进行导入

图 5-23　设置导入选项

04　选项参数调整完成后单击【确定】按钮，然后双击之前整理并另存的图样进行导入，如图 5-24 所示。

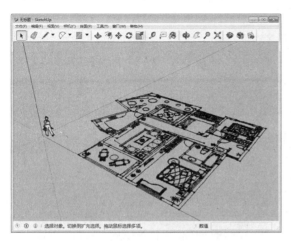

图 5-24　导入图样

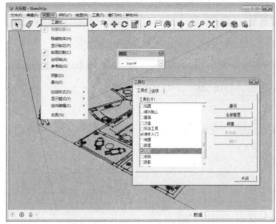

图 5-25　打开工具栏调出图层工具

技 巧

AutoCAD 图样导入至 SketchUp 后，执行【工具栏】/【图层】菜单命令，如图 5-25 所示。打开【图层】工具栏，打开图层面板，通过对应图层的设置，取消暂时隐藏的家具、铺地等图形元素，如图 5-26 所示。

图 5-26　设置图层控制显示与隐藏

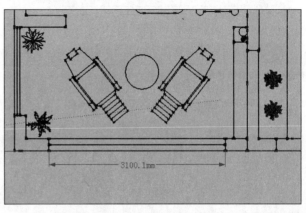

图 5-27　导入左立面 JPG 图样并调整大小

05　图样导入完成后，启用【卷尺】工具测量当前图样中休闲室窗户宽度，如图 5-27 所示，然后对比 CAD

中对应宽度，确定好导入图样比例，如图 5-28 所示。

[06] 确认好导入图样比例后，按下 "Ctrl+S" 快捷键，将当前场景保存为 "地中海.Skp"，如图 5-29 所示。接下来分析建模思路。

图 5-28　调整左立面 JPG 图样位置与朝向

图 5-29　保存图样

5.2.3 分析建模思路

[01] 本例主要表现客厅与餐厅的细节效果，因此需要首先确定大致的观察角度与表现范围，如图 5-30 与图 5-31 所示。

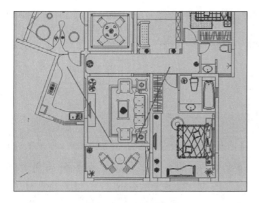

图 5-30　观察角度 1

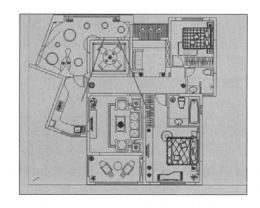

图 5-31　观察角度 2

[02] 明确了观察角度与范围后，首先将根据该范围创建墙体框架，如图 5-32 所示。完成墙体框架制作后，将细化客厅与休闲室的门窗效果，如图 5-33 与图 5-34 所示。

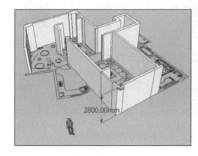

图 5-32　创建墙体框架

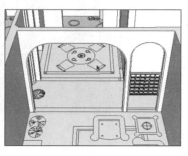

图 5-33　细化客厅门洞

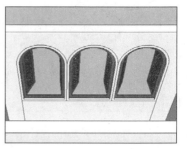

图 5-34　细化休闲室门洞

03 完成门窗制作后，逐步细化客厅壁炉、电视墙以及顶棚细节，如图 5-35~图 5-37 所示。

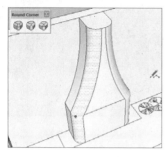

图 5-35　细化客厅壁炉细节

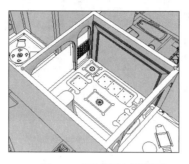

图 5-36　细化客厅电视墙细节

图 5-37　细化客厅顶棚细节

04 完成客厅及休闲室相关细节制作后，使用类似的步骤制作过道以及餐厅空间，如图 5-38~图 5-40 所示。

图 5-38　细化过道立面细节

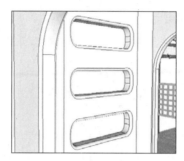

图 5-39　细化餐厅立面细节

图 5-40　餐厅空间完成效果

05 完成基本的空间细节制作后，整体制作下部踢脚线与地面材质效果，如图 5-41 所示。然后调整空间的色彩与质感并合并装饰细节，如图 5-42 与图 5-43 所示。最后得到如图 5-9~图 5-11 所示的整体空间效果。

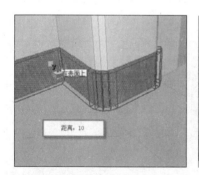

图 5-41　制作地面细节

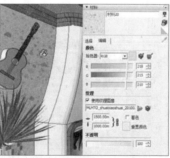

图 5-42　调整空间整体色彩与质感

图 5-43　布置最终装饰细节

5.3 创建客厅及休闲空间

5.3.1 创建整体框架

01 启用【直线】工具，捕捉图样外侧创建墙线，如图 5-44 所示。创建完成的外侧墙线如图 5-45 所示。

02 选择【偏移】工具，捕捉图样内侧墙线，制作墙体厚度，如图 5-46 所示。

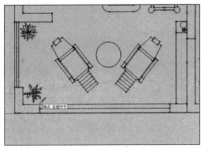

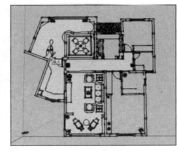

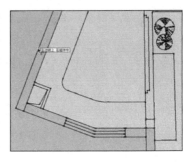

图 5-44　捕捉图样创建外侧墙线　　　　图 5-45　外侧墙线创建完成　　　　图 5-46　制作墙体厚度

03 参考图样，结合使用【直线】与【圆弧】工具，制作各处的墙体细节，如图 5-47 与图 5-48 所示。

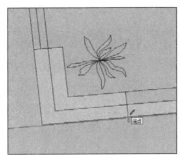

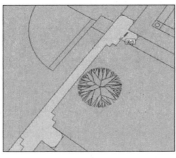

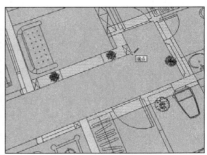

图 5-47　修整墙体转角细节　　　　图 5-48　修整过道墙体细节　　　　图 5-49　在过道尽头绘制简单墙体

04 对于观察范围以外的墙体则可以简单绘制，如图 5-49 所示，最终得到的墙体平面效果如图 5-50 所示。

05 完成墙体平面绘制后，选择并单击鼠标右键将面进行反转，如图 5-51 所示。

06 启用【推/拉】工具制作 2800mm 的墙体高度，如图 5-52 所示。接下来制作客厅以及休闲室区域的门窗效果。

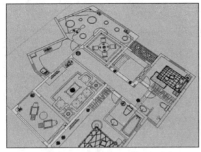

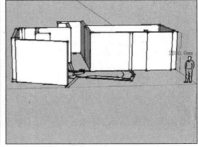

图 5-50　墙体平面绘制完成　　　　图 5-51　整体将面反转　　　　图 5-52　制作 2800mm 墙体高度

5.3.2 创建客厅及休闲室门窗

1. 创建客厅与过道交界处门洞

01 首先制作客厅与过道交界处的门洞，其造型细节如图 5-53 所示。

02 启用【推/拉】工具，按下 "Ctrl" 键选择左侧墙面复制推拉至右侧，如图 5-54 所示。然后选择底部线条，按住 "Ctrl" 键移动复制到 2400mm 高度处，如图 5-55 所示。

图 5-53　门洞等细节

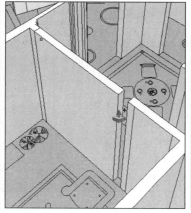
图 5-54　复制推拉墙体

图 5-55　向上复制门洞高度线条

03　使用【卷尺】工具制作左侧 3D 圆角参考线，如图 5-56 所示。然后启用【圆弧】工具制作门洞圆弧细节，如图 5-57 所示。

04　向右移动复制创建好的 3D 圆角细节，如图 5-58 所示。

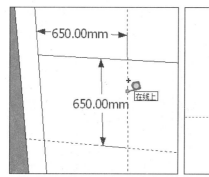
图 5-56　创建圆角参考线

图 5-57　绘制圆弧

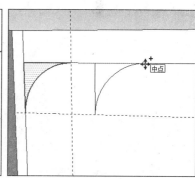
图 5-58　复制圆角细节

05　使用【翻转方向】菜单命令调整朝向，如图 5-59 所示，再通过捕捉放置至右侧。

06　启用【推/拉】工具，推拉分割平面形成拱门门洞，如图 5-60 所示。接下来制作 3D 圆角细节。

07　选择门线并单击【3D 圆角】工具按钮，如图 5-61 所示。

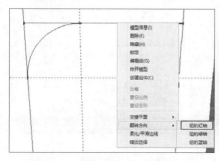
图 5-59　通过镜像调整圆角细节朝向

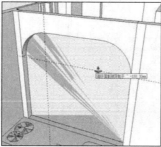
图 5-60　推拉形成拱形门洞

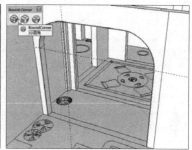
图 5-61　选择门洞线条并单击【3D 圆角】按钮

08　调整好 3D 圆角参数，并根据显示的范围确定门的大小范围，如图 5-62 所示。按下回车键确定进行 3D 圆角，单侧门线 3D 圆角完成效果如图 5-63 所示。

09 通过相同方法制作背面门线的 3D 圆角效果，如图 5-64 所示。接下来制作左侧门洞效果。

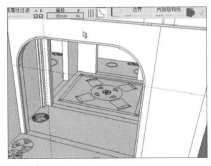 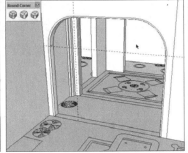 

图 5-62　设定圆角参数　　　　　　　图 5-63　单侧门线圆角完成效果　　　　　图 5-64　完成背面门线圆角效果

10 首先复制出门洞高度线，如图 5-65 所示。接下来绘制拱门圆弧。

11 由于要制作半圆圆弧，因此需要首先启用【卷尺】工具测量当前门洞宽度，如图 5-66 所示。然后向下以一半的距离复制参考线，最后使用【圆弧】工具绘制出半圆分割线，如图 5-67 所示。

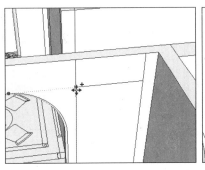 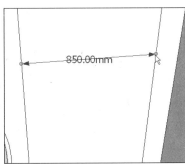 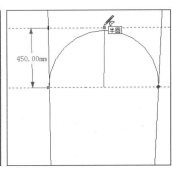

图 5-65　复制左侧门洞高度线条　　　　图 5-66　测量门洞整体宽度　　　　　图 5-67　创建半圆分割门洞

12 分割平面创建完成后，启用【推/拉】工具推空形成门洞，如图 5-68 所示。

13 逐步选择正面与背面门线，使用【3D 圆角】工具制作圆角效果，如图 5-69~图 5-71 所示。

 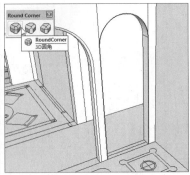 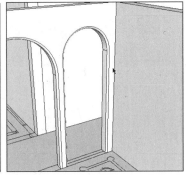

图 5-68　推空形成门洞　　　　　图 5-69　选择门洞线进行圆角处理　　　　图 5-70　单侧圆角处理完成效果

14 接下来制作右侧门洞中部的木栅格细节，首先将当前墙体框架整体创建为组，如图 5-72 所示。

15 启用【矩形】工具在门洞侧面绘制一个矩形平面，如图 5-73 所示。

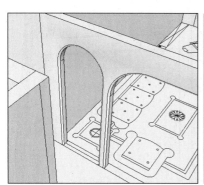
图 5-71　制作背面圆角效果

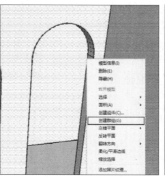
图 5-72　选择墙体模型整体创建组

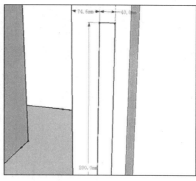
图 5-73　创建矩形平面

16 启用【移动】工具按住 "Shift" 键，结合捕捉工具分两次对齐好水平位置与高度，如图 5-74 与图 5-75 所示。

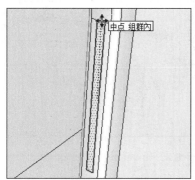
图 5-74　通过中点捕捉对齐平面水平位置

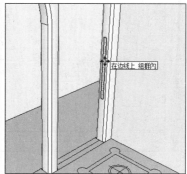
图 5-75　捕捉中点对齐高度

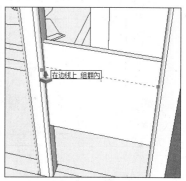
图 5-76　推拉栅格长度

17 使用【推/拉】工具制作栅格长度，如图 5-76 所示。然后结合使用【偏移】与【推/拉】工具制作栅格边框，如图 5-77~图 5-79 所示。

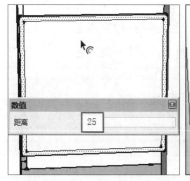
图 5-77　制作栅格边框平面

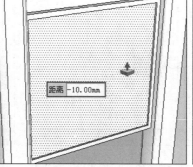
图 5-78　推拉形成栅格边框

图 5-79　对背面进行相同处理

18 逐步选择内部横线与竖向边线将其拆分为 6 段，如图 5-80 与图 5-81 所示。

19 启用【矩形】工具捕捉拆分点创建栅格单元平面，如图 5-82 所示。

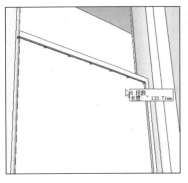

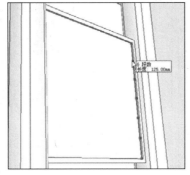

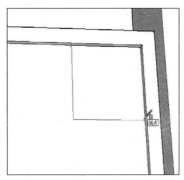

图 5-80　将横线边线拆分为 6 段　　　　图 5-81　将竖向边线拆分为 6 段　　　　图 5-82　捕捉绘制栅格单元平面

20 结合使用【偏移】与【推/拉】工具制作栅格细节，如图 5-83 与图 5-84 所示。

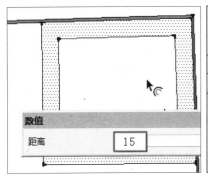

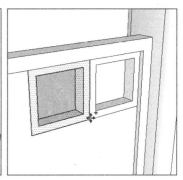

图 5-83　制作栅格平面　　　　　　　图 5-84　推空形成栅格　　　　　　　图 5-85　横向复制栅格

21 选择制作的单元栅格，通过横向与竖向两次移动复制制作栅格，如图 5-85~图 5-87 所示。

22 经过以上步骤，客厅与过道交界处门洞创建完成，整体效果如图 5-88 所示。接下来制作客厅与休闲室交界处的门洞效果。

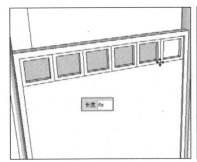

图 5-86　追加多重移动复制　　　　图 5-87　竖向多重移动复制栅格　　　图 5-88　客厅与过道交界处门洞完成效果

2. 创建客厅与休闲室门洞

01 启用【推/拉】工具合并墙体，如图 5-89 所示。然后重复之前的操作制作门洞效果，如图 5-90 与图 5-91 所示。

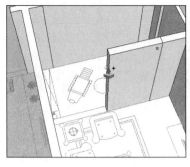
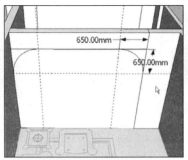
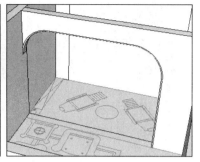

图 5-89　复制推拉休闲室处墙体　　　　图 5-90　创建门洞分割面　　　　图 5-91　推空门洞并进行圆角处理

02 由于该处门洞右侧还有可利用的空间，因此参考之前的图片制作出搁物孔细节，如图 5-92~图 5-95 所示。

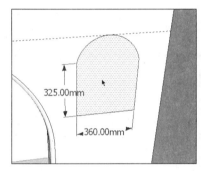
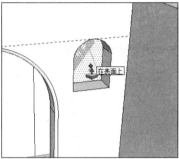
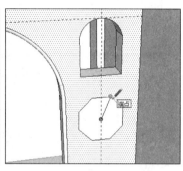

图 5-92　绘制门洞右侧细节分割面　　　　图 5-93　推空细节分割面　　　　图 5-94　绘制其他细节分割面

03 经过以上步骤，客厅与休闲室交界处门洞即已完成，效果如图 5-96 所示。接下来制作休闲室处的窗户效果。

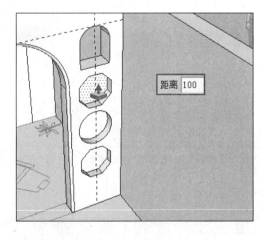

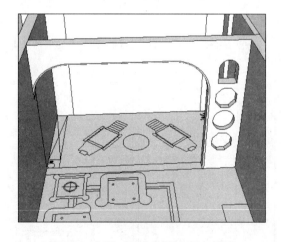

图 5-95　制作分割面深度　　　　　　　　图 5-96　客厅与休闲室交界处门洞完成效果

3．创建休闲室窗户

01 常见的地中海风格窗户效果如图 5-97~图 5-99 所示。在本例中将参考第二种造型进行制作。

图 5-97　地中海风格窗户造型 1　　　　　图 5-98　地中海风格窗户造型 2　　　　　图 5-99　地中海风格窗户造型 3

02 选择底部线条，使用移动复制制作高度为 900mm 的窗台分割线，如图 5-100 所示。然后将分割线拆分为 3 段，如图 5-101 所示。

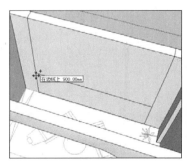

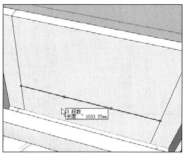

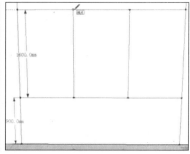

图 5-100　移动复制窗台线　　　　　　图 5-101　将分割线拆分 3 段　　　　　　图 5-102　制作窗户平面轮廓

03 启用【直线】分割好窗户平面，如图 5-102 所示。启用【圆弧】工具制作窗户圆弧细节，如图 5-103 所示。

04 结合使用【偏移】与【推/拉】工具制作外部窗框细节，如图 5-104 与图 5-105 所示。

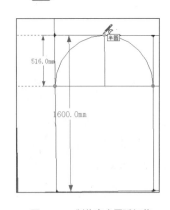

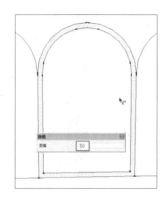

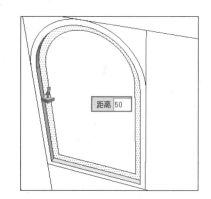

图 5-103　制作窗户圆弧细节　　　　　图 5-104　通过偏移复制制作窗框平面　　　　　图 5-105　制作窗框厚度与窗户平面

05 打开【材料】面板，为内部窗户平面制作并赋予蓝色木纹材质，如图 5-106 所示。然后使用【推/拉】工具制作木窗框，如图 5-107 所示。

06 结合使用【直线】以及【偏移】工具制作窗页边框，如图 5-108 与图 5-109 所示。

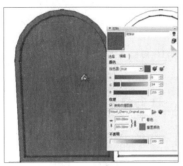

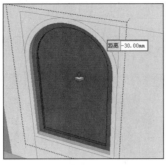

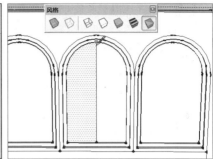

图 5-106　赋予窗户平面蓝色木纹材质　　　　图 5-107　制作木窗框　　　　　　　图 5-108　分割窗页平面

技 巧

在赋予材质后，为了方便观察之后操作，可以将显示模式切换至【单色显示】。

07 将创建好的窗页平面创建为【组】，如图 5-110 所示，然后启用【推/拉】工具制作窗页边框厚度，如图 5-111 所示。

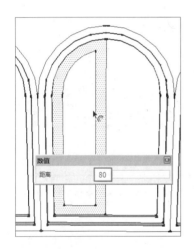

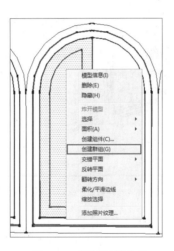

图 5-109　制作窗页边框　　　　　　　图 5-110　将窗页创建为组　　　　　　　图 5-111　制作窗页边框厚度

08 窗页边框制作完成后，拆分好内侧竖向边线，如图 5-112 所示。然后结合使用【直线】与【推/拉】工具制作下方的细格造型，如图 5-113 所示。

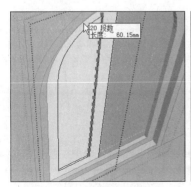

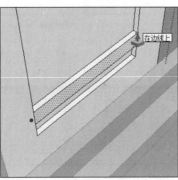

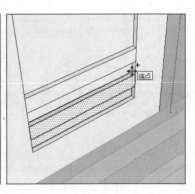

图 5-112　拆分窗页内侧边线　　　　　图 5-113　制作窗页细格　　　　　　　图 5-114　复制窗页细格

09 通过多重移动复制制作上方其他细格，如图 5-114 所示。然后通过逐个分割与推拉制作弧形处细格，如图 5-115 所示。

10 窗页造型制作完成后，通过旋转与复制制作窗户整体造型，如图 5-116 与图 5-118 所示。

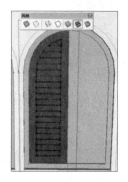
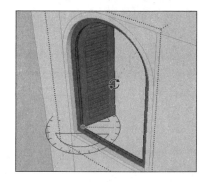

图 5-115　逐个分割窗页弧形处细格　　　图 5-116　完成单侧窗页效果　　　图 5-117　旋转形成开窗效果

11 选择创建好的整体造型，捕捉拆分点，使用多重移动复制制作休闲室的其他窗户，如图 5-119 与图 5-120 所示。

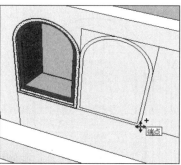
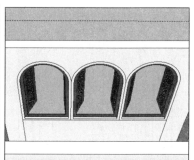

图 5-118　复制另一侧窗页　　　图 5-119　整体复制外部窗框与窗户　　　图 5-120　休闲室窗户完成效果

5.3.3 创建客厅立面细节

01 首先制作右侧墙体中部的壁炉细节，启用【矩形】工具参考图样绘制出壁炉平面，如图 5-121 所示。

02 启用【推/拉】工具，按住"Ctrl"键分段制作壁炉外部轮廓，如图 5-122 所示。

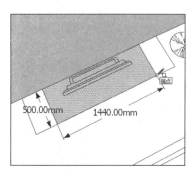
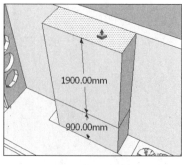
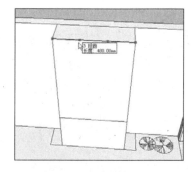

图 5-121　绘制壁炉平面　　　图 5-122　分段复制推拉　　　图 5-123　3 拆分上部横向边线

03 选择上部横向边线，将其【拆分】为 3 段，如图 5-123 所示。然后结合使用【圆弧】与【推/拉】工具制作初步造型，如图 5-124 与图 5-125。

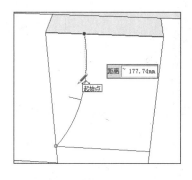

图 5-124　创建左侧分割圆弧

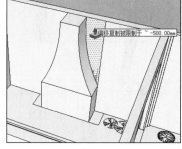

图 5-125　推拉圆弧分割面

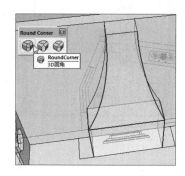

图 5-126　选择壁炉外部边线进行圆角处理

04 选择壁炉外部边线，启用【3D 圆角】工具处理圆角细节，如图 5-126~图 5-128 所示。

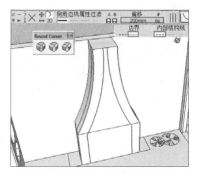

图 5-127　调整 3D 圆角参数

图 5-128　圆角完成效果

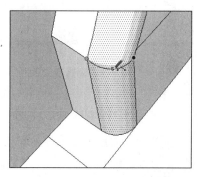

图 5-129　添加分割弧线

05 启用【圆弧】工具捕捉当前模型添加分割圆弧，如图 5-129 所示。然后调整正面中部分割线位置，如图 5-130 所示。

06 结合使用【卷尺】、【圆弧】工具制作正面原木造型圆角效果，如图 5-131 所示。

07 启用【偏移】工具制作原木平面，如图 5-132 所示。

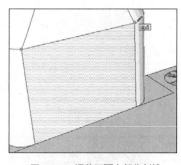

图 5-130　调整正面中部分割线

图 5-131　绘制圆角

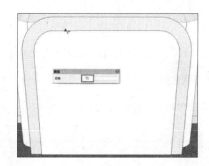

图 5-132　制作原木平面

08 打开【材料】面板赋予原木平面木纹材质，如图 5-133 所示。然后启用【推/拉】工具制作厚度，如图 5-134 所示。

09 捕捉参考线，启用【矩形】工具分割燃烧室平面，如图 5-135 所示。然后结合【推/拉】与【3D 圆角】工具制作深度与圆角细节，如图 5-136 与图 5-137 所示。

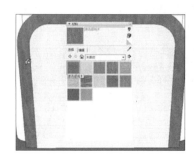

图 5-133　赋予平面木纹材质

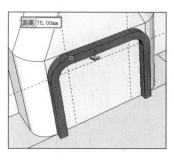

图 5-134　制作 75mm 原木厚度

图 5-135　分割燃烧室平面

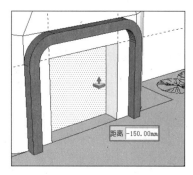

图 5-136　制作燃烧室深度

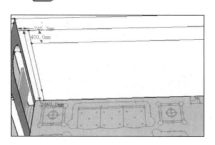

图 5-136　制作燃烧室深度

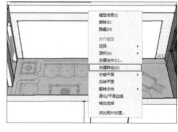

图 5-137　处理燃烧室圆角效果

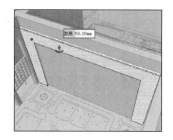

图 5-138　壁炉造型完成效果

10　经过以上步骤，壁炉造型已制作完成，效果如图 5-138 所示。接下来制作右侧的沙发背景墙。

11　通过线条的移动复制创建好背景墙平面，如图 5-139 所示。

12　选择背景墙平面创建为【组】，如图 5-140 所示。

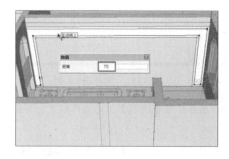

图 5-139　分割沙发背景墙

图 5-140　将分割平面单独创建为组

图 5-141　制作背景墙厚度

13　结合使用【推/拉】与【偏移】工具制作背景墙初步造型，如图 5-141~图 5-143 所示。

14　打开【材料】面板为其整体赋予蓝色木纹材质，如图 5-144 所示。

图 5-142　制作背景墙边框　　　　　图 5-143　向内制作 20mm 深度　　　　　图 5-144　赋予整体蓝色木纹材质

15 启用【直线】工具分割出对角线，如图 5-145 所示。然后为内部面板制作并赋予白色木纹材质，如图 5-146 所示。

16 赋予白色木纹至竖向面板，然后选择面板单击鼠标右键，通过【纹理】命令调整木纹拼贴效果，如图 5-147 与图 5-148 所示。

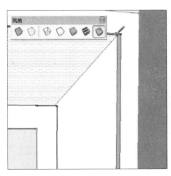

图 5-145　添加对角分割线

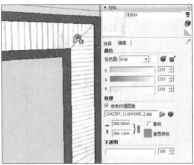

图 5-146　制作并赋予白色木纹材质

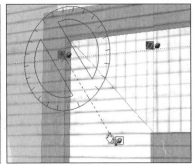

图 5-147　调整材质纹理拼贴细节

17 通过相同方法制作另一侧竖向面板材质效果，电视背景墙完成效果如图 5-149 所示。

18 至此，客厅立面效果已制作完成，如图 5-150 所示。

图 5-148　纹理调整完成效果

图 5-149　电视背景墙完成效果

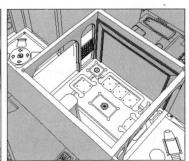

图 5-150　客厅立面完成效果

5.3.4 创建客厅顶棚细节

01 结合使用【直线】以及【圆弧】工具创建天花板平面，如图 5-151 所示。然后将其移动复制一份作为备份，如图 5-152 所示。隐藏创建好的天花板平面。

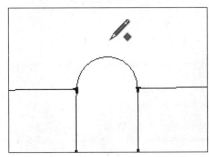

图 5-151　创建天花板平面

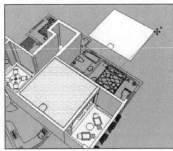

图 5-152　复制备份天花板

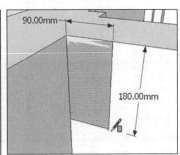

图 5-153　创建角线平面

02 启用【矩形】工具在墙角处创建一个矩形作为角线平面，如图 5-153 所示。然后将其进行细分割并调整造型，角线圆弧完成效果如图 5-154 所示。

03 启用【圆弧】工具通过捕捉分割交点创建好角线截面，如图 5-155 与图 5-156 所示。

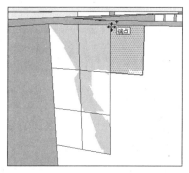
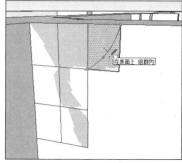
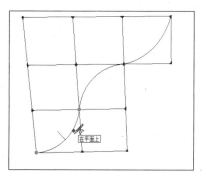

图 5-154　分割并复制角线平面　　　　图 5-155　创建角线圆弧　　　　图 5-156　角线圆弧完成效果

04 显示之前隐藏的天花板平面，删除内部模型面仅保留线条。启用【路径跟随】工具选择角线平面制作天花板角线，如图 5-157 与图 5-158 所示。

05 天花板角线制作完成后，选择之前复制备份的天花板模型对齐位置，如图 5-159 所示。接下来制作中心的吊顶造型。

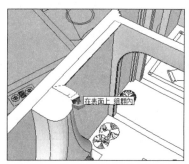
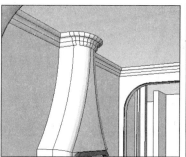
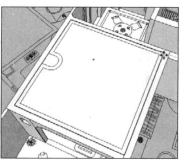

图 5-157　通过路径跟随制作天花角线　　　图 5-158　天花角线完成效果　　　图 5-159　对齐备分天花板模型

06 启用【矩形】工具在天花板平面中部创建一个分割平面，如图 5-160 所示。然后使用【缩放】工具调整位置与大小，如图 5-161 所示。

07 启用【推/拉】工具制作吊顶造型深度，如图 5-162 所示。

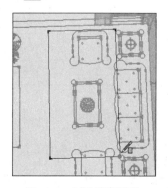
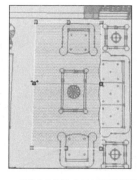

图 5-160　分割吊顶模型面　　　图 5-161　通过【缩放】工具调整模型面大小　　　图 5-162　制作吊顶造型深度

08 选择下方矩形边框，向上以 50mm 的距离移动复制，如图 5-163 所示。

09 启用【推/拉】工具制作 80mm 的发光槽深度，如图 5-164 所示。

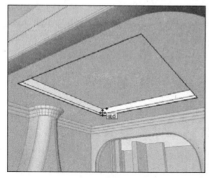
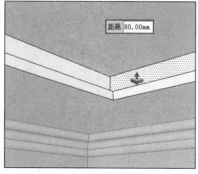

图 5-163　向上复制矩形线段　　　图 5-164　向内制作发光槽　　　图 5-165　选择内部模型面单独创建组

10 选择内部模型面单独创建组，如图 5-165 所示。接下来再进行造型的细化。

11 结合【偏移】与【推/拉】工具制作轮廓造型，如图 5-166 与图 5-167 所示。

12 选择底部模型面，启用【缩放】工具调整成斜面效果，如图 5-168 所示。

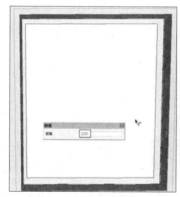

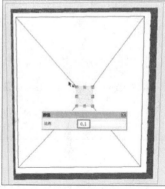

图 5-166　向内偏移复制 100mm　　　图 5-167　向下推拉 300mm　　　图 5-168　通过缩放工具形成斜面

13 选择斜线段将其拆分为 10 段，如图 5-169 所示。然后选择对角斜线进行相同的拆分处理。

14 启用【矩形】工具，捕捉拆分点分割造型，如图 5-170 所示。经过多次分割后完成造型，如图 5-171 所示。

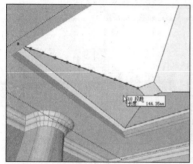
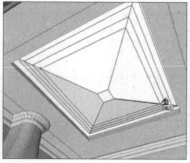

图 5-169　将斜线段拆分 10 段　　　图 5-170　使用【矩形】工具捕捉进行分割　　　图 5-171　吊顶造型分割完成

15 选择吊顶外部线条，结合使用【偏移】与【推/拉】工具制作外部边框造型，如图 5-172 与图 5-173 所示。

16 中心吊顶造型细化完成后，接下来制作筒灯细节，首先启用【圆】工具分割出灯孔，如图 5-174 所示。

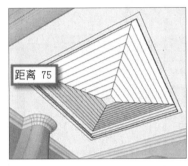
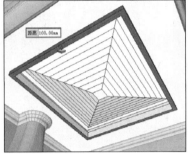
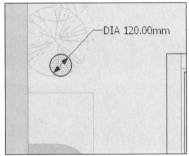

图 5-172　制作吊顶外部边框　　　　图 5-173　赋予材质并制作厚度　　　　图 5-174　分割圆形筒灯灯孔

17 启用【推/拉】工具制作灯筒深度，如图 5-175 所示。然后使用【3D 圆角】工具处理好边缘效果，如图 5-176 与图 5-177 所示。

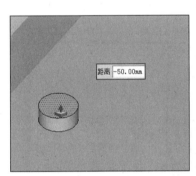

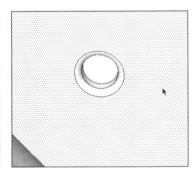

图 5-175　制作筒灯深度　　　　图 5-176　选择边线进行圆角处理　　　　图 5-177　筒灯处理完成效果

18 单个筒灯制作完成后，切换至【前视图】并调整为 X 光透视模式显示模式，复制出其他筒灯模型，如图 5-178 所示。

19 经过以上步骤客厅顶棚细节制作完成，模型效果如图 5-179 所示。

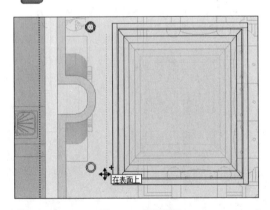

图 5-178　复制筒灯　　　　　　　　图 5-179　客厅顶棚细节完成效果

5.4 创建过道及餐厅效果

5.4.1 创建过道立面细节

01 选择底部线段，启用【移动】工具按住 "Ctrl" 键向上以 2400mm 的距离进行移动复制，如图 5-180 所示。

02 结合使用【移动】与【圆弧】等工具创建好该处的半圆分割，如图 5-181 所示。

03 启用【推/拉】工具，选择上部模型面结合捕捉找平，如图 5-182 所示。

 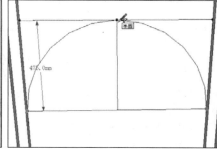 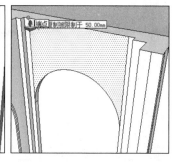

图 5-180　复制线段分割模型面　　　　图 5-181　创建半圆分割　　　　图 5-182　推拉找平

04 选择圆弧线段，启用【偏移】工具向外捕捉线段交点进行偏移复制，如图 5-183 所示。

05 启用【推/拉】工具再次找平，完成过道墙体初步效果，如图 5-184 与图 5-185 所示。

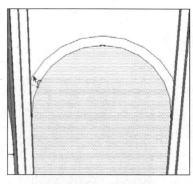 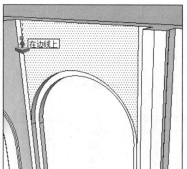 

图 5-183　向外偏移复制半圆　　　　图 5-184　再次推拉找平　　　　图 5-185　过道墙体初步效果

06 参考图 5-186 所示的造型制作该处的柜子造型。

07 选择底部线段，通过移动复制确定柜子高度，如图 5-187 所示。

08 启用【推/拉】工具制作外部轮廓，如图 5-188 所示。

09 使用线段的移动复制分割柜板与两侧柜面，然后赋予对应材质，如图 5-189~图 5-191 所示。

图 5-186　地中海风格柜子造型

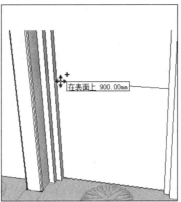

图 5-187　移动复制线段确定柜子高度

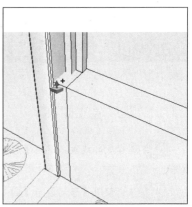

图 5-188　制作柜子外部轮廓

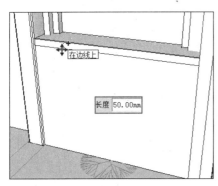

图 5-189　通过线段复制制作柜板

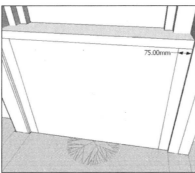

图 5-190　分割柜子两侧模型面

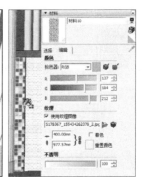

图 5-191　制作并赋予柜面马赛克
　　　　　材质

10　启用【推/拉】工具制作 20mm 柜门深度，如图 5-192 所示。然后启用【直线】工具捕捉中点进行平分，如图 5-193 所示。

11　使用类似窗页细节制作的方法，制作此处柜门，效果如图 5-194 所示。

图 5-192　制作柜门深度

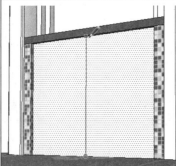

图 5-193　拆分柜门

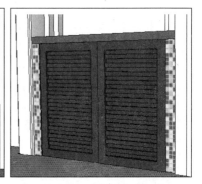

图 5-194　柜门造型完成效果

12　选择上部边线，使用【3D 圆角】工具制作圆角效果，如图 5-195 所示。

13　打开【材料】面板，为后方的墙面制作并赋予马赛克拼花材质，如图 5-196 所示。

14　经过以上步骤，完成的过道立面效果如图 5-197 所示。

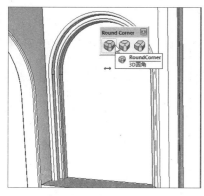

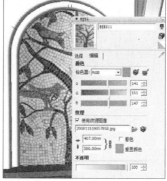

图 5-195　对上部线条进行圆角处理　　　图 5-196　制作并赋予墙面拼花马赛克材质　　　图 5-197　过道立面完成效果

5.4.2 创建餐厅门洞以及立面细节

01 当前的餐厅门洞与立面效果如图 5-198 所示，通过之前介绍的方法处理好门洞效果，如图 5-199 所示。

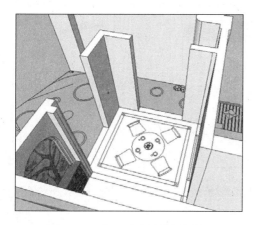

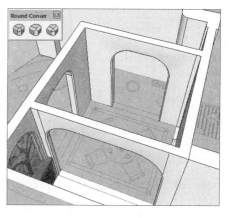

图 5-198　餐厅门洞与墙体当前效果　　　　　　　图 5-199　制作拱形门洞并进行圆角处理

02 参考图样，启用【直线】工具分割好右侧墙面，如图 5-200 所示。

03 启用【矩形】工具分割搁物孔平面，如图 5-201 所示。然后使用【圆弧】工具制作圆角细节，如图 5-202 所示。

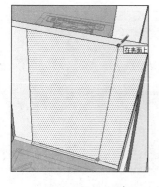

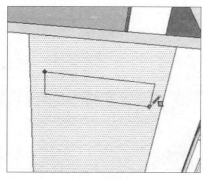

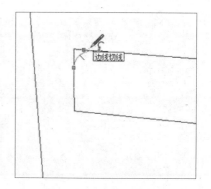

图 5-200　分割右侧墙面　　　　　图 5-201　分割搁物孔平面　　　　　图 5-202　制作圆角细节

04 选择处理好的分割面，向下进行多重移动复制，如图 5-203 与图 5-204 所示。

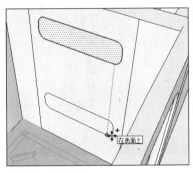

图 5-203 移动复制分割面

图 5-204 进行多重移动复制

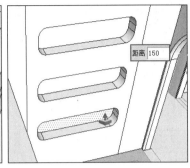

图 5-205 制作搁物孔深度

05 启用【推/拉】工具制作搁物孔深度，如图 5-205 所示。然后选择边缘线段启用【3D 圆角】工具制作圆角细节，如图 5-206 与图 5-207 所示。

06 经过以上步骤，餐厅立面效果如图 5-208 所示。接下来制作过道与餐厅的顶棚效果。

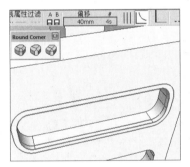

图 5-206 选择边线进行圆角处理

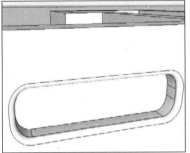

图 5-207 单个搁物孔完成效果

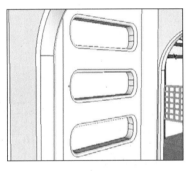

图 5-208 餐厅立面效果

5.4.3 创建过道及餐厅顶棚细节

01 使用【矩形】与【直线】工具捕捉模型并绘制好过道以及餐厅的天花板平面，如图 5-209 所示。

02 选择边线通过移动复制制作过道天花板木方分割面，如图 5-210 所示。启用【推/拉】工具制作 100mm 的木方厚度，如图 5-211 所示。

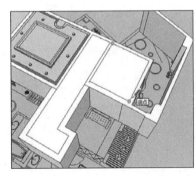

图 5-209 创建过道以及餐厅天花板

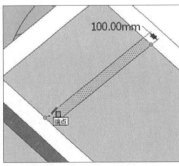

图 5-210 创建过道天花板木方分割面

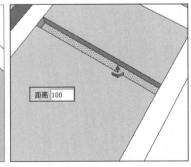

图 5-211 向内推拉出木方造型

03 打开【材料】面板赋予木方材质，如图 5-212 所示。然后在【前视图】中复制出其他木方造型，如图

5-213 所示。

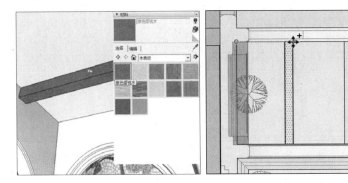

图 5-212　赋予木方原木材质　　　图 5-213　移动复制木方

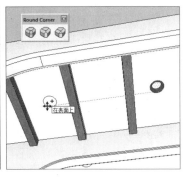

图 5-214　移动复制筒灯

[04]　选择之前创建好的筒灯模型，复制至过道天花板，如图 5-214 所示。完成过道顶棚的最终效果如图 5-215 所示。接下来制作餐厅顶棚细节。

[05]　通过与客厅角线相同的方法，制作餐厅天花板角线，如图 5-216 所示。

[06]　启用【圆】工具，在天花板中心创建圆形分割面，如图 5-217 所示。

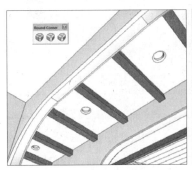

图 5-215　过道顶棚造型完成效果

图 5-216　制作餐厅处天花板角线

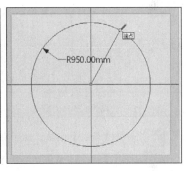

图 5-217　在餐厅天花板处创建圆形分割

[07]　启用【直线】工具绘制直径，然后使用多重旋转复制分割圆形，如图 5-218 与图 5-219 所示。

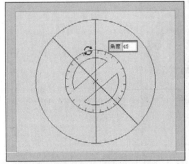

图 5-218　旋转复制直径

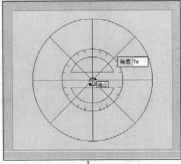

图 5-219　追加多重旋转复制

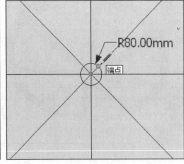

图 5-220　创建内部圆形分割面

[08]　启用【圆】工具在中心处绘制小的圆形分割，如图 5-220 所示。然后向外以 50mm 的距离偏移复制，如图 5-221 所示。

[09]　选择分割得到的扇形面，向内以 40mm 的距离偏移复制，如图 5-222 所示。

[10]　选择偏移得到的分割面进行多重旋转复制，再删除内部多余线段，得到吊顶平面造型，如图 5-223 所示。

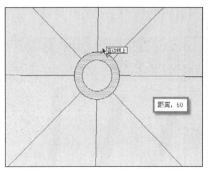

图 5-221　向外偏移复制 50mm

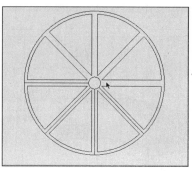

图 5-222　选择扇形面向外偏移复
制 40mm

图 5-223　旋转复制偏移面并删除多余线段

11　逐步选择外侧与内部圆形，通过【缩放】工具调整大小，如图 5-224 与图 5-225 所示。

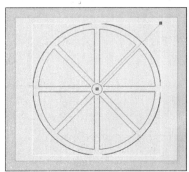

图 5-224　选择外部圆形进行放大

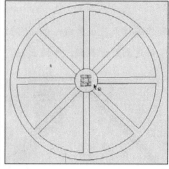

图 5-225　选择内部圆形进行放大

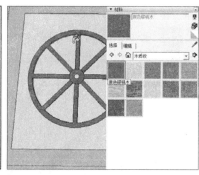

图 5-226　赋予分割面木纹材质

12　打开【材料】面板，赋予分割面木纹材质，如图 5-226 所示。

13　启用【推/拉】工具，首先制作 50mm 原木厚度，如图 5-227 所示。然后选择扇形面，向内制作 30mm 厚度，如图 5-228 所示。

图 5-227　向下推拉制作 50mm 厚原木

图 5-228　向内制作 30mm 扇形面深度

图 5-229　新建并调整白
色木纹纹理尺寸

14　打开【材料】面板，选择之前创建好的白色木纹材质进行新建，如图 5-229 所示。然后调整好木纹纹理尺寸，如图 5-230 所示。

15　将调整好的白色木纹材质赋予扇形面，完成效果如图 5-231 所示。

16　复制之前创建好的筒灯模型至餐厅天花板，完成效果如图 5-232 所示。

17 经过以上步骤，完成的餐厅空间效果如图 5-232 所示。

图 5-230　调整木纹纹理尺寸

图 5-231　赋予扇形面材质

图 5-232　餐厅空间效果

18 最后通过移动复制制作餐厅后方的窗户效果，如图 5-233 所示。最终完成的客厅透视效果如图 5-234 所示。

图 5-233　通过复制制作餐厅后方窗户效果

图 5-234　客厅透视效果

5.5　完成最终模型效果

　　经过前面的步骤，本例中的地中海风格客厅、过道以及餐厅基本空间效果已经制作完成，接下来将首先完成地面细节效果，然后通过合并灯具、家具以及空间色彩与质感的调整，最后合并细节装饰物完成最终效果。

5.5.1　创建踢脚线以及铺地细节

01 选择底部边线，通过移动复制分割好踢脚线平面，如图 5-235 所示。

02 赋予分割平面木纹材质，然后启用【联合推/拉】工具整体制作 10mm 厚度，如图 5-236 与图 5-237 所示。

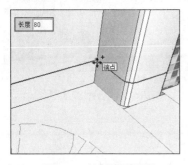

图 5-235　制作踢脚线平面

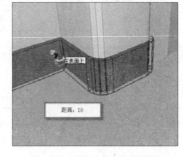

图 5-236　赋予木纹并制作厚度

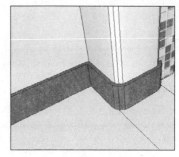

图 5-237　踢脚线完成效果

03 完成踢脚线制作后，空间铺地效果如图 5-238 所示。接下来为各个空间制作铺地材质。

04 启用【直线】工具根据空间分割地面模型，如图 5-239 所示。

05 分割完成后打开【材料】面板，赋予地面石板纹理，效果如图 5-240 所示。

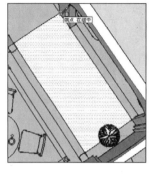
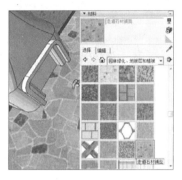

图 5-238　铺地效果　　　　　图 5-239　根据空间分割地面　　　　　图 5-240　赋予客厅石板纹理

06 赋予客厅与休闲室交界地面瓷砖材质，效果如图 5-241 所示。

07 制作并赋予休闲室地面原木材质，效果如图 5-242 所示。

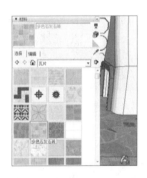
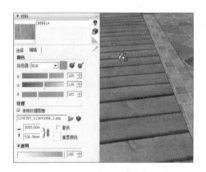

图 5-241　赋予交界处瓷砖材质　　　图 5-242　赋予休闲室原木材质　　　图 5-243 赋予过道地面方形瓷砖材质

08 赋予过道方形瓷砖材质，如图 5-243 所示。然后通过纹理旋转得到菱形铺地效果，如图 5-244 所示。

09 通过相同方法制作餐厅地面，效果如图 5-245 所示。

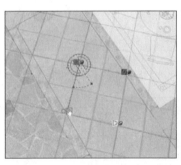

图 5-244　通过旋转形成菱形拼贴效果　　　图 5-245　餐厅地面效果　　　图 5-246　合并客厅灯具

5.5.2 合并灯具、家具

01 打开【组件】面板，逐步合并客厅吊灯、餐厅吊灯，如图 5-246 与图 5-247 所示。

02　合并并复制壁灯模型，如图 5-248 所示。

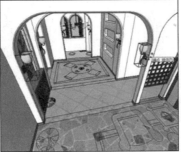

图 5-247　合并餐厅灯具　　　　　　　图 5-248　合并并复制壁灯　　　　　　图 5-249　合并休闲桌椅

03　灯具合并完成后，再逐步合并各个空间的桌椅、茶几模型，如图 5-249~图 5-251 所示。

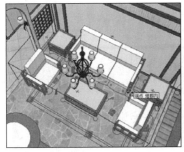

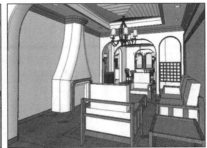

图 5-250　合并沙发与茶几　　　　　　图 5-251　合并餐桌椅　　　　　　　　图 5-252　当前空间效果

5.5.3 调整空间色彩与质感

01　合并灯具与家具后，空间当前的效果如图 5-252 所示。可以看到由于空间墙体整体为白色，空间层次感不强。打开【材料】面板为空间墙体整体制作并赋予黄色涂料材质，如图 5-253 所示。

02　为客厅墙面以及餐厅外侧墙面制作并赋予白色泥灰材质，如图 5-254 所示。

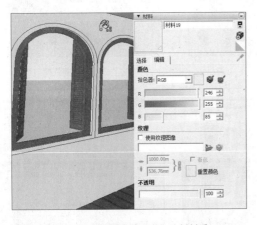

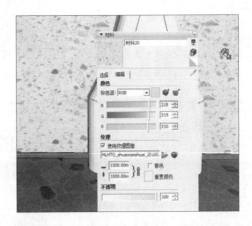

图 5-253　调整墙体为黄色涂料材质　　　　　　　　　图 5-254　为客厅墙面制作并赋予白色泥灰材质

03　经过以上调整，过道与餐厅的效果如图 5-255 和图 5-256 所示。

04　空间色彩与质感调整完成后，合并入盆栽、装饰画等细节，完成最终效果。

图 5-255　调整后的过道效果

图 5-256　调整后的餐厅效果

5.5.4 合并装饰细节完成最终效果

01　打开【组件】面板，逐步合并各个空间的盆栽效果，如图 5-257~图 5-259 所示。

图 5-257　合并并复制大型盆栽

图 5-258　合并过道处盆栽

图 5-259　合并餐厅上盆栽

02　盆栽合并完成后，再逐步合并各个空间挂画、书籍、摆设等细节模型，如图 5-260~图 5-265 所示。

图 5-260　合并沙发背景墙挂画

图 5-261　合并茶几上书籍

图 5-262　合并茶几摆设

图 5-263　合并壁炉墙面装饰

图 5-264　合并餐厅挂画

图 5-265　合并餐厅搁物孔摆设

03 完成合并装饰细节后打开【材料】面板，为壁炉制作并赋予火焰效果，如图 5-266 所示。

04 经过以上步骤后，各个空间的最终透视效果分别如图 5-267~图 5-269 所示。

图 5-266　制作壁炉火焰效果

图 5-267　调整最终的客厅透视效果

图 5-268　调整最终的过道透视效果

图 5-269　调整最终的餐厅透视效果

第 6 章

新中式开放式空间
设计与表现

新中式风格是对历史与现代、古典与时尚的全新演绎，以融合细腻的纹理、精巧的设计和中式古典装饰，赋予室内清雅含蓄、端庄大气的东方韵味。

本章将通过空间结构、材质、配饰等方面的特征，表现新中式风格在当前时代背景下所营造的自然意境。

6-1 新中式风格设计概述

　　新中式风格诞生于中国传统文化复兴的新时期，伴随着国力增强与民族意识逐渐复苏，人们开始从纷乱的"摹仿"和"拷贝"中整理出头绪。在探寻中国设计界的本土意识之初，逐渐成熟的新一代设计队伍和消费市场孕育出了含蓄秀美的新中式风格。典型的新中式风格效果如图 6-1 与图 6-2 所示。

图 6-1　典型新中式风格客厅效果

图 6-2　典型新中式餐厅效果

　　可以看到，新中式风格注重将中式元素与现代材质巧妙整合，以现代人的审美需求打造出富有传统韵味的新风格。如图 6-3~图 6-5 所示，其在汲取传统中式设计的精髓上，主要体现为以下三点：

➤ 室内布局多采用对称式，格调高雅大方，造型简朴优美，风格端正稳健。在细节上有借景望景，步移景变的处理技巧。

➤ 家具主要以明清造型家具为主，讲究直线简单流畅。配以窗棂、布艺床品等表达含蓄、端庄的东方式精神境界。

➤ 装饰细节上崇尚自然情趣，花草鱼虫等自然元素，富于变化，充分体现出中国传统美学精神。

图 6-3　简洁的家具线与对称布局

图 6-4　通过漏窗进行借景

图 6-5　传统的盆景装饰

　　在本案例中将通过简单的户型平面布置图，结合以上设计原则完成一个集入户花园、餐厅、客厅以及厨房为一体的新中式风格开放空间，案例效果如图 6-6~图 6-13 所示。

图 6-6　客厅效果

图 6-7　餐厅效果

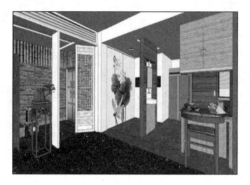

图 6-8　厨房及洗手间门效果

图 6-9　厨房细节效果

图 6-10　入户小庭院效果

图 6-11　入户小庭院借景效果

图 6-12　客餐厅横向布局

图 6-13　庭院向内透视效果

6.2 正式建模前的准备工作

6.2.1 导入图纸并整理图纸

01 打开 SketchUp，进入【模型信息】面板，设置场景单位如图 6-14 所示。

图 6-14　设置场景单位

图 6-15　执行文件/导入选项

02 执行【文件】/【导入】菜单命令，如图 6-15 所示。然后在弹出的【导入】面板中调整文件类型为"AutoCAD 文件"，如图 6-16 所示。单击【导入】面板中的【选项】按钮，在弹出的面板中设置好参数如图 6-17 所示。

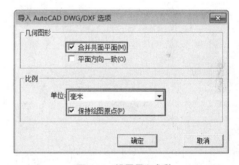

图 6-16　选择 AutoCAD 文件类型

图 6-17　设置导入参数

03 选项参数调整完成后单击【确定】按钮，双击之前整理并另存好的图纸进行导入，如图 6-18 所示。

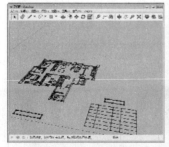

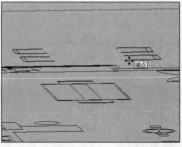

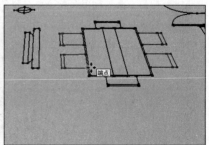

图 6-18　图纸导入效果

图 6-19　选择高度偏差图形

图 6-20　通过捕捉对齐

04 导入 CAD 图纸后，检查所有图形元素是否在同一高度，如图 6-19 所示。然后选择高度有偏差的图形对齐，如图 6-20 所示。

05 选择对齐的图纸，结合捕捉对齐至原点，如图 6-21 所示，

06 删除图纸中的表格等内容，如图 6-22 所示。经过以上步骤，本例导入的图纸效果如图 6-23 所示。接下来分析建模思路。

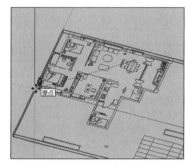

图 6-21 对齐图纸至原点

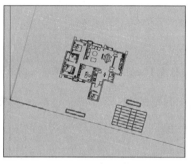

图 6-22 删除表格等图形元素

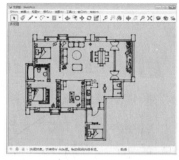

图 6-23 导入图纸并整理

6.2.2 分析建模思路

01 本案例户型为一个开放的通透空间，入户庭院、餐厅、客厅以及厨房共同构成大的整体，如图 6-24 所示。而考虑到最终的表现效果，必须在建模过程中对空间紧邻的卧室、书房以及洗手间墙面进行对应的处理，如图 6-25 所示。

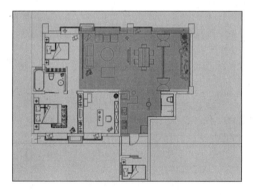

图 6-24 案例设计及表现范围

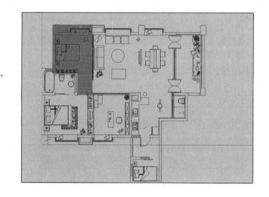

图 6-25 需要兼顾的空间与墙面

02 明确了表现范围与细节后，即创建相关空间的单面墙体框架，如图 6-26 所示。

03 完成单面框架制作后，细化客厅与餐厅休闲室的门窗效果，如图 6-27 与图 6-28 所示。

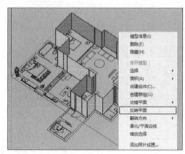

图 6-26 创建墙体框架

图 6-27 制作客厅与餐厅窗户

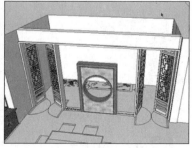

图 6-28 制作空间大门

04 完成门窗制作后，便可完成空间沙发背景墙、电视背景墙以及餐厅背景墙的设计与制作，确定好空间整体的造型与色彩风格，如图 6-29~图 6-31 所示。

图 6-29　制作沙发背景墙　　　　　　　　图 6-30　制作电视背景墙　　　　　　　　图 6-31　制作餐厅背景墙

05 完成客餐厅设计细节后，便可快速处理书房与洗手间相关墙面的细节，如图 6-32 与图 6-33 所示。

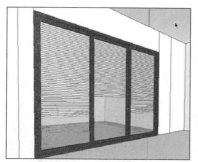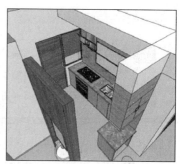

图 6-32　处理书房墙面　　　　　　　　图 6-33　处理洗手间墙面　　　　　　　　图 6-34　制作厨房

06 处理好书房与洗手间相关墙面细节后，再根据之前确定的风格逐步完成厨房以及入户庭院的设计，如图 6-34 与图 6-35 所示。

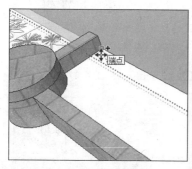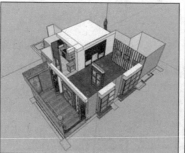

图 6-35　制作入户小庭院　　　　　　　　图 6-36　制作地面效果　　　　　　　　图 6-37　制作顶棚效果

07 完成空间整体立面设计后，再统一制作地面与顶棚细节，如图 6-36 与图 6-37 所示。最后再根据设计风格逐步合并各个空间的家具、灯具以及装饰物品，如图 6-38 与图 6-39 所示。

08 最后再根据各个空间的特点合并装饰细节，如图 6-40 所示。最后得到图 6-6~图 6-13 所示的空间效果。

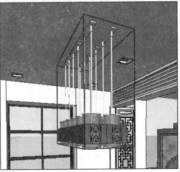

图 6-38 合并家具　　　　　　　图 6-39 合并灯具　　　　　　　图 6-40 最终空间效果

6.3 创建客厅与餐厅

6.3.1 创建整体框架

01 启用【直线】工具，捕捉图纸内侧创建墙线，如图 6-41 所示。

02 对于表现范围以外的墙体可以使用直线进行快速处理，如图 6-42 所示。

03 最终创建的空间平面如图 6-43 所示。

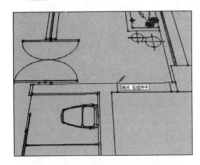
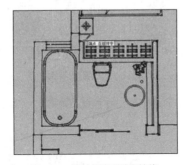
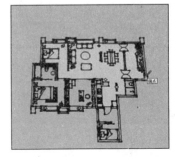

图 6-41 捕捉图纸创建内侧墙线　　　图 6-42 简单化处理卧室墙线　　　图 6-43 模型面创建完成

04 创建完成后启用【推/拉】工具制作 2800mm 高度，如图 6-44 所示。

05 逐步选择顶棚、墙体以及地面所在的模型，将其均单独创建为【组】，如图 6-45～图 6-47 所示。

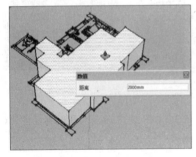

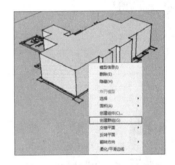

图 6-44 制作 2800mm 墙体高度　　　图 6-45 将顶面单独创建为组　　　图 6-46 将墙面单独创建为组

06 选择中部的墙体模型将其模型面进行反转，如图 6-48 所示。整体框架制作完成后，接下来开始创建客厅与餐厅的门窗细节。

图 6-47　将底面创建为组

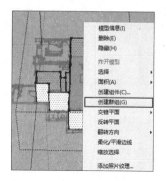

图 6-48　反转平面

6.3.2 创建客厅与餐厅门窗

1. 创建窗户

01 选择窗洞下方边线，启动【移动】工具以 600mm 的距离向上移动复制，制作飘窗窗台线，如图 6-49 所示。

02 启用【推/拉】工具制作出窗台面，如图 6-50 所示。

03 选择上方的窗台线，向下以 40mm 的距离移动复制，制作边缘分割面，如图 6-51 所示。

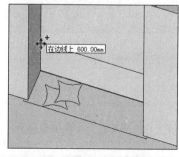

图 6-49　移动复制出飘窗窗台线

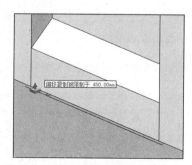

图 6-50　推拉找平

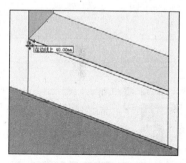

图 6-51　向下复制直线

04 启用【推/拉】工具逐步制作边缘细节，如图 6-52 与图 6-53 所示。

05 启用【直线】工具，通过捕捉中点分割窗台面，如图 6-54 所示。

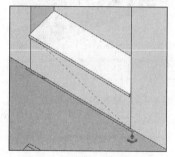

图 6-52　捕捉图纸推拉边缘

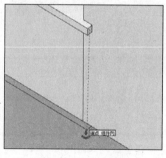

图 6-53　推拉边缘细节

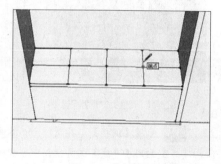

图 6-54　分割窗台面

06 启用【偏移】工具将各个分割面均向内偏移 5mm，如图 6-55 与图 6-56 所示。

07 删除中部多余线条，然后选择边缘线条调整宽度，如图 6-57 所示。

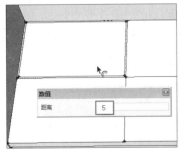
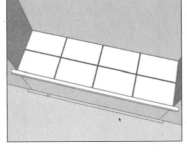
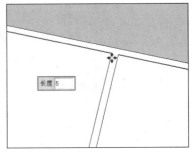

图 6-55　偏移复制制作抽缝　　　　图 6-56　完成所有面抽缝制作　　　　图 6-57　删除多余直线并调整边缘宽度

08 通过以上步骤，完成飘窗窗台模型的绘制，效果如图 6-58 所示。

09 打开【材料】面板为其制作并赋予黑檀木纹材质，如图 6-59 所示。然后调整好纹理拼贴效果，如图 6-60 所示。

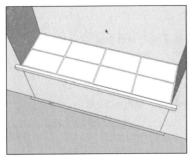
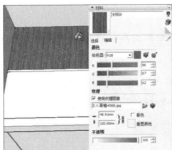
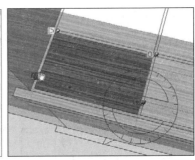

图 6-58　完成效果　　　　　　图 6-59　制作并赋予黑檀木纹　　　　　　图 6-60　调整纹理效果

10 将相同材质赋予到另一个模型面，然后调整好纹理走向，如图 6-61 所示。

11 使用相同方法制作其他模型面材质，完成窗台效果如图 6-62 所示。

12 完成窗台材质制作后，赋予边缘相同材质效果，如图 6-63 所示。接下来处理窗台下方模型面细节。

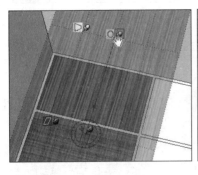
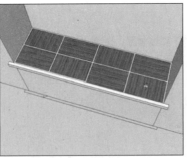
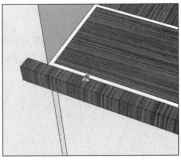

图 6-61　调整上方模型面材质　　　图 6-62　窗台面材质完成效果　　　　图 6-63　赋予窗台边沿材质

13 启用【偏移】工具制作 15mm 的边框，如图 6-64 所示。

14 启用【直线】工具结合中点捕捉分割模型面，如图 6-65 所示。

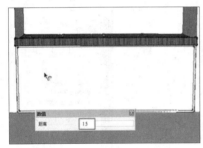

图 6-64　制作窗台下方模型面边框

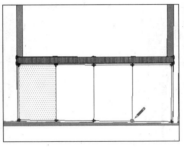

图 6-65　4 拆分分割模型面

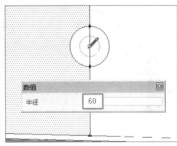

图 6-66　捕捉中点绘制圆形

15 结合使用【圆】、【偏移】以及【直线】工具分割模型造型平面细节，如图 6-66~图 6-68 所示。

16 启用【推/拉】工具制作 10mm 缝隙深度，如图 6-69 所示。

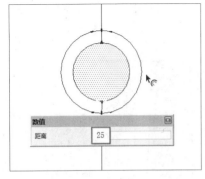

图 6-67　向外以 25mm 偏移复制

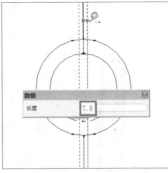

图 6-68　分割缝隙

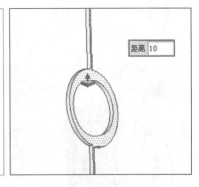

图 6-69　向内制作 10mm 深度

17 打开【材料】面板赋予材质，如图 6-70 所示。再复制左侧创建的效果至右侧，完成窗台效果如图 6-71 所示。接下来制作上方窗户。

18 启用【直线】工具捕捉参考图纸分割好窗户侧面线条，如图 6-72 所示。

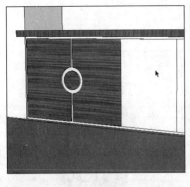

图 6-70　赋予模型材质

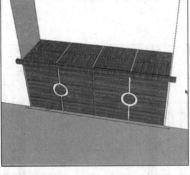

图 6-71　飘窗窗台完成效果

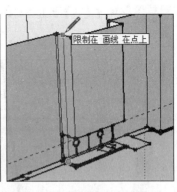

图 6-72　参考图纸分割窗户侧面直线

19 启用【直线】工具分割窗户平面，如图 6-73 所示。

20 启用【偏移】工具制作侧窗边框，如图 6-74 所示。

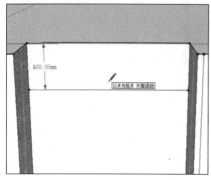
图 6-73 通过移动复制分割窗户平面

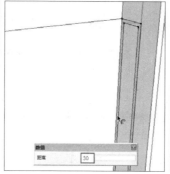
图 6-74 制作侧窗边框

图 6-75 赋予深灰色材质

21 然后赋予深灰色材质并使用【推/拉】工具制作边框与玻璃面，如图 6-75 与图 6-76 所示。

22 再打开【材料】面板，赋予玻璃面正反两面半透明材质，如图 6-77 与图 6-78 所示。接下来制作窗户正面造型。

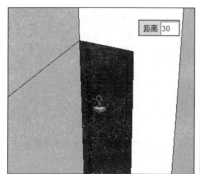
图 6-76 制作边框与玻璃面

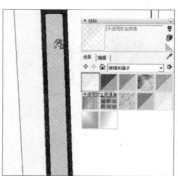
图 6-77 赋予玻璃面透明材质

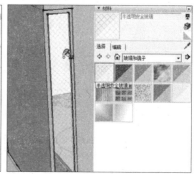
图 6-78 赋予背面相同材质

23 启用【直线】工具拆分正面模型面，然后选择左侧边线，将其拆分为 3 段，如图 6-79 所示。

24 启用【直线】工具分割好窗户正面，如图 6-80 所示。然后制作窗格并赋予材质，完成效果如图 6-81 所示。

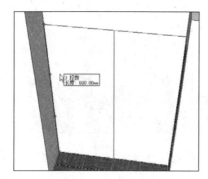
图 6-79 3 拆分窗户正面边线

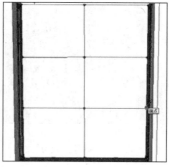
图 6-80 分割正面窗户面

图 6-81 制作窗格并赋予材质

25 选择窗户上方墙面，使用【推/拉】工具推平，如图 6-82 所示。

26 完成该处飘窗窗台与窗户造型制作后，使用类似方法制作该面墙体上的另一个飘窗，如图 6-83 与图 6-84 所示。接下来创建大门模型。

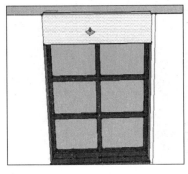

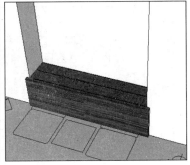

图 6-82　推平窗户上方墙体　　　　　图 6-83　处理另一个窗台　　　　　图 6-84　完成另一个窗户的制作

2. 创建大门

01 选择左侧分割好的模型面，启用【推/拉】工具制作左侧门框，如图 6-85 所示。

02 启用【矩形】工具，捕捉图纸创建中部门框平面，如图 6-86 所示。

03 启用【推/拉】工具捕捉墙体高度制作窗框高度，然后复制出中部另一侧门框，如图 6-87 所示。

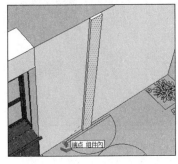

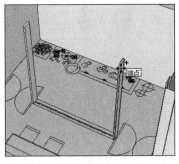

图 6-85　推拉出左侧门框　　　　　图 6-86　创建中部门框平面　　　　　图 6-87　推拉并复制出中部门框

04 选择门框上方边线，启用【移动】工具确定门框高度，如图 6-88 所示。然后使用【推/拉】工具制作上方门框，如图 6-89 所示。

05 使用【直线】工具分割出门框平面造型，然后删除多余线条，得到图 6-90 所示的效果。

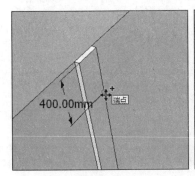

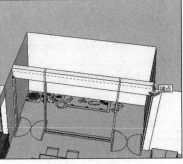

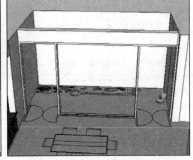

图 6-88　移动复制边线确定门框高度　　　图 6-89　推拉出上方门框　　　　　图 6-90　制作上方边框并删除多余线段

06 选择门框模型面单独创建为【组】，如图 6-91 所示。然后使用【推/拉】工具制作门框外沿厚度，如图 6-92 所示。

07 通过【组件】面板合并"中式隔扇门"模型，然后根据门框与图纸调整好造型，如图 6-93 所示。

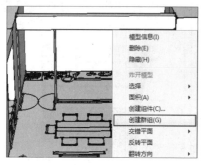

图 6-91　选择门框单独创建为组

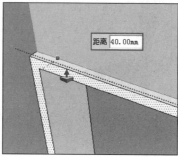

图 6-92　制作门框外沿厚度

图 6-93　合并中式隔扇门

[08]　选择"中式隔扇门"通过中点捕捉，调整好位置，如图 6-94 所示。然后使用【旋转】工具调整为打开状态，如图 6-95 所示。

[09]　复制出左侧的"中式隔扇门"，然后调整打开状态，完成效果如图 6-96 所示。

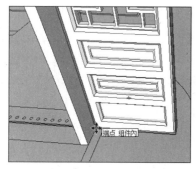

图 6-94　对齐至门框中部

图 6-95　调整门为打开形态

图 6-96　复制另一扇门

[10]　参考图纸，启用【矩形】工具创建中部平面，如图 6-97 所示。然后选择边线将其拆分为 4 段，如图 6-98 所示。

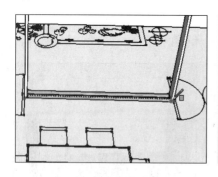

图 6-97　捕捉图纸绘制平面

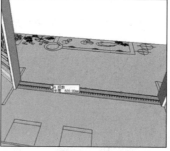

图 6-98　将平面边线拆分为 4 段

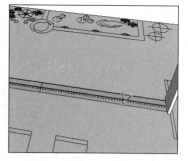

图 6-99　分割平面

[11]　启用【直线】工具截取中间两份分割出景墙平面，如图 6-99 所示。然后启用【推/拉】工具制作景墙高度，如图 6-100 所示。

[12]　启用【直线】工具捕捉中点分割景墙平面，然后启用【圆】工具捕捉中点进行分割，如图 6-101 所示。

[13]　启用【推/拉】工具推空圆形分割面，如图 6-102 所示。

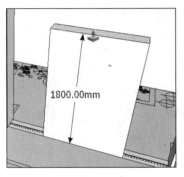

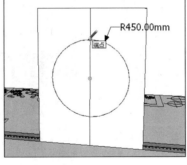

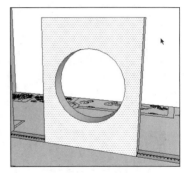

图 6-100　推拉景墙高度　　　　　图 6-101　捕捉中点绘制圆形分割　　　　图 6-102　推空圆形

14 选择景墙边线，启用【偏移】工具制作边框，如图 6-103 所示。启用【推/拉】工具将内部平面向内推入 25mm，如图 6-104 所示。

15 选择内部边线，通过移动形成斜面细节，如图 6-105 所示。

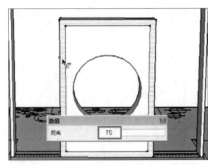

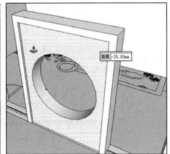

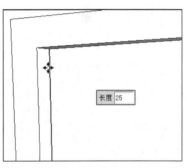

图 6-103　制作景墙边框　　　　　图 6-104　将内部平面向内推入 25mm　　　图 6-105　移动边线形成斜面

16 选择圆形边线，结合使用【偏移】与【推/拉】工具制作圆孔边框，如图 6-106 与图 6-107 所示。

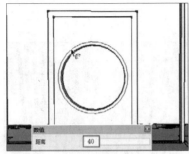

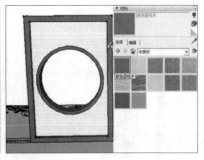

图 6-106　制作圆孔边框　　　　　图 6-107　推拉对齐圆孔边框　　　　图 6-108　整体赋予木纹材质

17 打开【材料】面板，首先整体赋予木纹材质，如图 6-108 所示。然后选择内部平面赋予石材，效果如图 6-109 所示。

18 经过以上步骤，完成大门的制作，效果如图 6-110 所示。

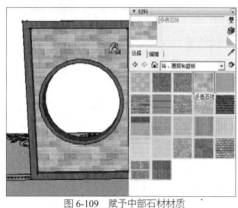

图 6-109　赋予中部石材材质

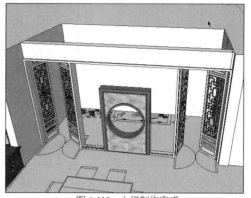

图 6-110　大门制作完成

6.3.3 制作各处背景墙

1. 制作沙发背景墙

01 首先制作沙发背景墙，其平面造型如图 6-111 所示。首先结合使用【直线】与【推/拉】工具制作右侧木方，如图 6-112 与图 6-113 所示。

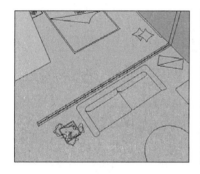

图 6-111　沙发背景墙平面造型

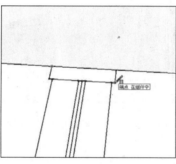

图 6-112　创建木方平面

图 6-113　推拉木方高度

02 打开【材料】面板，赋予木方木纹材质，如图 6-114 所示。然后参考图纸复制出其他木方，如图 6-115 与图 6-116 所示。

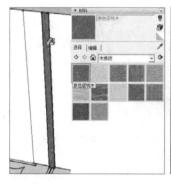

图 6-114　赋予木方材质

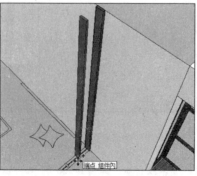

图 6-115　捕捉图纸复制木方

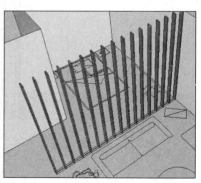

图 6-116　木方复制完成效果

03 将创建好的木方造型整体创建为【组】，如图 6-117 所示。

04 隐藏木方组，然后参考图纸结合使用【矩形】与【推/拉】工具创建内部平面，如图 6-118 所示。

05 打开【材料】面板，赋予平面祥云材质并调整好纹理效果，如图 6-119 所示。

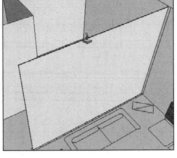
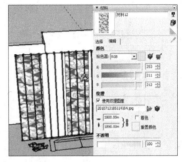

图 6-117　将木方创建为组　　　　　图 6-118　创建内部平面　　　　　图 6-119　赋予平面祥云材质

06 取消木方组隐藏，结合使用【矩形】与【推/拉】工具创建出无框画板，如图 6-120 与图 6-121 所示。

07 打开【材料】面板，制作并赋予画板材质纹理，如图 6-122 所示。然后赋予画板并更换纹理，如图 6-123 所示。

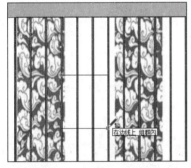
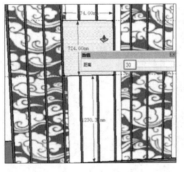
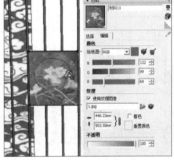

图 6-120　参考纹理效果创建无框画平面　　　图 6-121　制作无框画板　　　　图 6-122　赋予画板材质纹理

08 通过以上步骤，沙发背景墙制作完成，效果如图 6-124 所示。接下来制作电视背景墙以及餐厅背景墙。

图 6-123　更换纹理　　　　　　　　　　　图 6-124　沙发背景墙完成效果

6.3.4 制作电视背景墙以及餐厅背景墙

01 电视背景墙与餐厅背景墙平面造型如图 6-125 所示。参考图纸结合使用【矩形】与【推/拉】工具制作轮廓，如图 6-126 与图 6-127 所示。

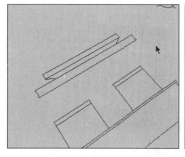

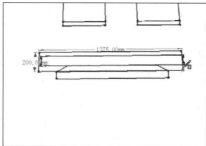

图 6-125　电视背景墙与餐厅背景墙平面　　　　图 6-126　创建平面　　　　　　图 6-127　通过捕捉推拉高度

02 通过底部线条的移动复制分割轮廓平面，如图 6-128 所示，然后使用【推/拉】工具制作间隔效果，如图 6-129 所示。

03 结合使用【卷尺】与【矩形】工具分割出电视安放平面，如图 6-130 所示。

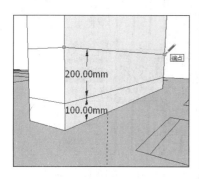

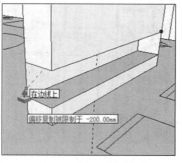

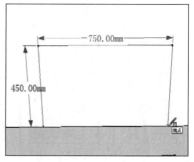

图 6-128　分割轮廓平面　　　　　　图 6-129　推空形成间隔　　　　　图 6-130　分割电视安放平面

04 选择底部直线，向上以 1350mm 距离复制辅助线，如图 6-131 所示。

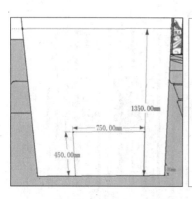

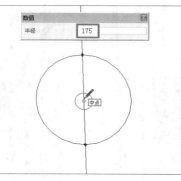

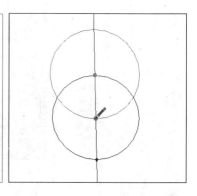

图 6-131　创建辅助线　　　　　图 6-132　创建圆形分割平面　　　　图 6-133　创建其他圆形分割平面

05 启用【圆】工具，通过捕捉创建出电视背景墙造型平面，如图 6-132～图 6-134 所示。

06 选择内部多余线段进行删除，然后选择平面通过【缩放】工具调整好造型，如图 6-135 所示。

07 启用【偏移】工具制作 30mm 的边框，如图 6-136 所示。

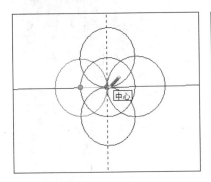
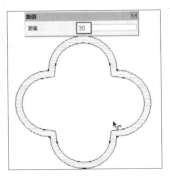

图 6-134　圆形分割面初步效果　　　　　图 6-135　删除多余线条并调整造型　　　　　图 6-136　制作 30mm 边框

08 结合使用【推/拉】与【缩放】工具制作造型内部斜面细节，如图 6-137 与图 6-138 所示。

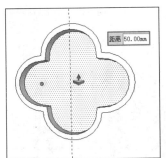
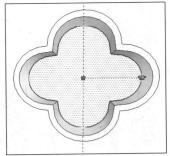
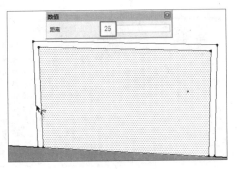

图 6-137　推入 50mm 深度　　　图 6-138　通过缩放工具调整出斜面细节　　　　　图 6-139　制作电视机位边框

09 启用【偏移】工具制作电视机位边框，如图 6-139 所示。再结合使用【直线】与【推/拉】工具制作缝隙以及深度，如图 6-140 与 6-141 所示。

10 选择中部造型边框平面，使用【推/拉】工具制作出 30mm 厚度，如图 6-142 所示。

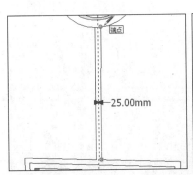
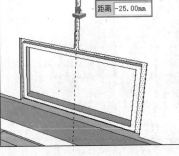
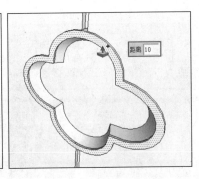

图 6-140　制作中间分割细节　　　图 6-141　整体向内推入 25mm　　　　　图 6-142　制作中心造型边框厚度

11 使用类似方法制作电视背景墙边框其他细节，完成效果如图 6-143 所示。

12 打开【材料】面板，赋予背景墙黑檀木纹材质，如图 6-144 所示。然后调整好纹理拼贴效果，如图 6-145 所示。

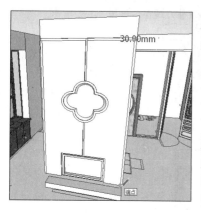

图 6-143　完成电视背景墙平面造型

图 6-144　赋予背景墙木纹

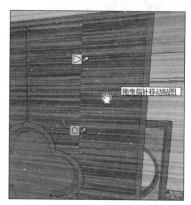

图 6-145　调整木纹纹理效果

13 赋予底座相同材质，效果如图 6-146 所示。至此，电视背景墙制作完成，整体效果如图 6-147 所示。接下来处理好侧面细节并制作背面的餐厅背景墙。

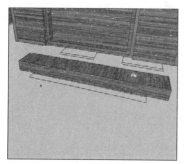

图 6-146　赋予底座材质

图 6-147　电视背景墙完成效果

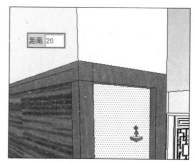

图 6-148　制作侧面边框细节

14 结合使用【偏移】与【推/拉】工具逐步制作侧边框与内部灯槽细节，如图 6-148 与图 6-149 所示。

15 赋予背面模型面黑檀木纹材质，然后调整纹理效果，如与图 6-150 所示。

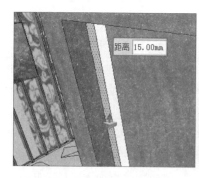

图 6-149　制作侧面灯槽细节

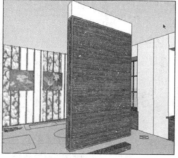

图 6-150　赋予背面餐厅背景墙材质

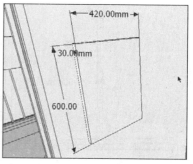

图 6-151　制作挂画

16 结合使用【矩形】与【推/拉】工具制作挂画模型，如图 6-151 所示。然后制作并赋予纹理材质，如图 6-152 所示。

17 复制挂画模型并更换纹理，完成效果如图 6-153 所示。接下来处理与之相关的墙面。

图 6-152　赋予挂画材质纹理

图 6-153　复制挂画完成效果

6.4　快速处理相关墙面

6.4.1 处理书房相关墙面

01　与空间相关的墙面如图 6-154 所示。首先处理书房相关墙面。

02　使用线段的移动复制确定书房门框高度，如图 6-155 所示。然后启用【推/拉】工具选择上方模型面找平墙面，如图 6-156 所示。

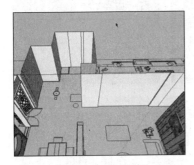

图 6-154　相关墙面

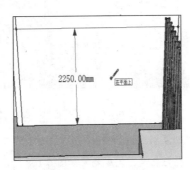

图 6-155　确定书房门框高度

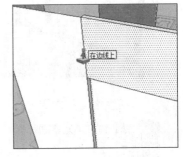

图 6-156　推拉找平墙面

03　选择内部平面创建为【组】，如图 6-157 所示。结合使用【偏移】与【推/拉】工具制作门框，然后赋予材质，如图 6-158 与图 6-159 所示。

图 6-157　将书房门平面单独创建为组

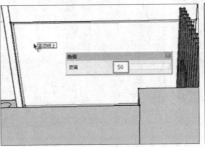

图 6-158　制作书房门边框

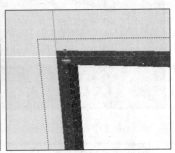

图 6-159　制作收房门边框厚度与材质

04 选择底部边线拆分为 3 段，如图 6-160 所示。然后使用【直线】工具分割平面，如图 6-161 所示。

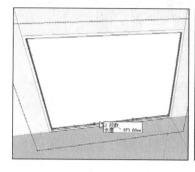

图 6-160　3 拆分底部边线

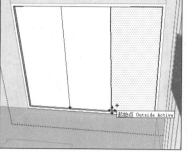

图 6-161　分割平面

图 6-162　制作门页造型

05 结合使用【偏移】与【推/拉】工具制作门页造型，如图 6-162 所示。然后再赋予玻璃面材质，如图 6-163 所示。

06 启用【直线】工具绘制门帘单元平面，如图 6-164 所示。然后使用【推/拉】工具通过捕捉制作门帘单元长度，如图 6-165 所示。

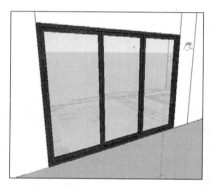

图 6-163　赋予材质

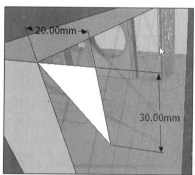

图 6-164　创建门帘单元截面

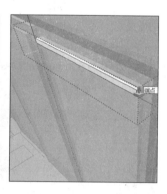

图 6-165　制作门帘单元长度

07 选择门帘单元格进行多重移动复制，如图 6-166 所示。单个门帘完成效果如图 6-167 所示。

08 复制另外两处门帘，然后调整好长度，完成效果如图 6-168 所示。

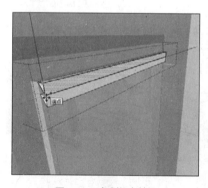

图 6-166　复制门帘单元

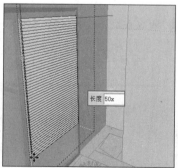

图 6-167　单个门帘完成效果

图 6-168　整体门帘效果

09 参考图样，结合使用【矩形】与【推/拉】工具制作书房轮廓，然后删除门框所在平面，如图 6-169 与图 6-170 所示。

10 经过以上处理，书房相关墙面即已绘制完成，其内部透视效果如图 6-171 所示。

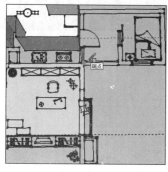

图 6-169　创建书房平面

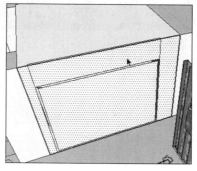

图 6-170　推拉高度后删除前方平面

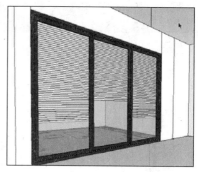

图 6-171　书房处理完成效果

6.4.2 处理洗手间墙面

01 切换至【X 光透视模式】模式观察洗手间布局，如图 6-172 所示。然后制作门框轮廓并处理好上方墙面，如图 6-173 所示。

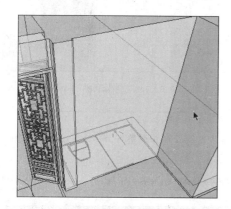

图 6-172　调整至【X 光透视模式】观察平面图

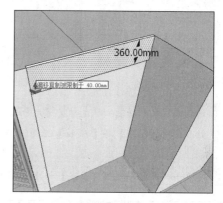

图 6-173　确定门框高度并找平

02 打开【材料】面板，制作并赋予门页材质，如图 6-174 所示。然后使用【直线】工具捕捉中点创建门页分割线，如图 6-175 所示。

图 6-174　赋予材质

图 6-175　创建门页分割线

6-5 创建厨房空间

6.5.1 制作厨房门窗

01 结合使用【直线】与【偏移】工具分割门框平面，如图 6-176 所示。

02 使用【推/拉】工具制作门框厚度，如图 6-177 所示。

03 打开【材料】面板赋予门框门页黑檀木纹，然后合并门把手，完成效果如图 6-178 所示。

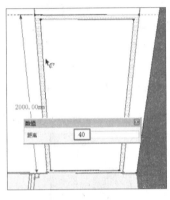

图 6-176　制作门框

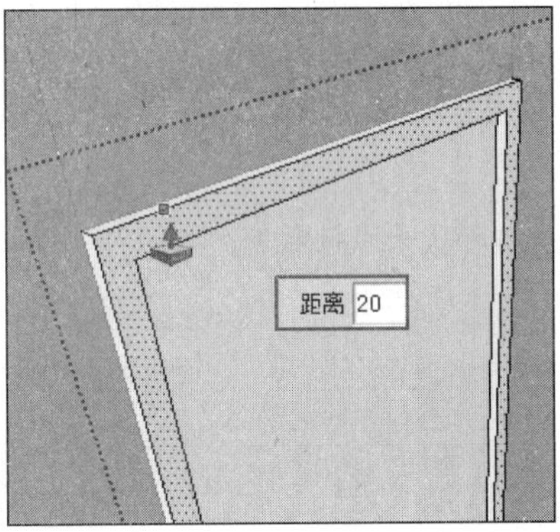

图 6-177　制作门框厚度

图 6-178　合并门把手

04 通过线段的移动复制确定厨房窗户平面，如图 6-179 所示。

05 结合使用【偏移】与【推/拉】工具制作窗户造型，然后复制门帘并调整好大小，完成效果如图 6-180 所示。

06 参考图样，结合使用【直线】与【推/拉】工具制作后方墙体，如图 6-181 所示。

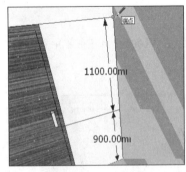

图 6-179　确定窗户平面

图 6-180　细化造型并添加窗帘

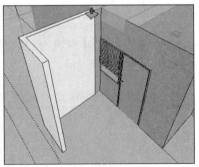

图 6-181　制作后方墙体

07 至此，厨房门窗效果即已完成，外部透视效果如图 6-182 所示。接下来制作厨房与洗手间共用的洗手台。

6.5.2 制作洗手台

01 厨房内部平面布置如图 6-183 所示，首先将制作洗手台。

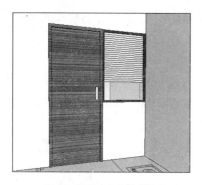

图 6-182　厨房门框完成效果

图 6-183　厨房内部平面布置

02　参考图样结合使用【矩形】与【推/拉】工具制作洗手台初步造型，如图 6-184 与图 6-185 所示。

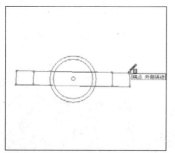

图 6-184　创建洗手台平面

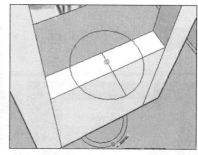

图 6-185　制作初步造型

图 6-186　参考图样制作洗手盆平面

03　参考图样，结合使用【圆】与【推/拉】工具制作洗手盆造型，如图 6-186 与如图 6-187 所示。

04　通过线段的移动复制与【推/拉】工具处理洗手台上方的细节，如图 6-188 所示。

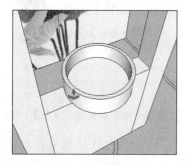

图 6-187　制作洗手盆造型

图 6-188　处理洗手台上方细节

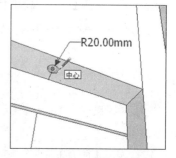

图 6-189　制作水管平面

05　结合使用【圆】、【推/拉】以及【偏移】工具制作水管与感应水龙头，如图 6-189～图 6-192 所示。

图 6-190　推拉水管长度

图 6-191　制作感应龙头平面

图 6-192　推拉感应水龙头造型

06　打开【材料】面板，逐步赋予水管以及洗手台各部分对应材质，如图 6-193 与图 6-195 所示。

07　使用类似窗页细节制作的方法，制作此处柜门效果。

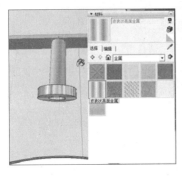
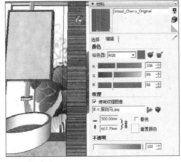

图 6-193　赋予金属材质　　　　图 6-194　赋予木纹材质　　　　图 6-195　赋予石材

08　结合使用【矩形】、【推/拉】以及【偏移】工具制作镜子造型，然后赋予材质，如图 6-196~图 6-198 所示。

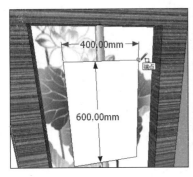
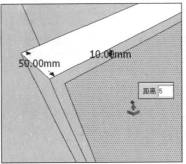

图 6-196　制作镜子平面　　　图 6-197　制作镜框细节平面　　　图 6-198　赋予材质

6.5.3 制作厨柜

01　参考图样，启用【直线】工具分割厨柜平面，如图 6-199 所示。然后将平面单独创建为【组】，如图 6-200 所示。

02　启用【推/拉】工具分段推拉出厨柜造型，如图 6-201 所示。

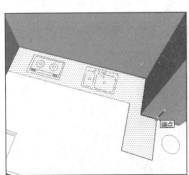
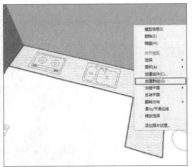
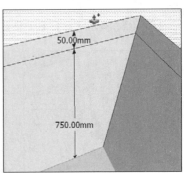

图 6-199　分割厨柜平面　　　图 6-200　将平面单独创建为组　　　图 6-201　分段推拉厨柜

03　启用【推/拉】工具制作 30mm 柜板外出厚度，如图 6-202 所示。然后打开【材料】面板赋予柜板石材，如图 6-203 所示。

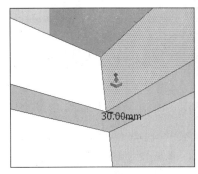

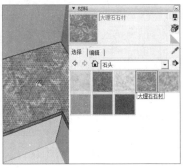

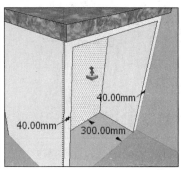

图 6-202　制作柜板外出厚度　　　　　图 6-203　赋予柜面材质　　　　　　图 6-204　制作吧台细节

04 结合使用【偏移】与【推/拉】工具制作吧台细节，如图 6-204 所示。然后通过线段的移动复制与【推/拉】工具制作厨柜底部细节，如图 6-205 所示。

05 通过线段的移动复制分割出柜门上方平面，如图 6-206 所示。然后打开【材料】面板赋予金属材质，如图 6-207 所示。

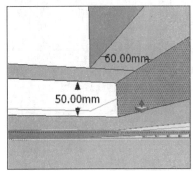

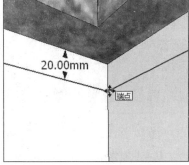

图 6-205　制作厨柜底部细节　　　　图 6-206　制作柜门上部分割平面　　　　图 6-207　赋予分割平面金属材质

06 调整至【X 光透视模式】显示模式，启用【直线】工具分割燃气灶下方的柜面，如图 6-208 所示。

07 选择下方右侧线段拆分为 3 段，如图 6-209 所示。然后启用【直线】工具分割柜门平面，如图 6-210 所示。

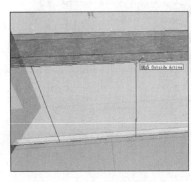

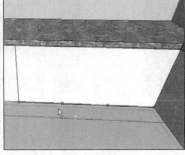

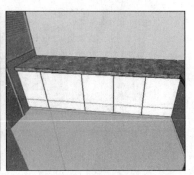

图 6-208　分割燃气灶下方柜面　　　　图 6-209　拆分右侧线段　　　　　图 6-210　分割好柜门平面

08 通过线段的移动复制制作柜门间的缝隙，如图 6-211 所示。然后打开【材料】面板赋予木纹材质，如图 6-212 所示。

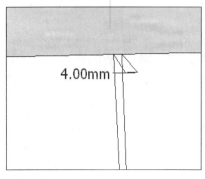

图 6-211　制作柜门间缝隙

图 6-212　赋予石材

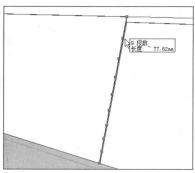

图 6-213　拆分燃气灶下方柜门直线

09 选择燃气灶下方分割面的竖向线条，将其拆分为 9 段，如图 6-213 所示。然后启用【直线】工具进行细节分割，如图 6-214 所示。

10 分割完成后打开【材料】面板赋予黑色材质，如图 6-215 所示。

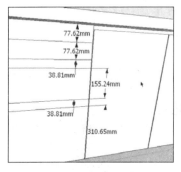

图 6-214　细分割燃气灯灶下方柜门

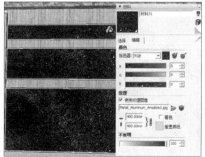

图 6-215　赋予分割面黑色材质

图 6-216　制作细分柜门边框

11 结合使用【偏移】以及【推/拉】工具制作柜门边框细节，如图 6-216 与图 6-217 所示。

12 经过以上步骤，厨柜完成效果如图 6-218 所示。接下来合并厨房用具。

图 6-217　制作细分柜门边框厚度

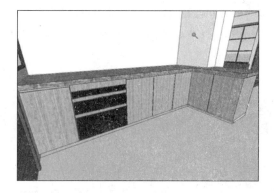

图 6-218　厨柜完成效果

6.5.4 合并厨房用具

01 打开【组件】面板，逐步合并燃气灶以及洗菜盆，如图 6-219 与图 6-220 所示。

图 6-219　合并燃气灶

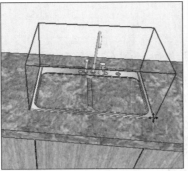
图 6-220　合并洗菜盆

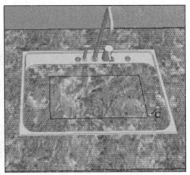
图 6-221　创建分割面

02 启用【矩形】工具在柜面上绘制分割面，如图 6-221 所示。使用【缩放】工具调整好大小，如图 6-222 所示。

03 删除调整好的分割面，完成洗菜盆效果的制作，如图 6-223 所示。

04 打开【组件】面板合并抽油烟机模型，并以离柜面 700mm 的高度放置好，如图 6-224 所示。

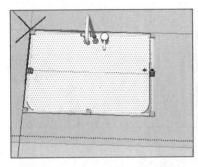
图 6-222　通过缩放调整分割面

图 6-223　删除分割面

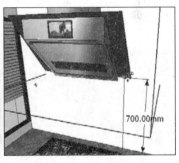
图 6-224　合并抽油烟机

05 通过线段的移动复制，分割壁柜上方墙体，如图 6-225 所示。然后启用【推/拉】工具进行找平，制作为屋顶，如图 6-226 所示。

06 打开【材料】面板，为厨柜上方墙面赋予石材，如图 6-227 所示。

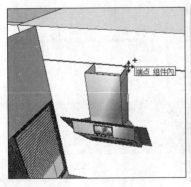
图 6-225　分割壁柜上方墙体

图 6-226　推拉分割墙面为屋顶

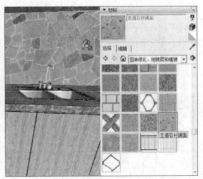
图 6-227　赋予厨柜上方墙面石材

6.5.5 制作厨房吊柜

01 启用【矩形】工具分割出吊柜侧面，如图 6-228 所示。赋予木纹材质后启用【推/拉】工具制作吊柜轮廓，如图 6-229 所示。

02 通过线段的移动复制分割好吊柜平面，然后选择下方线段 4 拆分，如图 6-230 所示。

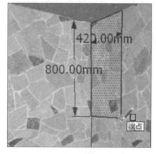

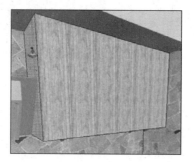

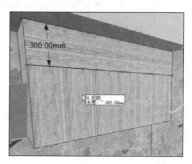

图 6-228　分割吊柜侧面　　　　　　图 6-229　推拉出轮廓　　　　　　　图 6-230　分割吊柜

03 使用【偏移】工具制作吊柜柜门造型，然后赋予对应材质，如图 6-231 与图 6-232 所示。

04 通过类似方法制作吧台上方吊柜，其背面效果如图 6-233 所示。

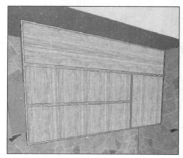

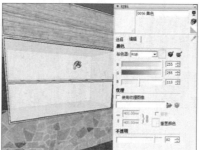

图 6-231　吊柜造型细节　　　　　　图 6-232　赋予柜门透明材质　　　　图 6-233　制作总台上方吊柜

05 启用【直线】工具分割正面柜面，如图 6-234 所示。

06 结合使用【矩形】与【偏移】工具制作柜门细节，如图 6-235 与图 6-236 所示。

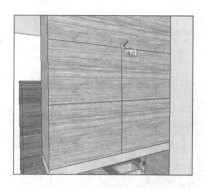

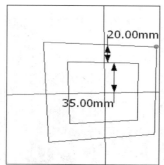

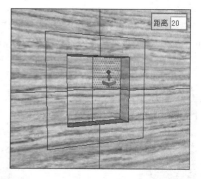

图 6-234　分割吊柜柜门　　　　　　图 6-235　制作中部柜门细节平面　　图 6-236　完成柜门细节

07 启用【直线】工具，捕捉中点分割该处吊柜底面，然后通过线段拆分确定筒灯位置，如图 6-237 所示。

08 结合使用【矩形】以及【偏移】工具制作灯孔造型，然后赋予对应材质，如图 6-238 所示。

09 复制灯孔并对齐位置，完成效果如图 6-239 所示。

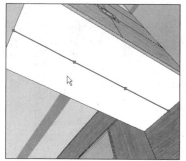

图 6-237 拆分线段确定灯位

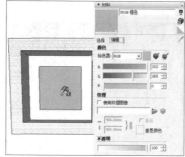

图 6-238 创建灯孔并赋予材质

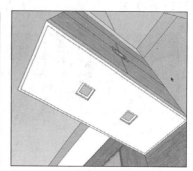

图 6-239 吧台上方灯孔完成效果

10 经过以上步骤，厨房创建完成效果如图 6-240 所示。

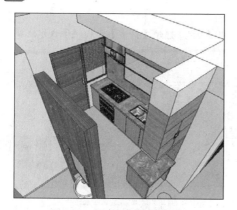

图 6-240 厨房创建完成整体效果

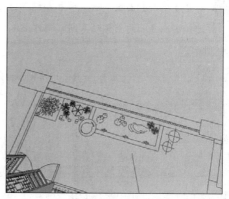

图 6-241 入户小庭院平面布置

6.6 创建入户小庭院

01 入户小庭院平面布置细节如 6-241 所示，首先取消地面模型隐藏，启用【直线】工具分割出小庭院地面，如图 6-242 所示。

02 启用【推/拉】工具将入户小庭院地面向下推入 140mm，如图 6-243 所示。然后选择图样调整位置，如图 6-244 所示。

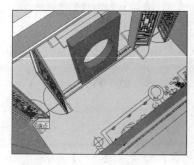

图 6-242 分割出小庭院地面

图 6-243 向下推入 140mm

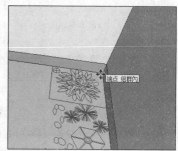

图 6-244 调整参考图样位置

03 参考图样，结合使用【直线】以及【圆弧】工具分割水池平面，如图 6-245 与图 6-246 所示。然后启用【推/拉】工具制作高度细节，如图 6-247 所示。

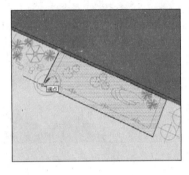
图 6-245 分割水池平面

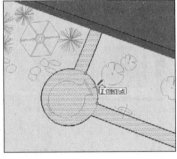
图 6-246 水池平面分割完成

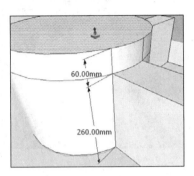
图 6-247 通过推拉制作高度

04 打开【材料】面板，赋予水池石材，如图 6-248 所示。

05 选择水池底面向上移动复制，制作出水面，如图 6-249 所示。打开【材质】面板赋予浅水池材质，如图 6-250 所示。

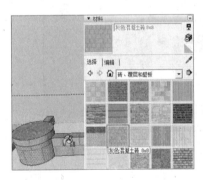
图 6-248 赋予水池材质

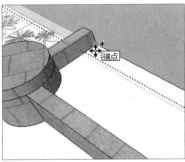
图 6-249 向上移动复制池底制作水面

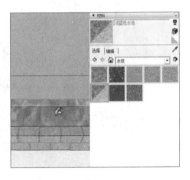
图 6-250 赋予水面浅水池材质

06 通过线段的移动复制以及【推/拉】工具处理后水池后方的墙面细节，如图 6-251 所示。

07 打开【材料】面板，逐步赋予墙面石材与竹节材质，如图 6-252 与图 6-253 所示。

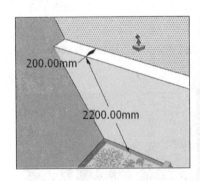
图 6-251 分割并推入墙面

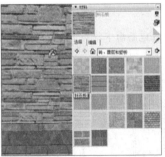
图 6-252 赋予墙面石材

图 6-253 赋予墙面竹节材质

08 通过线的移动复制制作小庭院左侧的栏杆平面，如图 6-254 所示。

09 通过线的移动复制与【推/拉】工具制作栏杆细节，如图 6-255 所示。然后打开【材料】面板赋予对应材质，完成效果如图 6-256 所示。

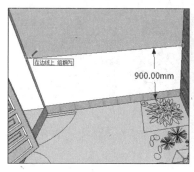

图 6-254　制作左侧栏杆平面

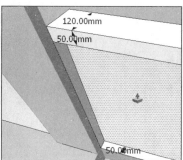

图 6-255　制作栏杆细节

图 6-256　栏杆完成效果

10　通过线段的移动复制分割出入户门轮廓，如 6-257 所示。

11　结合使用【偏移】与【推/拉】工具制作门框与门页细节，如图 6-258 所示。

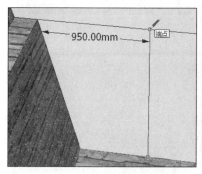

图 6-257　分割出入房门平面

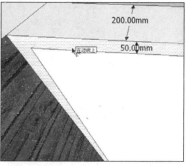

图 6-258　制作门框细节

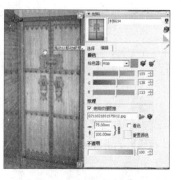

图 6-259　赋予大门材质

12　打开【材料】面板，赋予大门门页对应纹理材质并调整好纹理效果，如图 6-259 所示。经过以上步骤，完成入户门效果如 6-260 所示。

13　启用【直线】工具，捕捉中点分割庭院背景墙，如图 6-261 所示。然后通过【偏移】制作背景墙边框，如图 6-262 所示。

图 6-260　入户门完成效果

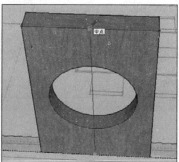

图 6-261　分割庭院背景墙

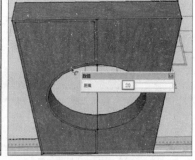

图 6-262　制作背景墙边框

14　打开【材料】面板赋予内部模型平面石材材质，如图 6-263 所示。赋予庭院地面木板材质，如图 6-264 所示。

15　入户小庭院创建完成，接下来开始处理地面以及顶棚效果。

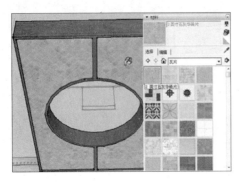

图 6-263　赋予内部模型平面石材材质

图 6-264　赋予地面原木板材质

6.7　处理地面与顶棚

6.7.1　处理地面材质

01　经过之前的步骤，当前模型效果如图 6-265 所示。接下来制作各空间地面材质。

02　启用【矩形】工具，参考图纸分割餐厅与厨房地面，如图 6-266 所示。

03　打开【材料】面板，为客厅与餐厅地面制作并赋予仿古砖材质，如图 6-267 所示。

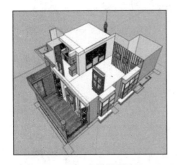

图 6-265　当前模型效果

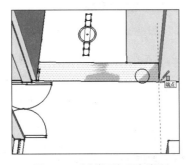

图 6-266　分割餐厅与厨房地面

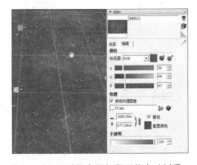

图 6-267　赋予客厅与餐厅仿古砖材质

04　为厨房地面赋予石材，如图 6-268 所示。经过以上步骤空间地面材质效果如图 6-269 所示。

图 6-268　赋予厨房地面石材

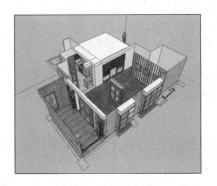

图 6-269　空间地面材质处理完成效果

6.7.2 处理顶棚

1. 制作客厅与餐厅顶棚细节

01 切换至【俯视图】，启用【矩形】工具绘制客厅与餐厅天花板，如图 6-270 所示。

02 根据空间分割天花板，如图 6-271 所示，然后启用【推/拉】工具向内制作 200mm 深度，如图 6-272 所示。

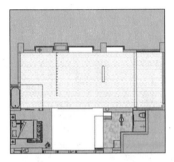

图 6-270 创建客厅与餐厅天花板

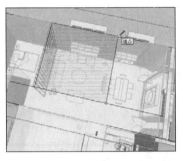

图 6-271 分割天花板

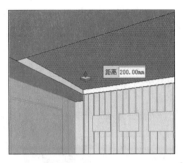

图 6-272 将客厅天花向内推入 200mm

03 结合使用【偏移】与【推/拉】工具制作灯槽，如图 6-273 与图 6-274 所示。

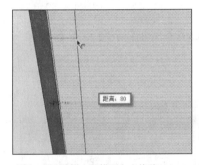

图 6-273 选择内部模型向内偏移 100mm

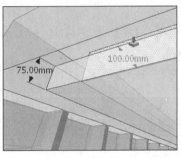

图 6-274 制作灯槽

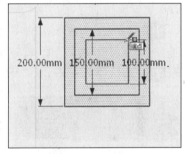

图 6-275 分割筒灯细节平面

04 结合使用【矩形】与【推/拉】工具制作筒灯灯孔，然后分别赋材质，如图 6-275 与图 6-276 所示。

05 在【俯视图】中复制出其他筒灯模型，如图 6-277 所示。完成客厅顶棚效果如图 6-278 所示。

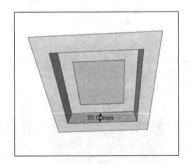

图 6-276 制作筒灯造型

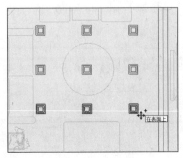

图 6-277 复制筒灯

图 6-278 客厅顶棚完成效果

06 启用【矩形】工具，捕捉电视背景墙在天花板上分割顶棚，如图 6-279 所示。

07 结合使用【偏移】与【推/拉】工具制作电视背景墙上方凹槽，如图 6-280 与图 6-281 所示。

08 通过线段的移动复制与【推/拉】工具制作内部灯槽，如图 6-282 所示。

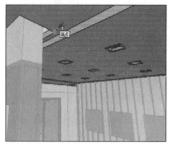
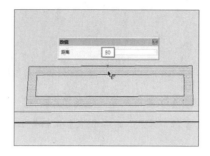
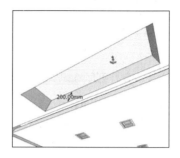

图 6-279　分割顶棚　　　　　图 6-280　向外偏移复制 30mm　　　　图 6-281　向内制作 200mm 深度

09 选择之前制作的筒灯，复制出餐厅以及过道处灯光，如图 6-283 与图 6-284 所示。

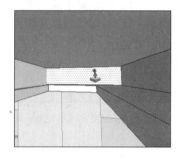
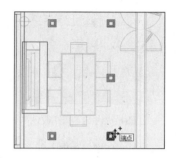
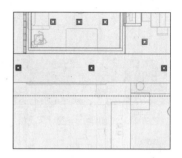

图 6-282　制作内部灯槽　　　　图 6-283　复制筒灯至餐厅上方　　　　图 6-284　复制筒灯至过道

10 选择大门上方平面将其单独创建为【组】，如图 6-285 所示。然后结合使用【偏移】以及【推/拉】等工具细化成空调出风口，如图 6-286 所示。

11 至此，客厅与餐厅顶棚细化完成，效果如图 6-287 所示。

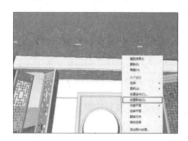

图 6-285　将门框上方平面单独创建为组　　　图 6-286　细化成空调出风口造型　　　图 6-287　客厅与餐厅顶棚完成效果

2. 制作厨房顶棚

01 当前厨房效果如图 6-288 所示，启用【直线】工具通过捕捉创建上方的天花板，如图 6-289 所示。

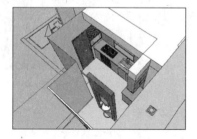

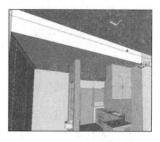

图 6-288　当前厨房效果　　　图 6-289　创建天花板并单独创建为组　　　图 6-290　推拉找平顶棚

02 启用【推/拉】工具找平顶棚，如图 6-290 所示。然后复制筒灯完成厨房顶棚效果如图 6-291 所示。

3．制作入户小庭院顶棚

01 启用【矩形】工具创建小庭院天花板，如图 6-292 所示。

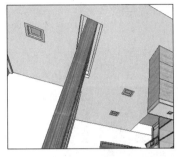

图 6-291 细化灯槽并复制筒灯

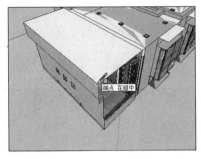

图 6-292 创建小庭院天花板

图 6-293 分割天花板

02 启用【直线】工具分割天花板，如图 6-293 所示。然后使用【偏移】工具制作发光槽平面，如图 6-294 所示。

03 启用【推/拉】工具制作发光槽深度，如图 6-295 所示。然后使用【推/拉】工具制作吊灯轮廓，如图 6-296 所示。

图 6-294 制作发光槽平面

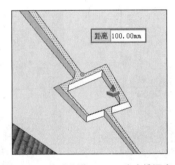

图 6-295 向内制作 100mm 发光槽深度

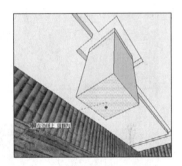

图 6-296 制作吊灯轮廓

04 制作吊灯边框细节，然后打开【材料】面板制作并赋予吊灯四周材质，如图 6-297 所示。

05 制作吊灯底部细节，然后打开【材料】面板制作并赋予底部材质，如图 6-298 所示。

06 经过以上步骤，完成入户小庭院效果如图 6-299 所示。接下来合并各个空间的家具、灯具以及装饰细节，完成最终效果。

图 6-297 制作吊灯边框细节

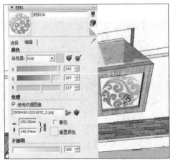

图 6-298 制作吊顶底部细节与材质

图 6-299 入户小庭院完成效果

6.8 完成最终效果

6.8.1 合并各空间家具

01 当前各个空间的效果如图 6-300~图 6-303 所示。接下来首先合并各个空间的桌椅模型。

图 6-300 当前餐厅效果

图 6-301 当前客厅效果

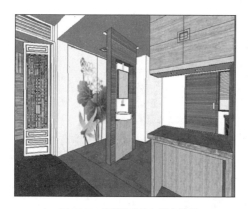

图 6-302 当前洗手间与吧台效果

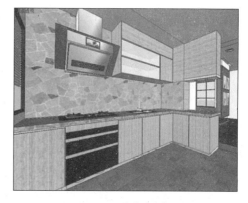

图 6-303 当前厨房效果

02 打开【组件】面板合并客厅沙发套，如图 6-304 所示。

03 调整电视机机位的高度，如图 6-305 所示。

04 经过以上步骤，完成客厅当前效果如图 6-306 所示。

图 6-304 合并客厅沙发

图 6-305 调整电视机机位高度

图 6-306 客厅合并沙发后效果

05 逐步合并餐厅桌椅、花架以及吧椅，如图 6-307~图 6-309 所示。

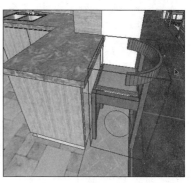

图 6-307 合并餐桌椅   图 6-308 合并中式花架   图 6-309 合并吧椅

06 客厅与餐厅家具合并完成后，再调整视角至书房，合并书架与书桌等模型，如图 6-310 与图 6-311 所示。

07 经过以上步骤，当前书房透视效果如图 6-312 所示。

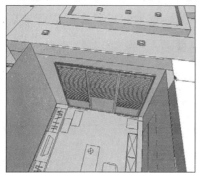
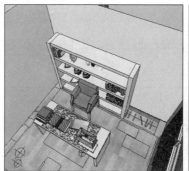
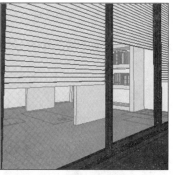

图 6-310 调整视角至书房   图 6-311 合并书架与书桌   图 6-312 书房透视效果

6.8.2 合并灯具与装饰细节

01 打开【组件】面板，逐步合并客厅落地灯、餐厅吊顶以及庭院灯，如图 6-313~图 6-315 所示。

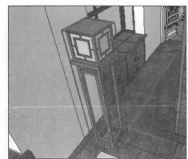
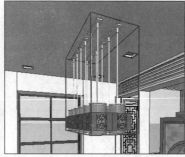

图 6-313 合并中式落地灯   图 6-314 合并中式吊灯   图 6-315 合并庭院灯

02 打开【组件】面板，合并庭院喷水以及花草等装饰，如图 6-316~图 6-318 所示。

03 打开【组件】面板，合并客厅电视机、摆件以及茶几上方茶具，如图 6-319~图 6-321 所示。

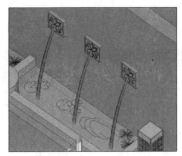

图 6-316　合并喷水

图 6-317　合并庭院花草

图 6-318　合并盆景

图 6-319　合并电视机

图 6-320　合并常用摆件

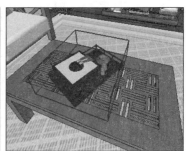

图 6-321　合并茶几摆设

04 复制之前制作的门帘模型至窗户处，然后通过【缩放】与【移动】工具制作窗帘效果，如图 6-322~图 6-324 所示。

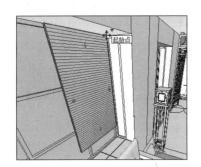

图 6-322　复制门帘至窗户

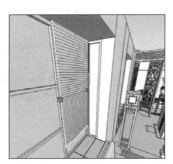

图 6-323　缩放调整宽度

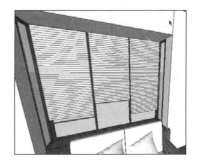

图 6-324　复制其他窗帘

05 合并中式花窗、冰箱以及挂画至过道、厨房以及洗手间墙面，如图 6-325~图 6-327 所示。

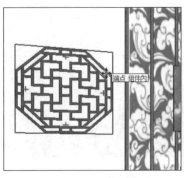

图 6-325　合并中式花窗

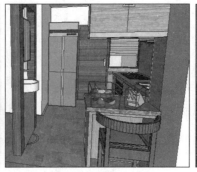

图 6-326　合并冰箱

图 6-327　合并挂画

06 经过以上步骤，本例中式风格场景制作即已完成，各空间效果如图 6-6~图 6-13 所示。

第 7 章

田园风格厨房
及餐厅设计与表现

欧式田园风格追求一种惬意、舒适的生活氛围，配色大胆，崇尚自然，同时强调浪漫与现代流行主义的特点，蕴含着浓郁的自然回归感。

本章即以室内各要素，如门窗、厨房、地面等的细化处理，展示欧式田园风格从容淡雅的魅力。

7.1 欧式田园风格设计概述

田园风格注重对自然的表现，不同地域的自然风景孕育了不同的田园风格，展示了当地的风土人情，有着各自的显著特色。主要有如欧式、中式以及南亚的田园风格。本案例中将以一个客餐厅空间，介绍欧式田园风格的设计与表现，该风格典型的空间效果如图7-1~图7-3所示。

图 7-1 典型欧式田园客厅效果　　　图 7-2 典型的欧式田园卧室效果　　　图 7-3 典型的欧式田园厨房效果

在空间细节上，欧式田园风格的窗户上半部多处理成圆弧形，有时会以带有花纹的石膏线勾边。门的造型设计，包括房间门以及各种柜门，则在突出凹凸感的同时注重直线的柔美，两种造型相映成趣，风情万种。

空间地面多铺以石材或地板。此外在空间局部以及配饰的选材上，砖、陶、木、石、藤、竹等是用于体现田园风格崇尚自然情趣的绝佳元素。

家具和配饰是欧式田园风格营造整体效果的点睛之笔。家具造型通常宽大厚重，材质多为深色的橡木或枫木。此外还有浪漫的罗马帘、色彩艳丽的油画、造型别致的工艺品，这些都是点染欧式风格不可缺少的元素。其细节表现如图7-4~图7-6所示。

图 7-4 欧式田园窗户细节　　　图 7-5 欧式田园家具细节　　　图 7-6 欧式田园配饰

受其饮食烹饪习惯的影响，厨房在大多数西方人眼中一般是开敞的，其与餐厅通常构成一个功能独立、空间通透的整体。在功能细节处理上，田园风格的厨柜通常会有面积足够的操作平台以及容量巨大的双开门冰箱。此外在厨房中会有一个独立的便餐台，同时满足洗涤、配菜以及用餐饮酒的功能。

此外厨房空间与用具的装饰也有很多讲究，如喜好仿古面的墙砖、喜好用实木门扇或是模压门扇仿木纹色的橱具门板。

区别于其他风格的严谨，磨损做旧的表面以及凌乱的摆放在田园风格中是被允许的，因为这样更能体现自然的感觉。因此在厨柜、便餐台等台面上会有随意摆放的水果、食品以及餐具等物品，典型的田园风格厨房及餐厅空间如图7-7与图7-8所示。

图 7-7　田园风格厨房效果　　　　　图 7-8　田园风格餐厅效果　　　　　　图 7-9　厨房全景

　　本案例将通过简单的户型平面布置图，结合以上的风格特点完成欧式田园餐厅以及厨房的设计与表现，案例效果如图 7-9~图 7-21 所示。

图 7-10　厨房细节效果 1　　　　　　　　　　　　　图 7-11　厨房细节效果 2

图 7-12　便餐台效果　　　　　　　　　　　　　　　图 7-13　电视墙效果

图 7-14　电视柜细节效果 1　　　　　　　　　　　　图 7-15　电视柜细节效果 2

图 7-16　餐椅效果

图 7-17　餐桌细节效果 1

图 7-18　餐桌细节效果 2

图 7-19　全景效果 1

图 7-20　全景效果 2

图 7-21　全景效果 3

7.2 正式建模前的准备工作

7.2.1 导入图样并整理图样

01 打开 SketchUp，进入【模型信息】面板，设置场景单位如图 7-22 所示。

02 执行【文件】/【导入】菜单命令，如图 7-23 所示。然后在弹出的【导入】面板中调整文件类型为"AutoCAD

文件"，如图 7-24 所示。

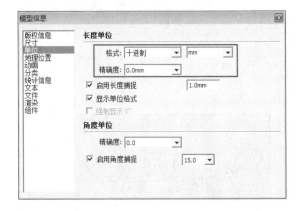

图 7-22 设置场景单位

图 7-23 执行文件/导入选项

03 单击【导入】面板中的【选项】按钮，然后在弹出的面板中设置参数，如图 7-25 所示。

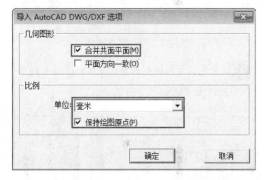

图 7-24 选择 AutoCAD 文件类型

图 7-25 设置导入参数

04 选项参数调整完成后单击【确定】按钮，导入配套光盘中的"田园厨房及餐厅平面布置图"，导入完成效果如图 7-26 所示。

05 选择导入的图样，启用【移动】工具对齐至原点，如图 7-27 所示。

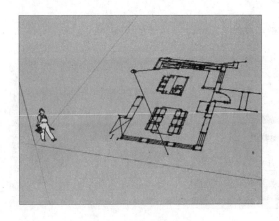

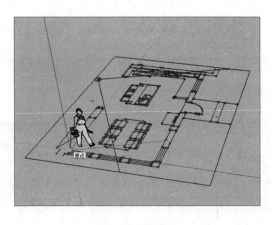

图 7-26 图样导入效果

图 7-27 对齐至原点

7.2.2 分析建模思路

本案例将表现厨房与餐厅整体，平面空间与布置如图 7-28 所示。可以看到空间构成与布置都比较简单，如何细化好立面，并制作风格配套的家具是设计的重点。因而在本例中将主要学习该风格高精度模型的制作与细节的表现。

01 在制作思路上，则可以先完成墙面以及门窗的制作，然后根据空间功能的区别，从左至右进行模型的创建，如图 7-29 所示。接下来了解详细的建模流程。

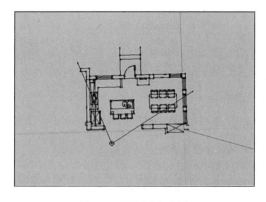
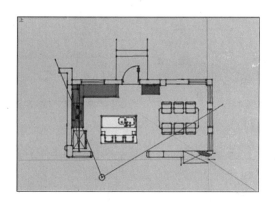

图 7-28　平面空间与布置　　　　　　　　　　　图 7-29　创建模型

02 首先参考图样制作框架，然后根据图样制作出门洞，最后根据风格细化出门窗模型，如图 7-30~图 7-32 所示。通过以上步骤制作空间框架。

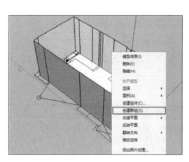
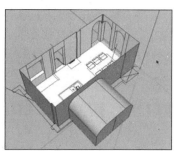
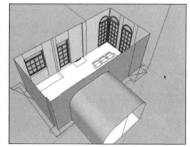

图 7-30　创建墙体框架　　　　　图 7-31　制作门洞与窗洞　　　　　图 7-32　制作空间门窗

03 完成空间框架制作后，再根据空间功能的划分细化好厨柜，如图 7-33~图 7-35 所示。

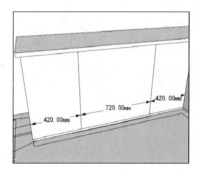

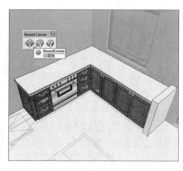

图 7-33　制作厨柜轮廓　　　　　图 7-34　细化厨柜造型　　　　　图 7-35　完成厨柜制作

04　完成下层厨柜制作后，再参考其高度与造型，逐步细化出上方的抽油烟机以及吊柜，如图7-36~图7-38所示。

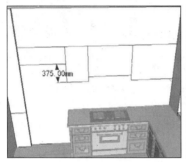

图7-36　分割平面

图7-37　细化抽油烟机

图7-38　细化吊柜

05　吊柜细化完成后，参考图样制作便餐台的轮廓，然后细化处理中层柜子与上层柜板，如图7-39~与7-41所示。经过以上步骤，厨房功能区域设计制作即已完成。

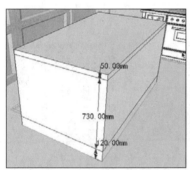

图7-39　制作便餐台轮廓

图7-40　细化中部柜面

图7-41　细化上部柜台

06　完成厨房制作后，通过模型的调用以及细化，再逐步合并电视柜、餐桌椅以及柜子等模型，完成餐厅空间的制作，如图7-42与图7-43所示。

图7-42　合并电视柜与餐旧椅

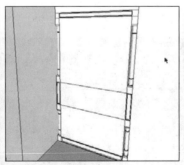

图7-43　合并电视柜

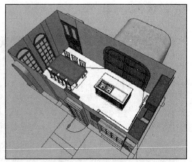

图7-44　空间框架与主体家具完成效果

07　经过以上步骤，制作空间框架与主体家具后，当前案例效果如7-44所示。接下来首先参考图样细化厨房区域的地面，如图7-45所示。然后调入地毯处理餐厅地面细节，如图7-46所示。最后制作踢脚线，完成空间效果如图7-47所示。

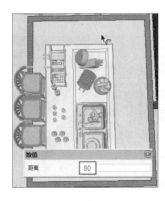

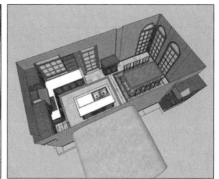

图 7-45　细化厨房地面　　　　　　图 7-46　调入餐厅地毯模型　　　　　图 7-47　空间地面处理完成效果

08　地面处理完成之后，再根据功能逐步制作各空间顶棚中的原木、灯具、出风口以及窗帘等模型，如图 7-48 ~ 7-50 所示。

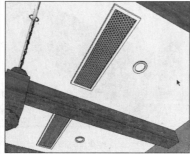

图 7-48　完成原木与便餐台吊顶细节　　　图 7-49　完成灯孔与出风口　　　图 7-50　完成餐厅吊顶、灯具及窗帘

09　空间地面与顶棚处理完成后，再根据主体家具的功能合并配套的炊具、餐具、食物、模型等模型，添加空间细节，如图 7-51~7-53 所示。

图 7-51 合并厨柜上炊具等细节模型　　　图 7-52　合并便餐台上酒具与水果等模型　　　图 7-53　合并餐桌餐具与烛台等模型

10　合并挂画、盆栽等装饰性模型，完成最终效果如图 7-54 与图 7-55 所示。餐厅空间最终细节效果如 7-56 所示，其他空间效果与细节则参考图 7-9~图 7-21 所示。

图 7-54　合并挂画

图 7-55　合并盆栽

图 7-56　餐厅空间最终细节效果

7.3　创建整体框架

7.3.1　创建整体框架

01 启用【卷尺】工具，捕捉图样测量入户门宽度以确定图样尺寸正确，如图 7-57 所示。

02 启用【直线】工具捕捉内部墙线，创建好范围内的模型平面，如图 7-58 与图 7-59 所示。

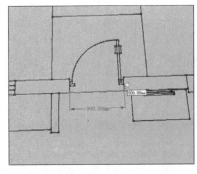
图 7-57　测量入户门宽度确定图样尺寸

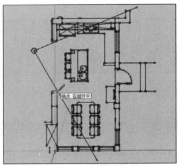
图 7-58　捕捉内侧墙线

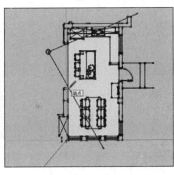
图 7-59　模型面创建完成

03 启用【推/拉】工具，选择平面制作 2800mm 空间高度，如图 7-60 所示。

04 按下 "Ctrl+A" 全选模型，然后单击鼠标右键选择 "反转平面"，如图 7-61 所示。

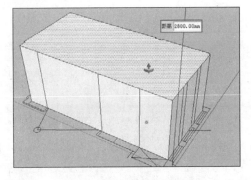
图 7-60　推拉 2800mm 空间高度

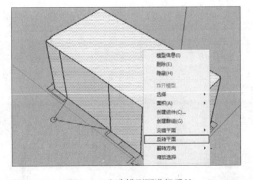
图 7-61　全选模型面进行反转

05 逐步选择模型的顶面、中部立面以及底面，分别将其创建为单独的【组】，如图 7-62~图 7-64 所示。

06 轮廓框架创建完成后，接下来制作空间门洞与窗洞。

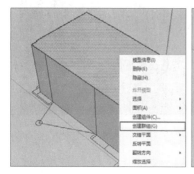

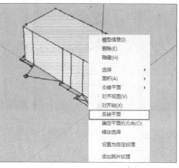

图 7-62 将墙面单独创建为组   图 7-63 将中部立面创建为组   图 7-64 将底面单独创建为组

7.3.2 创建门洞与窗洞

01 选择门洞下方边线，启动【移动】工具，以 2200mm 的距离向上移动复制并确定门洞高度，如图 7-65 所示。

02 启用【推/拉】工具捕捉图样制作出门洞，如图 7-66 所示。然后删除多余平面。

03 选择窗户分割线，向上以 900mm 的距离移动复制制作窗台线，如图 7-67 所示。

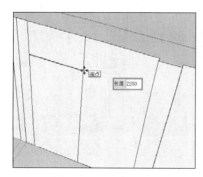

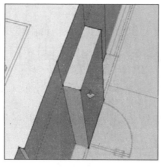

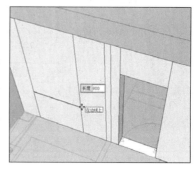

图 7-65 移动复制出门洞上方线段   图 7-66 推拉出门洞   图 7-67 移动复制制作窗台线

04 选择窗台线，向上以 1500mm 的距离移动复制，如图 7-68 所示。然后启用【推/拉】工具制作窗洞，如图 7-69 所示。

05 删除多余平面制作该处的门洞与窗洞，完成效果如图 7-70 所示。

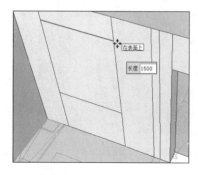

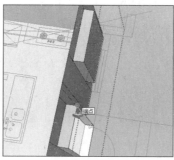

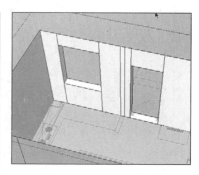

图 7-68 移动复制出窗洞上方线段   图 7-69 推拉出窗洞   图 7-70 门洞与窗洞完成效果

06 选择右侧窗户下方线条，通过移动复制确定窗洞高度，如图 7-71 所示。

07 启用【卷尺】工具测量窗户半宽，如图 7-72 所示。然后根据该数值，启用【圆弧】工具制作顶部圆弧，如图 7-73 所示。

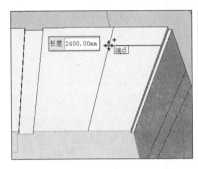
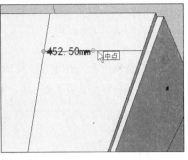
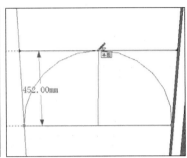

图 7-71　确定窗洞高度　　　　　　图 7-72　测量窗户半宽　　　　　　图 7-73　根据半宽绘制顶部圆弧

08 启用【推/拉】工具制作窗洞，如图 7-74 所示。

09 通过相同方法制作该区域其他窗洞，完成效果如图 7-75 所示。接下来制作后方墙面大门门洞。

10 选择底部线段，通过移动复制确定大门门洞高度，如图 7-76 所示。

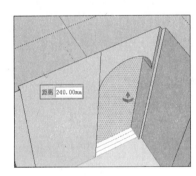
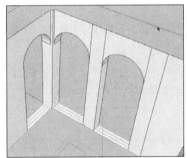
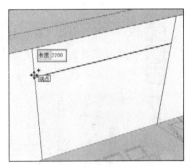

图 7-74　制作窗洞　　　　　　　　图 7-75　制作该处其他窗洞　　　　图 7-76　确定大门门洞高度

11 结合使用【卷尺】与【圆弧】工具处理大门左上角的圆弧细节，如图 7-77 所示。

12 通过相同方法制作右侧的圆弧细节，如图 7-78 所示。然后启用【推/拉】工具制作出门洞与后方走廊，如图 7-79 所示。

13 经过以上步骤，本例空间框架即已完成，当前效果如图 7-80 所示。

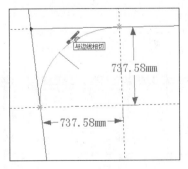

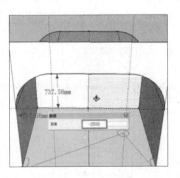

图 7-77　绘制圆弧细节　　　　　　图 7-78　制作右侧圆弧细节　　　　图 7-79　推拉出门洞与后方走廊

7.4 创建高细节门窗

7.4.1 创建入户门

`01` 参考图样，使用【直线】工具绘制门套线平面，如图 7-81 所示。

`02` 选择创建好的门套线平面，然后通过捕捉调整好位置至边缘，如图 7-82 所示。

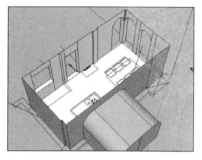

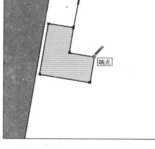

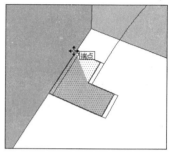

图 7-80　空间框架完成效果　　　　图 7-81　创建门套线平面　　　　图 7-82　调整平面位置

`03` 选择门套线平面，启用【路径跟随】工具制作门套整体，如图 7-83 所示。

`04` 启用【直线】工具创建连接线形成门平面，如图 7-84 所示。

`05` 选择门平面将面反转，如图 7-85 所示。将其单独创建为【组】，如图 7-86 所示。

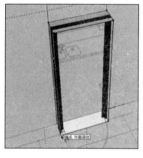

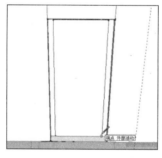

图 7-83　制作门套整体　　　　图 7-84　形成门平面　　　　图 7-85　反转门平面

`06` 选择门边线将其拆分为 6 段，如图 7-87 所示。然后启用【直线】工具分割出上下两部分，如图 7-88 所示。

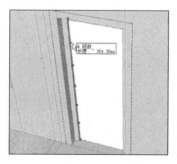

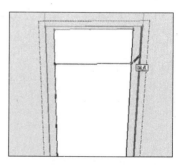

图 7-86　将门平面单独创建为组　　　　图 7-87　6 拆分门边线　　　　图 7-88　分割门平面

07 启用【偏移】工具制作门框，如 7-89 所示。然后通过线段的删除与位置调整制作门框细节，完成效果如图 7-90 所示。

08 选择内部下方线段，将其拆分为 5 段，如图 7-91 所示。

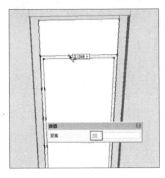

图 7-89　制作门框　　　　　　　　图 7-90　调整门框细节　　　　　　图 7-91　拆分下方线段

09 启用【直线】工具，捕捉拆分点与中点分割门平面，完成效果如图 7-92 所示。

10 启用【偏移】工具制作门内部细框平面，如图 7-93 与图 7-94 所示。

11 选择中部左右两侧线段，分别向左右调整 12.5mm，使内部细框宽度一致，如图 7-95 与图 7-96 所示。

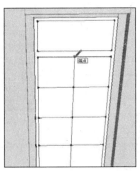

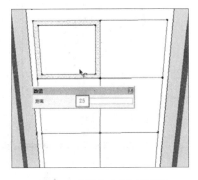

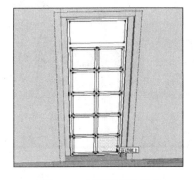

图 7-92　分割门平面　　　　　　　图 7-93　制作门内部细框平面　　　　图 7-94　内部细框制作完成

12 选择下部线段调整高度，使内部细框高度保持一致，完成效果如图 7-97 所示。

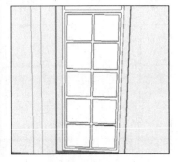

图 7-95　调整中部线段位置　　　　图 7-96　竖向线段调整完成　　　　　图 7-97　调整下部直线高度

13 启用【推/拉】工具向内推入 30mm，制作内部细框厚度与玻璃面，如图 7-98 所示。

14 打开【材料】面板，为门套线赋予木纹材质，如图 7-99 所示。然后为玻璃面赋予半透明材质，如图 7-100 所示。

图 7-98　制作门框厚度与玻璃面

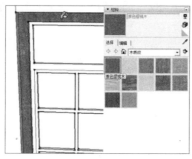

图 7-99　赋予门套线材质

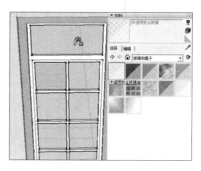

图 7-100　赋予玻璃面材质

15 打开【组件】面板，合并并放置门插销模型，如图 7-101 所示。

16 经过以上步骤，入户门即已完成，效果如图 7-102 所示。

7.4.2 创建厨房方窗

01 启用【矩形】工具，捕捉窗洞角点创建窗户平面，如图 7-103 所示。

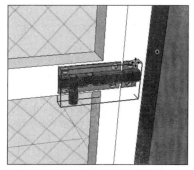

图 7-101　合并并放置门插销

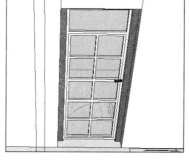

图 7-102　入户门细化完成

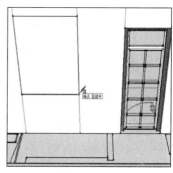

图 7-103　创建窗户平面

02 选择窗户平面边线拆分为 4 段，如图 7-104 所示。

03 启用【直线】工具分割出上下两个平面，如图 7-105 所示。

04 启用【移动】工具制作窗框平面，如图 7-106 所示。

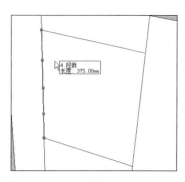

图 7-104　拆分平面边线为 4 段

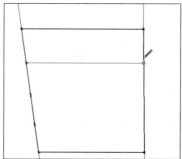

图 7-105　上下分割平面

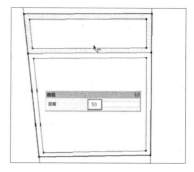

图 7-106　创建窗框平面

05 调整好窗框平面细节，然后使用【直线】工具平分内部窗页，如图 7-107 所示。

06 使用【直线】工具将左侧窗页拆分为 6 部分，完成效果如图 7-108 所示。

07 启用【偏移】工具，制作内部细框平面，如图 7-109 所示。

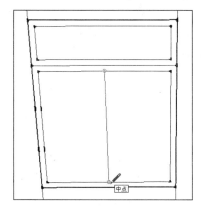

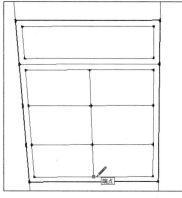

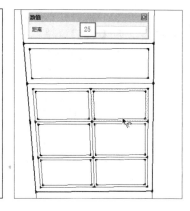

图 7-107　调整窗框并平分窗页　　　　图 7-108　拆分左侧窗页　　　　图 7-109　制作内部细框平面

08 选择线段调整细框大小如图 7-110 所示。然后利用其复制出左侧窗页平面，如图 7-111 所示。

09 启用【推/拉】工具制作细框厚度与玻璃面，如图 7-112 所示。

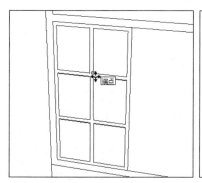

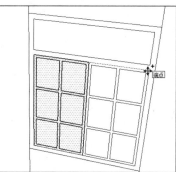

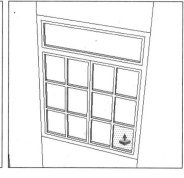

图 7-110　调整细框线段　　　　图 7-111　复制窗页平面　　　　图 7-112　制作细框厚度与玻璃面

10 将窗户创建为【组】，然后捕捉窗洞中点并调整位置，如图 7-113 所示。

11 启用【推/拉】工具制作出窗框厚度，如图 7-114 所示。

12 打开【材料】面板赋予窗户各部分对应材质，然后合并并放置好窗户插销，完成效果如图 7-115 所示。

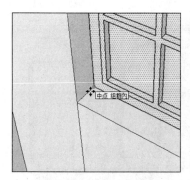

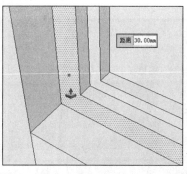

图 7-113　调整窗户位置　　　　图 7-114　制作窗框厚度　　　　图 7-115　赋予材质并合并窗户插销

7.4.3 创建餐厅弧形窗

01 启用【直线】工具绘制连接线创建出窗户平面，如图 7-116 所示。

02 结合使用【直线】与【偏移】工具制作窗框平面，如图 7-117 所示。

03 通过线段的拆分以及【偏移】工具制作内部细框平面，如图 7-118 所示。

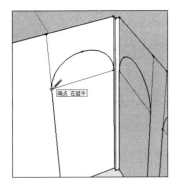
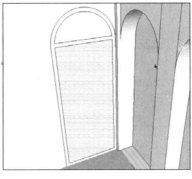
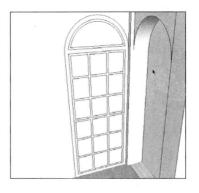

图 7-116　创建窗户平面　　　　图 7-117　制作窗框平面　　　　图 7-118　制作内部细框平面

04 启用【推/拉】工具逐步制作细框厚度与窗框厚度，如图 7-119 与图 7-120 所示。

05 打开【材料】面板赋予窗户各部分对应材质，完成效果如图 7-121 所示。

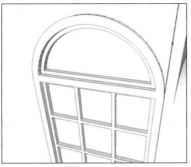

图 7-119　制作细框厚度　　　　图 7-120　制作窗框厚度　　　　图 7-121　赋予窗户材质

06 复制窗户并通过旋转调整好朝向，然后通过捕捉放置好位置，如图 7-122 与图 7-123 所示。

07 再次复制，完成该处窗户效果如图 7-124 所示。

图 7-122　复制弧形窗　　　　图 7-123　旋转并调整窗户位置　　　　图 7-124　窗户完成效果

7.4.4 创建大门模型

01 启用【直线】工具绘制连接线创建出大门平面，如图 7-125 所示。

02 启用【偏移】工具制作大门门框以及内部门页边框平面，如图 7-126 与图 7-127 所示。

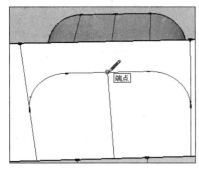
图 7-125 创建大门平面

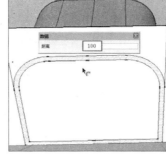
图 7-126 创建大门门框

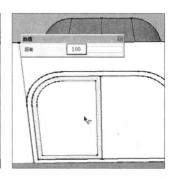
图 7-127 制作门页边框

03 选择门页边线将其拆分为 3 段，如图 7-128 所示。

04 通过【直线】工具以及线段的移动复制创建好中部分割木方平面，如图 7-129 所示。

05 启用【推/拉】工具制作木方厚度细节，如图 7-130 所示。

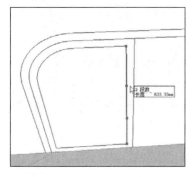
图 7-128 3 拆分大门边线

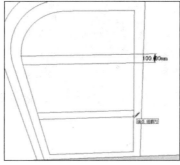
图 7-129 创建中部分割木方平面

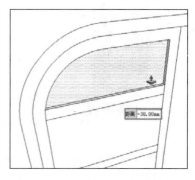
图 7-130 创建木方厚度细节

06 选择内部平面，启用【缩放】工具调整出斜面细节，如图 7-131 所示。

07 选择其他内部平面，重复缩放操作完成门页效果，如图 7-132 所示。

08 启用【推/拉】工具制作门框厚度，如图 7-133 所示。

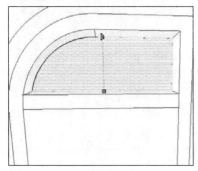
图 7-131 调整出斜面细节

图 7-132 门页完成效果

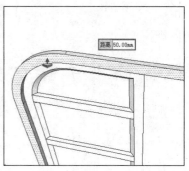
图 7-133 制作门框厚度

09 打开【材料】面板，制作并赋予门框与门页外框木纹材质，如图 7-134 所示。效果如图 7-135 所示。
10 为门页内部平面制作并赋予木板材质，如图 7-136 所示。

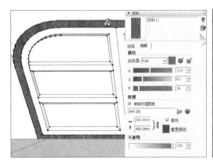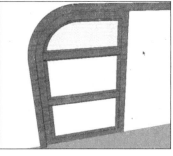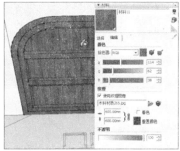

图 7-134 赋予门框与门页外围材质　　　　图 7-135 当前大门效果　　　　图 7-136 赋予门页内部木板材质

11 选择制作的门页，将其单独创建为【组】，如图 7-137 所示。
12 复制门页并镜像调整好位置，如图 7-138 所示。
13 打开【组件】面板合并门钉，然后放置好位置，如图 7-139 所示。

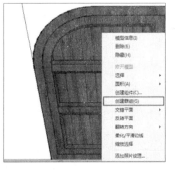

图 7-137 将门页单独创建为组　　　　图 7-138 复制并镜像调整门页　　　　图 7-139 合并并放置门钉

14 向下复制门钉，如图 7-140 所示。然后复制出右侧的门钉并通过镜像调整好位置，如图 7-141 所示。
15 通过以上步骤，大门即已制作完成，其效果如图 7-142 所示。

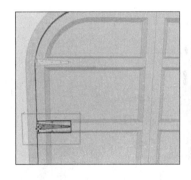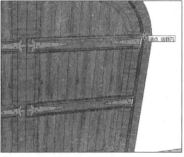

图 7-140 复制门钉　　　　图 7-141 复制并镜像调整右侧门钉　　　　图 7-142 完成大门效果

16 此时场景整体效果如图 7-143 与图 7-144 所示。

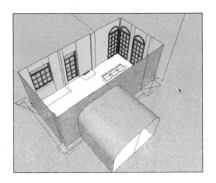

图 7-143　当前模型完成效果 1

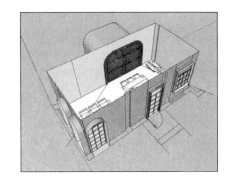

图 7-144　当前模型完成效果 2

7.5 细化厨房

7.5.1 制作高细节厨柜

01 参考图样，启用【直线】工具分割出厨柜平面，如图 7-145 所示。然后将其单独创建为【组】，如图 7-146 所示。

02 启用【推/拉】工具，捕捉窗台高度制作挡墙高度，如图 7-147 所示。

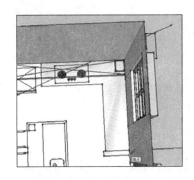

图 7-145　分割厨柜平面

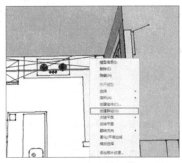

图 7-146　创建组

图 7-147　推拉挡墙高度

03 启用【推/拉】工具制作厨柜高度，如图 7-148 所示。

04 结合线的移动复制与【推/拉】工具制作厨柜底部细节，如图 7-149 与图 7-150 所示。

图 7-148　推拉厨柜高度

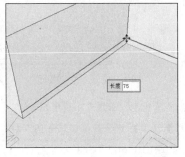

图 7-149　移动复制下方边线

图 7-150　向内推入 75mm

05 结合线的移动复制与【推/拉】工具制作厨柜柜面细节，如图7-151与图7-152所示。

06 经过以上步骤，完成厨柜轮廓效果，如图7-153所示。接下来细化柜面。

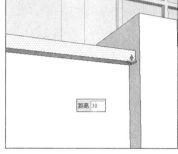

图 7-151　移动复制上方边线　　　　图 7-152　向外拉出30mm　　　　图 7-153　厨柜轮廓完成效果

07 选择底部边线拆分为4段，如图7-154所示。

08 启用【直线】工具分割好柜面，然后调整好间隔距离，如图7-155与图7-156所示。

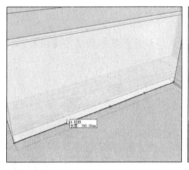
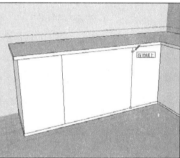
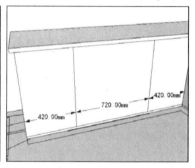

图 7-154　将底部边线拆分为4段　　　　图 7-155　分割柜面　　　　图 7-156 调整分割间距

09 选择分割线段拆分为5段，如图7-157所示。

10 启用【直线】工具分割柜面与缝隙细节，如7-158与图7-159所示。

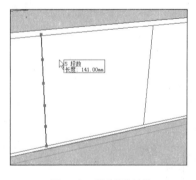

图 7-157　拆分竖向边线　　　　图 7-158　分割中部柜面　　　　图 7-159　制作缝隙平面细节

11 打开【材料】面板赋予柜面金属材质，如图7-160所示。

12 结合使用【推/拉】与【偏移】工具制作柜面细节，如图7-161与图7-162所示。

13 启用【圆】工具分割圆形旋钮平面，如图7-163所示。

14 结合使用【推/拉】与【直线】工具制作旋钮细节，完成效果如图7-164所示。

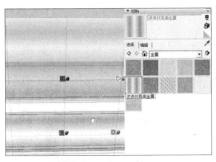

图 7-160　赋予柜面金属材质

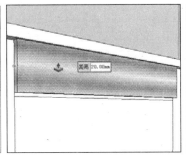

图 7-161　推拉制作 20mm 厚度

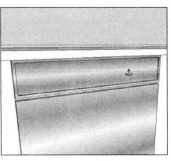

图 7-162　制作柜面细节

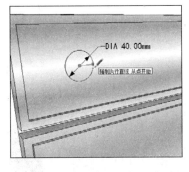

图 7-163　制作圆形旋钮分割面

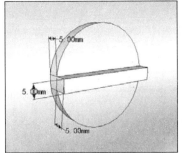

图 7-164　制作旋钮细节

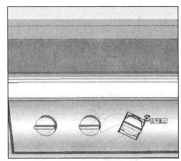

图 7-165　制作左侧旋钮

15　复制并旋转旋钮，制作左侧旋钮，效果如图 7-165 所示。

16　复制并缩小旋钮，制作右侧旋钮，效果如图 7-166 所示。

17　启用【矩形】工具分割窗口平面，如图 7-167 所示。通过中点捕捉对齐，如图 7-168 所示。

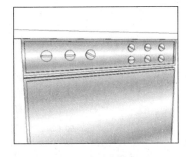

图 7-166　制作右侧旋钮

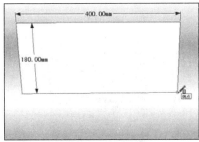

图 7-167　绘制矩形分割面

图 7-168　捕捉中点进行横向对齐

18　结合使用【偏移】与【推/拉】工具制作窗口模型细节，完成效果如图 7-169 所示。

19　打开【材料】面板，赋予窗口边框黑色材质，内部平面半透明材质，完成效果如图 7-170 所示。

20　启用【矩形】工具分割拉手平面，如图 7-171 所示。

21　启用【推/拉】工具制作拉手厚度，如图 7-172 所示。

22　结合【卷尺】工具与【圆弧】工具处理拉手角点圆弧细节，如图 7-173 所示。

23　启用【推/拉】工具推空形成 3D 圆角效果，如图 7-174 所示。

24　结合使用【偏移】与【推/拉】工具完成拉手细节制作，效果如图 7-175 所示。

25　通过类似方法制作中部柜面最下方细节，完成效果如图 7-176 所示。接下来细化两侧柜门等细节。

26　通过线段的移动复制，制作出 50mm 的边框厚度，如图 7-177 所示。

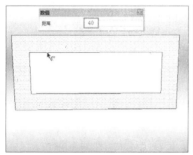

图 7-169　制作 40mm 边框

图 7-170　赋予边框材质

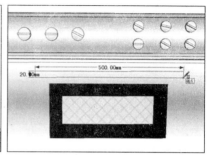

图 7-171　绘制拉手矩形平面

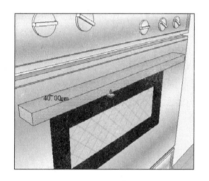

图 7-172　制作拉手厚度

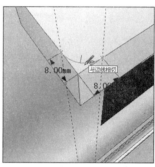

图 7-173　处理拉手角点圆弧细节

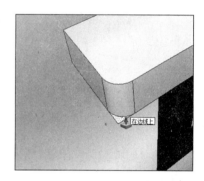

图 7-174　推拉出 3D 圆角

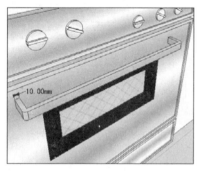

图 7-175　完成拉手细节制作

图 7-176　中部柜面细化完成

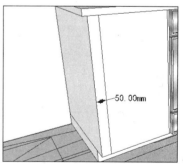

图 7-177　制作边框厚度

27　启用【直线】工具确定好上下分割线，如图 7-178 所示。

28　启用【推/拉】工具向内推入 50mm，如图 7-179 所示。

29　选择底部矩形平面单独创建为【组】，如图 7-180 所示。

30　启用【推/拉】工具制作 5mm 厚度，如图 7-181 所示。然后使用【缩放】工具制作斜面，如图 7-182 所示。

31　启用【圆】工具在内部绘制圆形分割面，如图 7-183 所示。

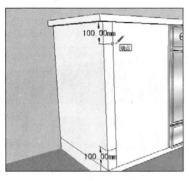

图 7-178　绘制上下分割线

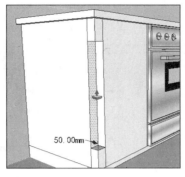

图 7-179　向内推入 50mm

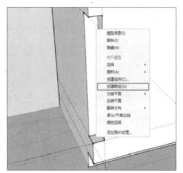

图 7-180　将矩形平面单独创建为组

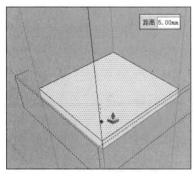

图 7-181　推拉 5mm 厚度

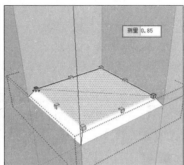

图 7-182　缩放形成斜面

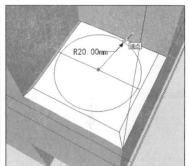

图 7-183　绘制圆形分割面

32 启用【推/拉】工具，通过复制推拉制作分段，如图 7-184 所示。

33 选择中部分割面，启用【联合推拉】向外制作 3mm 长度，如图 7-185 所示。

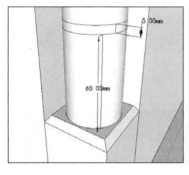

图 7-184　制作分段

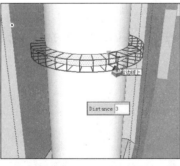

图 7-185　制作外出长度

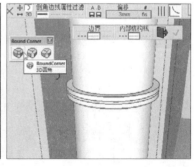

图 7-186　制作 3mm3D 圆角

34 选择突出的模型面，启用【3D 圆角】工具进行处理，如图 7-186 所示，处理完成效果如图 7-187 所示。

35 使用类似方法制作上部圆柱细节，完成效果如图 7-188 所示。

36 打开【材料】面板赋予柜面与之前大门相同的木纹材质。

37 启用【直线】工具拆分柜门，然后将线段拆分为 4 段，如图 7-189 所示。

38 启用【直线】工具捕捉拆分点分割柜门平面，如图 7-190 所示。

39 通过线段的移动复制制作柜门缝隙，然后启用【推/拉】工具制作 15mm 柜门厚度，如图 7-191 所示。

40 选择柜门最外侧平面单独创建为【组】，如图 7-192 所示。

41 启用【推/拉】工具再次推拉出 5mm 厚度，然后启用【缩放】工具制作斜面效果，如图 7-193 所示。

42 启用【偏移】工具向内偏移 35mm，如图 7-194 所示。

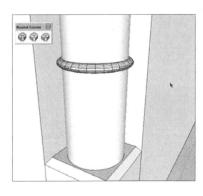

图 7-187　3D 圆角完成效果

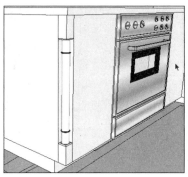

图 7-188　完成立柱效果

图 7-189　绘制中线并 4 拆分

图 7-190　捕捉拆分点分割平面

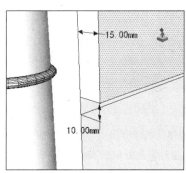

图 7-191　制作缝隙平面与柜面厚度

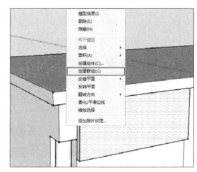

图 7-192　创建组

43 启用【推/拉】工具将内部分割面推出 5mm，再启用【缩放】工具制作、斜面效果，如图 7-195 所示。

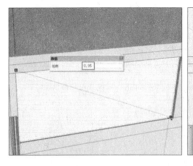

图 7-193　制作斜面效果

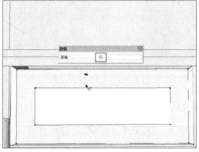

图 7-194　向内偏移 35mm

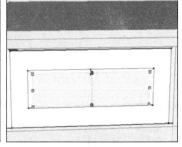

图 7-195　制作斜面效果

44 柜面细节制作完成后，打开【组件】面板合并拉手模型，然后放置好位置，如图 7-196 所示。

45 捕捉拆分点复制柜门与拉手模型至中部，如图 7-197 所示。

46 复制柜门至下方柜面，然后通过【缩放】工具调整长度，如图 7-198 所示。

47 经过以上步骤，完成厨柜左侧柜面当前细节效果如图 7-199 所示。

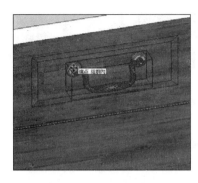

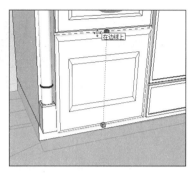

图 7-196　合并并放置拉手　　　　图 7-197　复制柜面与拉手至中部　　　　图 7-198　复制并调整下方柜面

48 复制柜门与拉手至右侧柜面，快速制作右侧效果，如图 7-200 与图 7-201 所示。

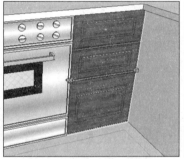

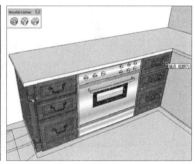

图 7-199　完成左侧柜面细节效果　　　图 7-200　复制柜面至右侧并调整　　　　图 7-201　复制拉手模型

49 结合使用【偏移】与【推/拉】工具制作左侧面板，效果如图 7-202 所示。接下来制作右边厨柜细节。

50 结合线的移动复制与【推/拉】工具在挡墙左侧制作大小相同的空隙，如图 7-203 所示。

51 复制立柱至空隙处，然后通过捕捉放至合适的位置，如图 7-204 所示。

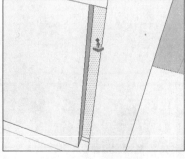

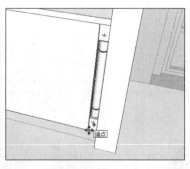

图 7-202　处理左侧面板细节　　　　图 7-203　制作同等大小空隙　　　　图 7-204　复制并放置立柱细节

52 选择底部边线折分为 4 段，如图 7-205 所示。然后通过线的移动复制完成柜面与缝隙分割面，如图 7-206 所示。

53 复制之前制作的细节柜门，对齐位置后调整大小，如图 7-207 所示。

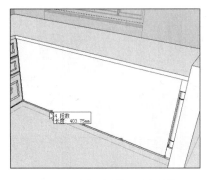

图 7-205　4 拆分右侧柜面底部边线

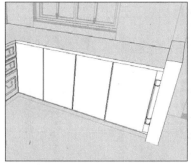

图 7-206　制作柜面与缝隙分割

图 7-207　复制并调整柜面

54 合并拉手模型并放置好位置，如图 7-208 所示。然后复制出其他相同的柜门与拉手。接下来处理柜台效果。

55 启用【推/拉】工具将柜台台面向上推拉复制 5mm，如图 7-209 所示。

56 选择前方边线启用【3D 圆角】工具，如图 7-210 所示。

图 7-208　合并并放置拉手

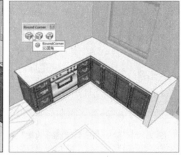

图 7-209　复制推拉 5mm 柜面厚度

图 7-210　圆角处理柜面边线

57 调整好 3D 圆角参数，如图 7-211 所示，完成效果如图 7-212 所示。

58 打开【组件】面板，合并燃气灶并放置到合适位置，如图 7-213 所示。

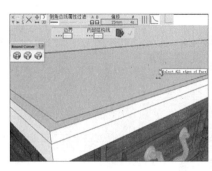

图 7-211　设置 3D 圆角参数

图 7-212　完成柜面圆角效果

图 7-213　合并燃气灶模型

59 打开【材料】面板赋予右侧挡墙石材，如图 7-214 所示。

60 厨柜制作完成，接下来制作上方的抽油烟机模型。

7.5.2 制作高细节抽油烟机

01 启用【直线】工具参考厨柜柜面创建分割线，如图 7-215 所示。

02 通过线段的移动复制，创建其他分割线，如图 7-216 所示。

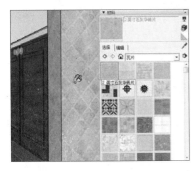
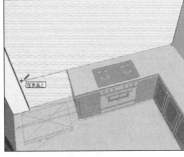
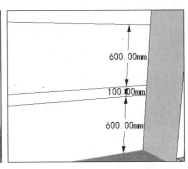

图 7-214　赋予挡墙石材　　　　　图 7-215　参考厨柜进行分割　　　　图 7-216　创建其他分割线

03 选择中部的分割线将其拆分为 7 段，如图 7-217 所示。然后启用【直线】工具分割抽油烟机与吊柜平面，如图 7-218 所示。

04 选择抽油烟机平面，将其单独创建为【组】，如图 7-219 所示。

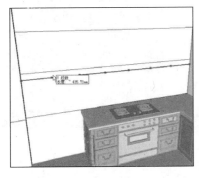
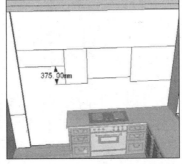
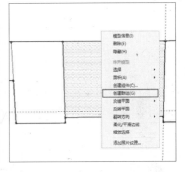

图 7-217　将分割线拆分为 7 段　　　图 7-218　分割抽油烟机与吊柜平面　　图 7-219　将抽油烟机创建为组

05 启用【推/拉】工具捕捉柜台平面制作抽油烟机宽度，如图 7-220 所示。

06 选择底部线段并将其向上以 50mm 的高度移动复制，如图 7-221 所示。

07 选择顶部平面，然后启用【缩放】工具等比例缩放制作斜坡，如图 7-222 所示。

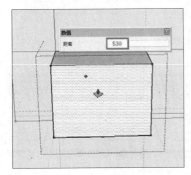
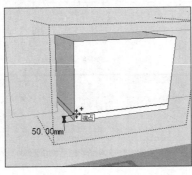
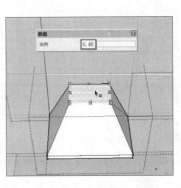

图 7-220　推拉厚度　　　　　图 7-221　移动复制底部线段　　　　图 7-222　制作斜坡

08 进行单轴缩放加大前方斜度，制作完成的抽油烟机轮廓如图 7-223 所示。

09 选择底部边线，通过移动复制制作边框细节分割面，如图 7-224 所示。

10 启用【推/拉】工具将分割面向内推入 5mm，制作边框细节，如图 7-225 所示。

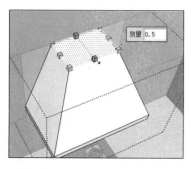
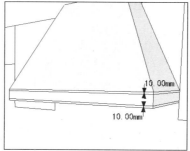
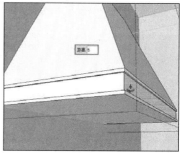

图 7-223 单轴缩放加大前方斜度　　　图 7-224 制作边框细节分割面　　　图 7-225 推拉出边框细节

11 打开【材料】面板，赋予边框细节材质，完成效果如图 7-226 所示。

12 制作并赋予抽油烟机整体黄色泥墙材质，如图 7-227 所示。

13 启用【直线】工具制作顶部分割面，然后赋予木纹材质，完成效果如图 7-228 所示。

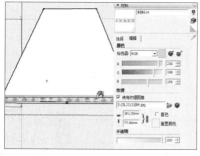
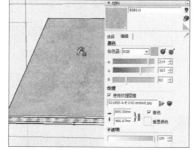
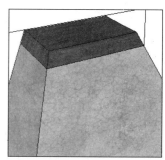

图 7-226 赋予边框细节材质　　　图 7-227 赋予整体黄色泥墙材质　　　图 7-228 制作顶部细节

14 结合使用【偏移】与【推/拉】工具推空底面，如图 7-229 所示。

15 结合使用【圆】工具与【推/拉】工具制作内部圆柱形网罩轮廓，如图 7-230 所示。

16 选择底部平面，启用【缩放】工具制作锥形细节，如图 7-231 所示。

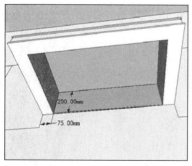
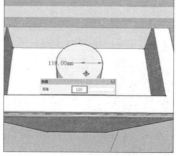
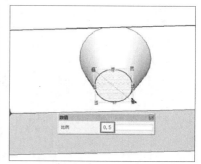

图 7-229 推空底面　　　图 7-230 制作内部圆柱形网罩轮廓　　　图 7-231 制作锥形细节

17 启用【推/拉】工具，通过推拉复制制作底部轮廓，如图 7-232 所示。

18　选择中部线段，启用【缩放】工具制作网罩底部细节，如图 7-233 所示。

19　打开【材料】面板，赋予内部模型面金属材质，赋予网罩金属网格材质，完成效果如图 7-234 所示。

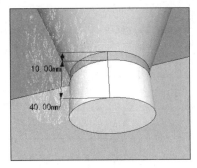

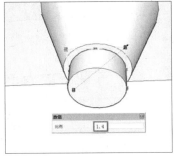

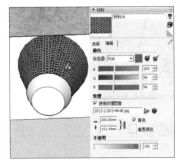

图 7-232　制作底部轮廓　　　　　　图 7-233　制作网罩底部细节　　　　图 7-234　赋予内部模型对应材质

20　选择金属网罩并单独创建为【组】，如图 7-235 所示。

21　选择内部模型，启用【缩放】工具调整为斜面造型，如图 7-236 所示。

22　经过以上步骤，抽油烟机细化即已完成，效果如图 7-237 所示。接下来制作吊柜模型。

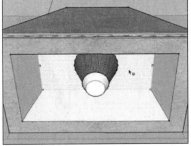

图 7-235　选择网罩单独创建为组　　　图 7-236　缩放内部模型形成斜面　　　图 7-237　完成抽油机细化效果

7.5.3　制作高细节吊柜

01　启用【推/拉】工具制作吊柜厚度，如图 7-238 所示。

02　启用【矩形】工具制作顶部角线平面，然后分割好细节，如图 7-239 所示。

03　启用【圆弧】工具，细化角线平面，如图 7-240 所示。

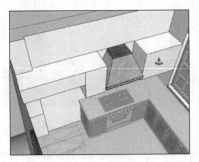

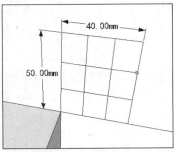

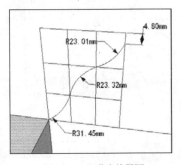

图 7-238　制作吊柜厚度　　　　　　图 7-239　制作顶部角线平面　　　　　图 7-240　细化角线平面

04　启用【路径跟随】工具，制作顶部角线，如图 7-241 所示。

05 启用【矩形】工具对顶部封面，如图 7-242 所示。经过以上步骤，完成的吊柜效果如图 7-243 所示。

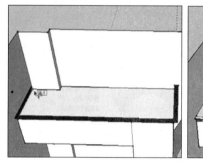 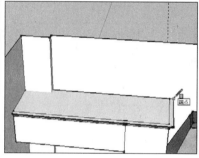 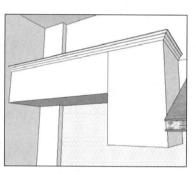

图 7-241　制作顶部角线　　　　　　图 7-242　对顶部封面　　　　　　图 7-243　完成吊柜效果

06 启用【直线】工具分割吊柜柜面，然后启用【推/拉】工具调整柜面长度，如图 7-244 所示。

07 使用前面介绍过的方法，逐步制作柜门边缘与内部细节，如图 7-245 与图 7-246 所示。

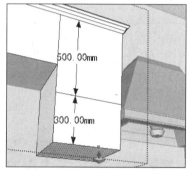 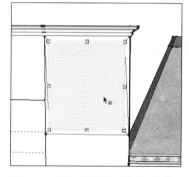 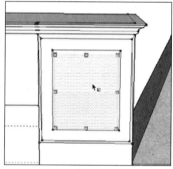

图 7-244　分割并调整柜面长度　　图 7-245　制作上部柜门边缘斜面细节　图 7-246　制作上部柜门内部斜面细节

08 选择下方边线，启用【偏移】工具制作出 15mm 的边框，如图 7-247 所示。

09 启用【推/拉】工具推空内部分割面，如图 7-248 所示。

10 启用【圆弧】工具制作侧面分割细节，如图 7-249 所示。接下来制作厨房吊柜等细节。

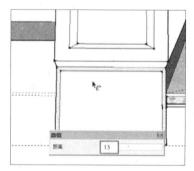 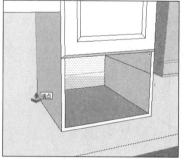 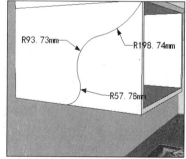

图 7-247　制作底部边框　　　　　图 7-248　推空内部分割面　　　　　图 7-249　制作侧面分割细节

11 启用【推/拉】工具制作侧面造型，如图 7-250 所示。然后调整底板长度，完成效果如图 7-251 所示。

12 打开【材料】面板，赋予其木纹材质，并放置拉手模型，完成效果如图 7-252 所示。

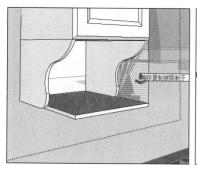

图 7-250　推空形成侧面造型

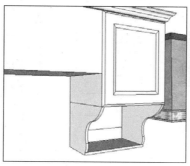

图 7-251　调整底板长度

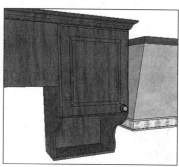

图 7-252　赋予材质并合并拉手

13 启用【直线】工具分割左侧面板，如图 7-253 所示，然后细化造型，如图 7-254 所示。

14 复制细化好的柜面与拉手，完成左侧吊柜整体效果，如图 7-255 所示。

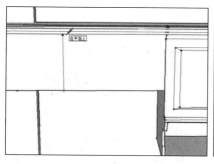

图 7-253　分割左侧柜面

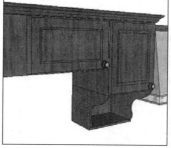

图 7-254　细化柜面

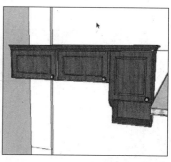

图 7-255　完成左侧整体吊柜效果

15 启用【直线】工具平分右侧柜面，如图 7-256 所示，然后细化造型，如图 7-257 所示。

16 经过以上步骤，吊柜完成后的效果如图 7-258 所示。接下来制作搁物架。

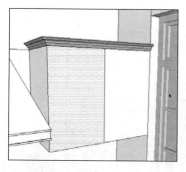
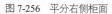

图 7-256　平分右侧柜面

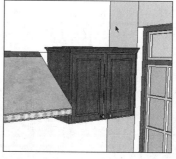

图 7-257　细化右侧柜面

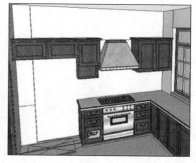

图 7-258　吊柜完成效果

7.5.4 制作搁物架

01 启用【直线】工具，参考吊柜高度分割墙面，如图 7-259 所示。

02 启用【矩形】工具，确定搁物架平面，如图 7-260 所示。

03 启用【推/拉】工具制作 240mm 的厚度，如图 7-261 所示。

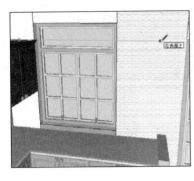

图 7-259　分割墙面

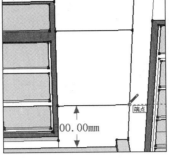

图 7-260　确定搁物架平面

图 7-261　制作搁物架厚度

04 选择右侧边线，将其拆分为 3 段，如图 7-262 所示。

05 选择边线，启用【偏移】工具制作边框平面，如图 7-263 所示。

06 启用【推/拉】工具制作出搁板造型，如图 7-264 所示。

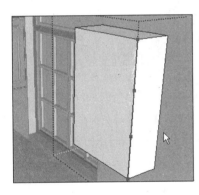

图 7-262　拆分边线为 3 段

图 7-263　制作边框平面

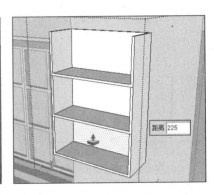

图 7-264　推空形成搁板

07 启用【圆弧】工具制作侧面造型平面，如图 7-265 所示。

08 启用【推/拉】工具制作侧板造型，如图 7-266 所示。

09 使用相同方法制作其他侧板，然后赋予整体木纹材质，完成的整体效果如 7-267 所示。

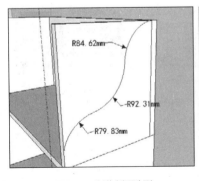

图 7-265　制作侧面造型

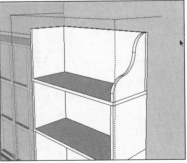

图 7-266　推空形成侧板

图 7-267　制作整体细节并赋予材质

10 打开【材料】面板赋予厨柜上方墙面石材，如图 7-268 所示。当前厨房细化完成效果如 7-269 所示。

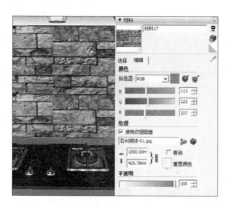

图 7-268　赋予墙面石材

图 7-269　完成厨房细化效果

7.6 细化便餐台

01　参考图样，启用【矩形】工具创建便餐台平面，如图 7-270 所示。

02　将分割平面单独创建为【组】，如图 7-271 所示。然后启用【推/拉】工具通过推拉复制制作高度细节，如图 7-272 所示。

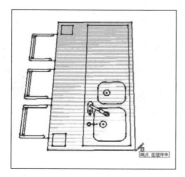

图 7-270　创建便餐台平面

图 7-271　将平面单独创建为组

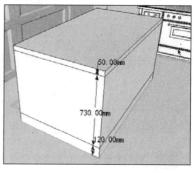

图 7-272　推拉复制高度细节

03　选择上部模型将其单独创建为【组】，如图 7-273 所示。

04　启用【矩形】工具在底部角点创建角线平面，如图 7-274 所示。

05　启用【圆弧】工具制作角线细节，如图 7-275 所示。

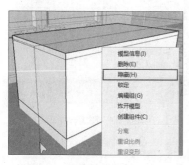

图 7-273　创建上部模型为组

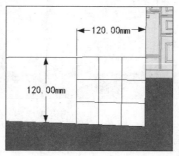

图 7-274　创建角线平面

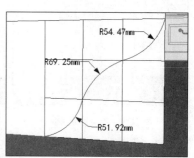

图 7-275　创建角线细节

06　启用【路径跟随】工具制作底部角线，如图 7-276 所示。

07 分割好侧面细节，然后启用【推/拉】工具制作深度，如图 7-277 所示。

08 复制立柱并调整好位置与造型，如图 7-278 所示。

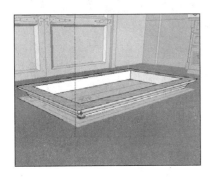

图 7-276　制作底部角线

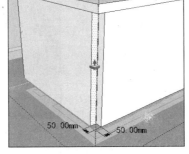

图 7-277　分割侧面并制作深度

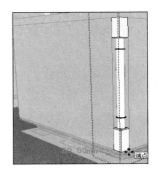

图 7-278　复制并调整立柱

09 通过相同方法制作另外三个角立柱，如图 7-279 所示。

10 选择底部线段拆分为 4 段，如图 7-280 所示。

11 通过线段移动复制在左侧制作 50mm 边框，然后启用【直线】工具分割好面板，如图 7-281 所示。

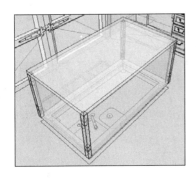

图 7-279　制作另外三个角立柱

图 7-280　将底部边线拆分为 4 段

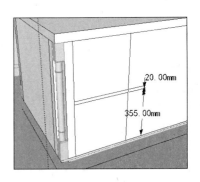

图 7-281　分割左侧柜面细节

12 启用【推/拉】工具推空形成搁板，如 7-282 所示。

13 重复类似操作，推空左侧侧板平面，完成效果如图 7-283 所示。

14 重复相同操作制作右边的相同细节，完成效果如图 7-284 所示。

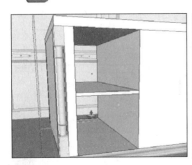

图 7-282　推空形成搁板

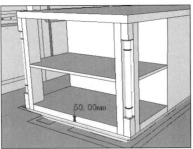

图 7-283　推空左侧平面

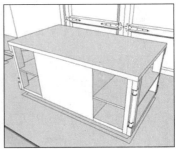

图 7-284　制作右侧细节

15 启用【直线】工具拆分中部平面，如图 7-285 所示。

16 选择分割线将其拆分为 3 段，如图 7-286 所示。然后启用【直线】工具分割出柜门平面，如图 7-287 所示。

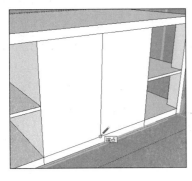

图 7-285　拆分中部柜板

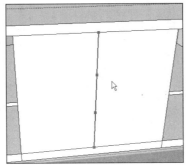

图 7-286　3 拆分中部分割线

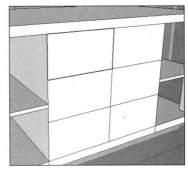

图 7-287　分割柜面

17 重复之前的操作制作柜门细节，然后复制并放置好拉手模型，如图 7-288 所示。

18 复制制作柜门与拉手，完成便餐台单侧细节效果如图 7-289 所示。

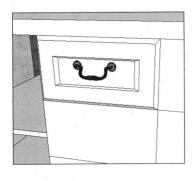

图 7-288　制作柜面细节并复制拉手

图 7-289　完成便餐台单侧细节制作

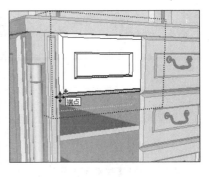

图 7-290　复制柜门至左侧

19 复制柜门至左侧，然后通过线段的移动调整长度，如图 7-290 与图 7-291 所示。

20 复制拉手模型并放置好位置，然后细化好侧板造型，完成效果如图 7-292 所示。

21 复制制作的中部柜门与拉手至背面，然后通过镜像调整好朝向，完成效果如图 7-293 所示。接下来细化上部柜面细节。

图 7-291　调整柜门长度

图 7-292　细化侧板造型

图 7-293　便餐台背面完成效果

22 选择参考图样通过捕捉移动至柜面，调整高度，如图 7-294 所示。

23 启用【矩形】工具，参考图样分割好柜面，如图 7-295 所示。

24 结合使用【推/拉】与【缩放】工具制作柜面凹陷与斜面细节，完成效果如图 7-296 所示。

25 打开【组件】面板合并"洗菜盆"模型，放置好位置后通过缩放工具调整好大小，如图 7-297 所示。

26 启用【矩形】工具绘制好分割面，如图 7-298 所示。

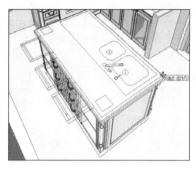

图 7-294　调整参考图样高度

图 7-295　参考图样分割柜面

图 7-296　制作柜面凹陷与斜面细节

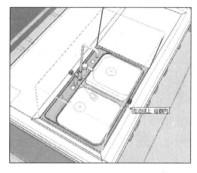

图 7-297　合并缩放洗菜盆

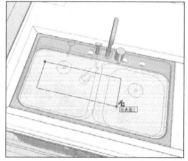

图 7-298　创建分割面

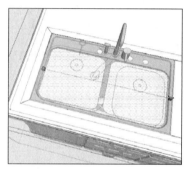

图 7-299　调整分割面

27　使用【缩放】工具调整分割面，如图 7-299 所示。然后删除分割面，完成效果如图 7-300 所示。

28　经过以上步骤，完成的便餐台效果如图 7-301 所示。当前空间细节效果如图 7-302 所示。

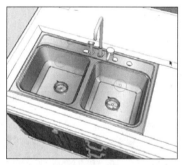

图 7-300　删除分割面

图 7-301　完成便餐台效果

图 7-302　当前空间细节效果

7.7　细化餐厅

7.7.1 合并电视柜与餐桌椅

01　餐厅区域平面布置细节如图 7-303 所示，首先通过【组件】面板合并电视柜，然后调整好造型大小，如图 7-304 所示。

02 打开【材料】面板，更换电视柜木纹至与厨柜木纹一致，如图 7-305 所示。

  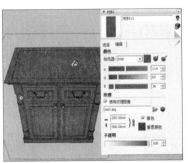

图 7-303　餐厅区域平面布置细节　　　　图 7-304　合并并调整电视柜　　　　图 7-305　调整电视柜材质细节

03 经过材质调整后的电视柜效果如图 7-306 所示。

04 完成电视柜调整后，再合并餐桌椅，完成效果如图 7-307 所示。

图 7-306　完成材质调整效果　　　　　　　　　　图 7-307　合并餐桌椅

7.7.2 细化柜子

01 通过线段的移动复制，确定柜子的高度，如图 7-308 所示。

02 启用【推/拉】工具，参考图样确定柜子的深度，如图 7-309 所示。

03 选择底部平面单独创建为【组】，如图 7-310 所示。接下来细化造型。

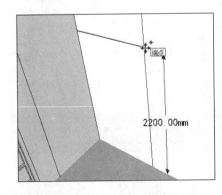 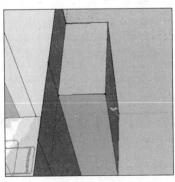 

图 7-308　确定柜子高度　　　　　　图 7-309　确定柜子深度　　　　　图 7-310　将底面单独创建为组

04 选择底部平面，启用【推/拉】工具经过多次复制推拉确定结构，如图 7-311 所示。

05 使用与之前类似的方法，细化柜子边框造型，完成效果如图 7-312 所示。

06 结合【推/拉】与【偏移】工具细化底部柜门，然后复制拉手，完成效果如图 7-313 所示。

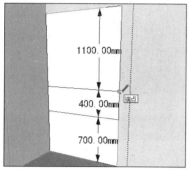

图 7-311　确定结构

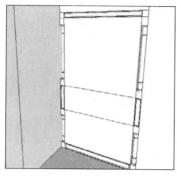

图 7-312　细化边框造型

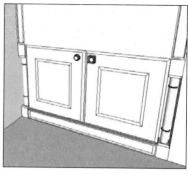

图 7-313　制作底部柜门并复制拉手

07 通过线段的移动复制制作中部框架平面，如图 7-314 所示。

08 结合使用【直线】、【偏移】以及【推/拉】工具制作中部细节单元，如图 7-315 所示。

09 删除多余平面，然后复制单元格，完成中部细化效果如图 7-316 所示。

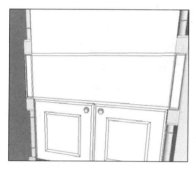

图 7-314　制作中部框架平面

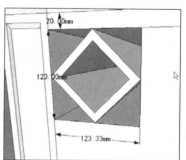

图 7-315　制作中部细节单元

图 7-316 完成中部细化效果

10 启用【直线】工具拆分上部柜面，如图 7-317 所示。

11 启用【推/拉】工具将分割好的柜面向内推入 15mm 并创建为组，如图 7-318 所示。

12 结合使用【推/拉】与【偏移】工具细化柜面造型，然后复制拉手，完成效果如图 7-319 所示。

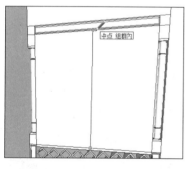

图 7-317　拆分上部柜面

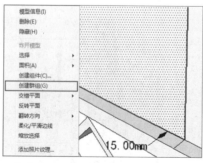

图 7-318　向内推入柜面并创建为组

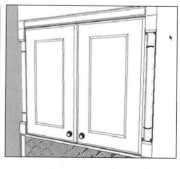

图 7-319　细化柜面并复制拉手

13 打开【材料】面板，赋予柜门对应材质，完成效果如图 7-320 所示。

14 隐藏上部柜门，然后制作内部细节如图 7-321 所示。

15 内部细节制作完成后，显示上部柜门，完成柜子效果如图 7-322 所示。

图 7-320 赋予上部柜门材质

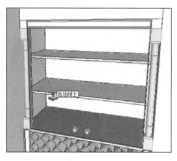

图 7-321 制作柜子上方内部细节

图 7-322 完成柜子制作效果

16 经过以上步骤，完成后的效果如图 7-323 与图 7-324 所示。

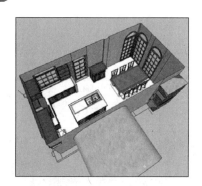

图 7-323 当前空间效果 1

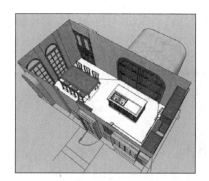

图 7-324 当前空间效果 2

7.8 处理地面与顶棚细节

7.8.1 处理地面细节

01 启用【矩形】工具参考图样初步分割厨房地面，如图 7-325 所示。

02 通过线段的调整确定分割位置，如图 7-326 所示。

03 启用【偏移】工具制作中部分割面，如图 7-327 所示。

图 7-325 分割厨房地面

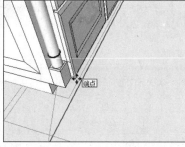

图 7-326 调整分割线位置

图 7-327 制作中部分割面

04 地面细分创建完成后，打开【材料】面板赋予各部分对应材质，如图 7-328~图 7-330 所示。

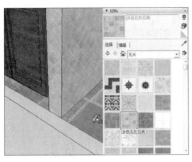

图 7-328　赋予外围石材

图 7-329　赋予中部马赛克材质

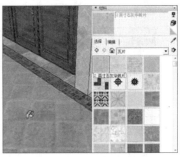

图 7-330　赋予内部菱形石材

05 打开【组件】面板，合并餐桌椅下方的地毯模型，完成效果如图 7-331 所示。接下来制作踢脚线。

06 隐藏电视柜等模型，选择墙体底部边线，如图 7-332 所示。

07 向上以 100mm 的距离移动复制制作踢脚线分割面，如图 7-333 所示。

图 7-331　合并餐厅处地毯

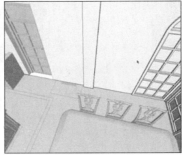

图 7-332　选择墙面底部边线

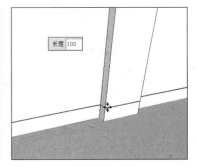

图 7-333　制作踢脚线分割面

08 赋予平面木纹材质，然后启用【推/拉】工具制作 20mm 的厚度，如图 7-334 所示。

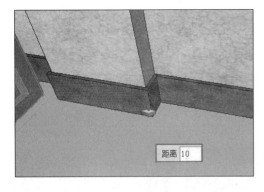

图 7-334　赋予材质并制作踢脚线厚度

图 7-335　当前案例效果

经过以上步骤，当前案例效果如图 7-335 所示。

7.8.2 处理顶棚

01 切换至【俯视图】，启用【直线】工具分割好天花板，如图 7-336 所示。

02 启用【推/拉】工具选择餐厅区域天花板，向下推拉 200mm，如图 7-337 所示。

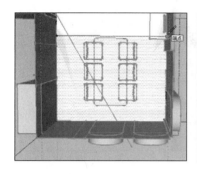

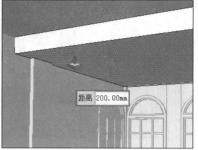

图 7-336　分割天花板　　　　　图 7-337　向下推拉餐厅区域 200mm　　　图 7-338　创建分割线并 4 拆分

03 启用【直线】工具绘制厨房上部天花板平分线，然后将其拆分为 4 段，如图 7-338 所示。

04 启用【直线】工具捕捉拆分点，创建宽度为 150mm 的木方平面，如图 7-339 所示。

05 赋予木方平面木纹材质，然后启用【推/拉】工具制作 150mm 的厚度，如图 7-340 所示。

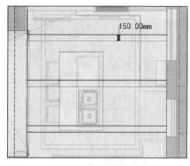

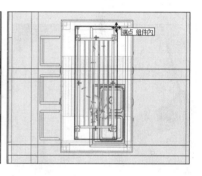

图 7-339　制作木方平面　　　　图 7-340　推拉制作木方厚芡　　　图 7-341　合并便餐台吊顶模型

06 打开【组件】面板合并便餐台上方的吊顶模型，然后调整高度，如图 7-341~图 7-343 所示。

07 结合使用【圆】、【偏移】以及【推/拉】工具制作圆形筒灯，如图 7-344 所示。

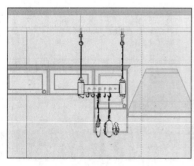

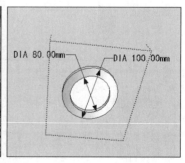

图 7-342　调整高度　　　　　图 7-343　合并完成效果　　　　图 7-344　制作圆形筒灯

08 切换至【俯视图】复制筒灯，如图 7-345 所示。

09 经过以上步骤，完成厨房吊灯效果，如图 7-346 所示。

10 启用【矩形】工具绘制风口平面，如图 7-347 所示。

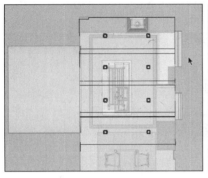

图 7-345　复制筒灯

图 7-346　完成吊灯效果

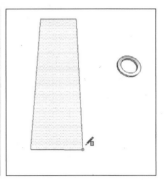

图 7-347　创建出风口平面

11　使用【偏移】以及【推/拉】工具制作出风口细节，然后打开【材料】面板赋予内部金属网格材质，完成效果如图 7-348 所示。

12　打开【材料】面板赋予餐厅吊顶木板材质，然后调整好贴图效果，如图 7-349 所示。

13　打开【组件】面板合并餐厅吊灯模型，调整至图 7-350 所示位置。

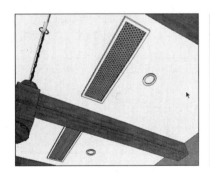

图 7-348　制作出风口并赋予材质

图 7-349　赋予餐厅吊顶木板材质

图 7-350　合并吊灯并调整位置

14　启用【直线】工具，在餐厅吊顶分割出窗帘放置口平面，如图 7-351 所示。

15　启用【推/拉】工具制作放置口深度，如图 7-352 所示。

16　打开【组件】面板合并窗帘模型，调整好大小后通过复制完成效果如图 7-353 所示。

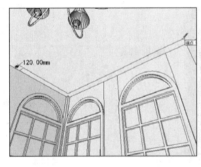

图 7-351　分割窗帘放置口平面

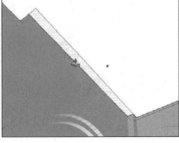

图 7-352　推拉深度

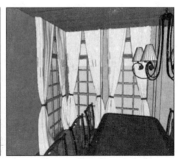

图 7-353　合并并复制窗帘

17　经过以上步骤，完成当前空间餐厅与厨房效果分别如图 7-354 与图 7-355 所示。

图 7-354　餐厅当前效果

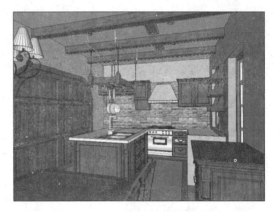

图 7-355　厨房当前效果

7.9 完成最终效果

01 打开【组件】面板，合并与厨柜相关的炊具、餐具以及食物等，如图 7-356~图 7-358 所示。

图 7-356　合并双门冰箱

图 7-357　合并炊具以及餐具等模型

图 7-358　合并食品以及刀具等模型

02 打开【组件】面板，合并便餐台相关的餐具、炊具、食物以及酒具模型，如图 7-359~图 7-361 所示。

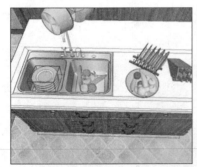

图 7-359　合并盘子以及水果等模型

图 7-360　合并吧椅模型

图 7-361　合并酒架以及酒具等模型

03 打开【组件】面板，合并电视柜与餐桌上的相关物品，如图 7-362 与图 7-363 所示。

04 打开【组件】面板，合并柜子相关的物品，如图 7-364 与图 7-365 所示。

图 7-362　合并相框以及书本等模型

图 7-363　合并碗碟以及烛台等模型

图 7-364　合并酒瓶

图 7-365　合并酒具与碗碟等模型

图 7-366　合并相框至前方墙面

图 7-367　合并相框与盆栽

05 最后再合并相框以及盆栽等物品，如图 7-366~图 7-368 所示。完成空间的最终效果，此时的餐厅效果如图 7-369 示。

图 7-368　合并相框至后方墙体

图 7-369　完成餐厅布置效果

06 空间其他效果参考图 7-9~图 7-21 所示，对于全景效果的制作可以先移开对应的墙体与天花板，如图 7-370 所示，然后进行全景取景，如图 7-371 所示。

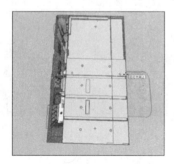

图 7-370　调整墙体与天花板位置

图 7-371　获得效果较理想的全景观察效果

第 8 章

欧式新古典别墅空间设计与表现

欧式新古典主义风格简约大气、高雅唯美，结合了怀古的浪漫情怀与现代人对生活的需求，兼容华贵与时尚，与欧式古典风格和而不同。

本章将通过细化欧式新古典主义风格的楼梯、阳台、顶棚等室内元素，反映出后工业时代个性化的美学观点和文化品位。

8.1 欧式新古典风格概述

　　欧式新古典主义的设计风格是经过改良的欧式古典主义风格。欧洲文化丰富的艺术底蕴，开放、创新的设计思想及其尊贵的姿容，一直以来都颇受人们喜爱与追求。而新古典风格一方面保留了欧式古典风格在材质、色彩上的优点，体现了该风格的历史痕迹与浑厚的文化底蕴，同时又简化了过于复杂的造型直线、肌理以及装饰，表达出强烈的时代感。典型的新古典欧式风格效果如图8-1与图8-2所示。

图 8-1　典型新古典欧式客厅效果

图 8-2　典型新古典欧式餐厅效果

　　新古典欧式风格家具极具特征：式样精炼、简朴、雅致，做工讲究，装饰文雅；曲线少，平直表面多，显得更加轻盈优雅。通过细节处的直线雕刻、富有西方风情的陈设配饰品的搭配，来营造出欧式特有的磅礴、厚重、优雅与大气，典型的新古典风格沙发效果如图8-3~图8-5所示。

图 8-3　新古典欧式沙发套 1

图 8-4　新古典欧式沙发套 2

图 8-5　新古典欧式沙发套 3

　　高雅而和谐是新古典风格的代名词。白色、金色、黄色、暗红是欧式风格中常见的主色调，少量白色糅合，使色彩看起来明亮、大方，整个空间给人开放、宽容的非凡气度，让人丝毫不显局促。

　　在本案例中将根据别墅的平面布置图和以上设计原则完成别墅中阳台、客厅、餐厅以及厨房等空间的设计与表现，案例效果如图8-6~图8-13所示。

图 8-6　客厅效果 1

图 8-7　客厅沙发背景墙效果

图 8-8　客厅电视背景墙效果

图 8-9　客厅及楼道效果

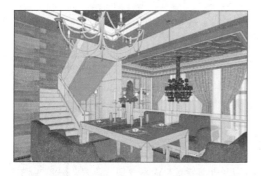

图 8-10　餐厅及楼道效果

图 8-11　餐厅及厨房效果 1

图 8-12　餐厅及厨房效果 2

图 8-13　阳台效果

8.2 正式建模前的准备工作

8.2.1 导入图样并整理图样

01 打开 SketchUp，进入【模型信息】面板，设置场景单位如图 8-14 所示。

图 8-14　设置场景单位

图 8-15　执行文件/导入选项

02 执行【文件】/【导入】菜单命令，如图 8-15 所示。然后在弹出的【导入】面板中调整文件类型为"AutoCAD 文件"，如图 8-16 所示。

03 单击【导入】面板中的【选项】按钮，然后在弹出的面板中设置导入参数，如图 8-17 所示。

图 8-16　选择 AutoCAD 文件类型

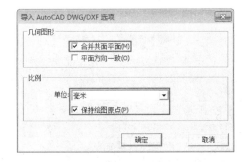

图 8-17　设置导入参数

04 选项参数调整完成后单击【确定】按钮，然后双击"新古典欧式平面布置图"导入，如图 8-18 所示。

05 图样导入完成后，选择左侧角点对齐至坐标原点，如图 8-19 所示。

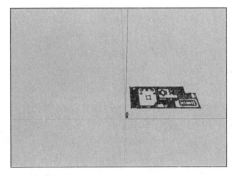

图 8-18　图样导入效果

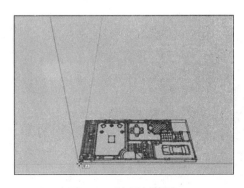

图 8-19　对齐至坐标原点

06 图样当前为散乱的图形，如图 8-20 所示，因此全选将其创建为【组】，如图 8-21 所示，避免对图样局部错误地移动。

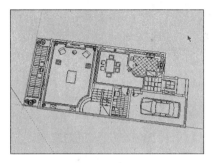

图 8-20　捕捉对齐

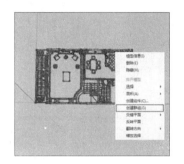

图 8-21　创建组

8.2.2 分析建模思路

本案例从左至右依次为阳台、客厅、楼梯、餐厅以及厨房，其中的表现重点为客厅、餐厅以及厨房，范围如图 8-22 所示。阳台与楼梯同样需要注意风格的统一，尤其是作为衔接空间的楼梯，更要用心处理，其表现范围如图 8-23 所示。

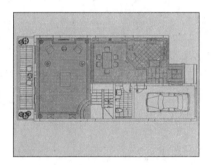

图 8-22　案例设计及表现范围

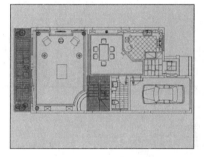

图 8-23　阳台与楼梯的范围

由于本案例空间大，层次多，在风格上又要注重处理各处细节，因此将从空间立面、地面与顶棚，以及最终处理三个方面进行思路的分析，构思出合理的设计与制作流程。

1. 制作空间立面

❑　制作整体框架

参考底图快速分割出表现空间的平面，如图 8-24 所示。然后制作客厅窗洞与门洞以及空间衔接，如图 8-25 与图 8-26 所示。

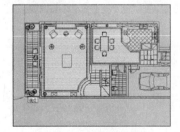

图 8-24　分割表现空间平面

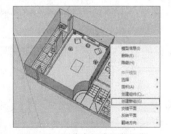

图 8-25　制作客厅窗洞与门洞

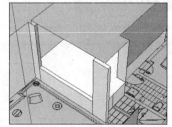

图 8-26　处理空间衔接

再通过类似的方法制作厨房处的窗洞与门洞，如图 8-27 所示。

各个空间的窗洞与门洞制作完成后，再制作对应的门窗效果，如图 8-28 与图 8-29 所示。接下来分空间制作立面细节。

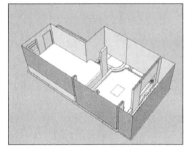

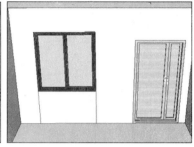

图 8-27　制作厨房处窗洞与门洞　　　　图 8-28　制作客厅门窗户　　　　图 8-29　制作其他门窗

❑　细化客厅立面与楼梯

首先通过合并构件以及墙面处理，制作客厅电视墙与壁炉相关立面细节，如图 8-30 与图 8-31 所示。

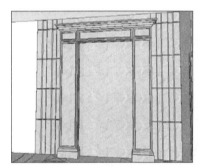
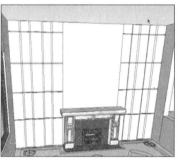
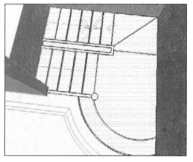

图 8-30　制作电视背景墙细节　　　图 8-31　合并壁炉并制作该处墙面细节　　　图 8-32　分割楼梯平面

客厅立面制作完成后，再参考图样分割楼梯平面，如图 8-32 所示，然后制作下层楼梯细节，如图 8-33 所示。下层楼梯制作完成后，通过参考线定位并制作其他层楼梯的制作，如图 8-34 与 8-35 所示。

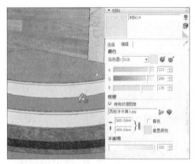
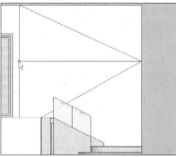
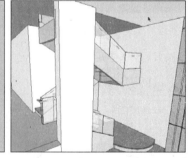

图 8-33　制作下层楼梯　　　　图 8-34　制作上方楼梯参考线　　　　图 8-35　完成楼梯制作

经过以上处理，客厅与楼梯最终效果如图 8-36 所示，接下来制作阳台。

❑　细化阳台

阳台的处理比较简单，参考图样分割区域后再制作出简单的细节即可，如图 8-37 与图 8-38 所示。

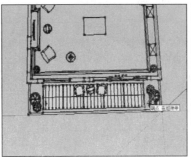

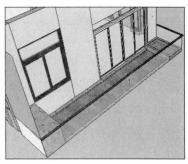

图 8-36　完成客厅立面与楼梯细化　　　　　图 8-37　分割出阳台　　　　　　图 8-38　完成阳台细化效果

❑　　细化餐厅与厨房立面

首先合并并根据图样调整酒柜模型，如图 8-39 所示。然后参考图样分割厨柜平面并进行细节制作，如图 8-40
与图 8-41 所示。

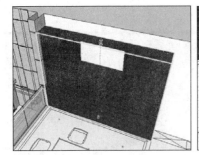

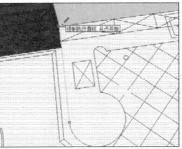

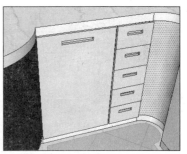

图 8-39　合并并调整酒柜　　　　　图 8-40　分割厨柜平面　　　　　图 8-41　细化厨柜

厨柜制作完成后，再制作类似风格的吊柜，完成效果如图 8-42 所示。

经过以上步骤，空间整体效果如图 8-43 所示。接下来处理地面与顶棚细节。

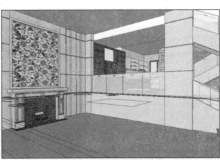

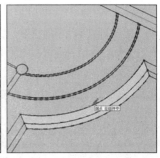

图 8-42　完成厨柜与吊柜细化效果　　　　　图 8-43　完成空间立面效果　　　　　图 8-44　分割客厅地面细节

2．制作地面细节

❑　　制作客厅地面细节

参考图样分割客厅地面细节，如图 8-44 所示。分割完成后再逐层赋予材质完成客厅地面整体效果，如图 8-45
与图 8-46 所示。

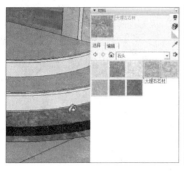

图 8-45　赋予客厅地面材质

图 8-46　完成客厅地面效果

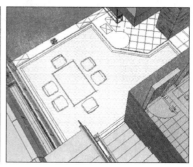

图 8-47　分割餐厅与厨房地面

❑　制作餐厅与厨房地面细节

客厅地面处理完成后，通过类似方法逐步分割餐厅与厨房地面，然后赋予对应材质效果，如图 8-47~图 8-50 所示。接下来处理空间顶棚细节。

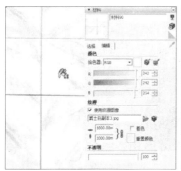

图 8-48　制作厨房地面材质

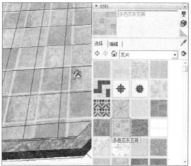

图 8-49　制作餐厅地面材质

图 8-50　制作过道材质

3．制作顶棚细节

❑　制作客厅空间顶棚

首先制作客厅吊顶框架，然后分割出装饰单元细节，如图 8-51 所示。

复制装饰单元细节，完成整体效果如图 8-52 所示。

再根据顶棚造型，制作筒灯效果，完成效果如 8-53 所示。

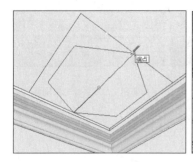

图 8-51　制作客厅吊顶框架

图 8-52　复制装饰单元细节

图 8-53　制作筒灯效果

客厅顶棚制作完成后，再通过简单的推拉与分割，制作衔接处顶棚效果，如图 8-54 与图 8-55 所示。接下来制作餐厅与厨房顶棚。

图 8-54　制作顶棚衔接细节

图 8-55　完成顶棚衔接细节效果

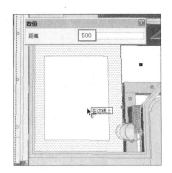

图 8-56　制作餐厅顶棚

❑　　制作餐厅与厨房顶棚细节

餐厅与厨房的顶棚处理比较简洁，大致流程与完成效果如图 8-56~图 8-59 所示。在制作过程中注意拆分功能的应用以及模型的多重复制。

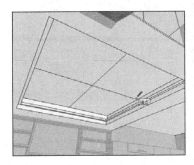

图 8-57　餐厅顶棚细节

图 8-58　完成餐厅顶棚效果

图 8-59　完成厨房顶棚效果

4. 最终处理

空间的地面与顶棚细节制作完成后，接下来将通过家具、灯具以及装饰模型的合并与摆放，完成最终效果。

❑　　合并家具

首先根据各个空间的功能与特点，合并对应的桌椅模型，如图 8-60~图 8-62 所示。

图 8-60　合并客厅家具

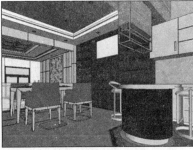

图 8-61　合并餐厅及厨房家具

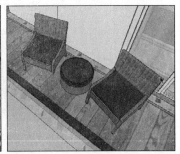

图 8-62　合并阳台家具

❑　　合并窗帘以及灯具

合并窗帘并调整出理想的效果，如图 8-63 所示。

然后根据各个空间的功能与特点合并灯具模型，如图 8-64~图 8-67 所示。

图 8-63　制作窗帘

图 8-64　合并客厅水晶灯

图 8-65　合并客厅壁灯

图 8-66　合并餐厅吊灯

图 8-67　灯具合并完成效果

图 8-68　合并客厅摆件

□　合并装饰品

完成了桌椅以及灯具等模型的合并与摆放后，最后合并空间中的摆设与装饰品细节，如图 8-68 与图 8-69 所示，完成最终效果如图 8-70 所示。

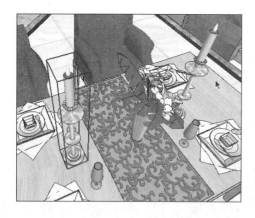

图 8-69　合并餐厅及厨房摆件

图 8-70　空间最终效果

8.3 创建整体框架

8.3.1 创建墙体框架

01 启用【直线】工具，捕捉图样内侧创建墙线，如图 8-71 所示。

02 最终绘制的墙线效果如图 8-72 所示。

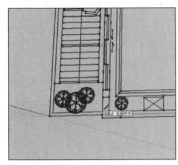

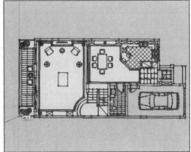

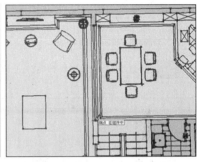

图 8-71　捕捉图样创建内侧墙线　　　　　图 8-72　绘制墙线效果　　　　　图 8-73　分割客厅与餐厅空间

03 细化客厅与阳台空间，参考图样启用【直线】工具分割出客厅与餐厅，如图 8-73 所示。

04 再结合使用【直线】与【圆弧】工具分割出楼梯空间，如图 8-74 所示。

05 启用【矩形】工具分割出客厅与阳台间的墙体，如图 8-75 所示。

06 分割完成后，启用【推/拉】工具制作客厅高度，如图 8-76 所示。

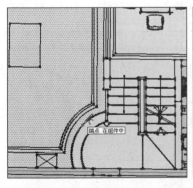

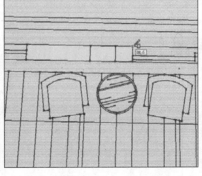

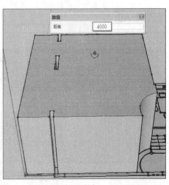

图 8-74　绘制楼梯分割线　　　　　图 8-75　绘制客厅与阳台间的墙体　　　　　图 8-76　制作客厅高度

07 客厅空间轮廓创建完成后，为了便于以后的细化，再分别将顶面、墙面以及底面单独创建为【组】，如图 8-77~图 8-79 所示。

8.3.2 创建门洞与窗洞

01 选择窗户下方的墙线，以 900mm 的距离移动复制出窗台线，如图 8-80 所示。

02 启动【推/拉】工具选择分割的模型面制作窗台，如图 8-81 所示。

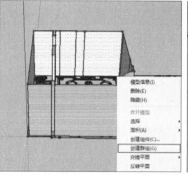

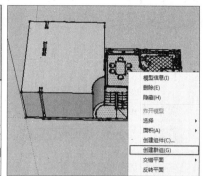

图 8-77　将顶面创建为组　　　　　　图 8-78　将墙体创建为组　　　　　　图 8-79　将底面创建为组

03 通过类似的方法制作窗洞上方墙体，制作窗洞，如图 8-82 所示。

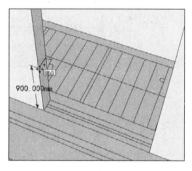

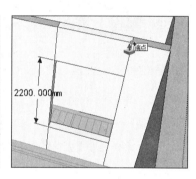

图 8-80　移动复制出窗台线　　　　　图 8-81　推拉出窗台高度　　　　　　图 8-82　制作窗洞

04 重复类似操作制作客厅的门洞，如图 8-83 与图 8-84 所示。然后删除顶部多余模型面，如图 8-85 所示。

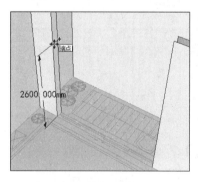

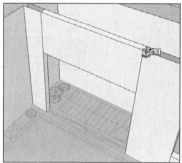

图 8-83　以 2600 的高度复制出门洞线　　　图 8-84　制作门洞　　　　　图 8-85　删除顶部多余模型面

05 参考图样，启用【直线】工具分割餐厅处空洞，如图 8-86 所示。

06 通过线段的复制与【推/拉】工具制作平台边界，如图 8-87 与图 8-88 所示。

07 参考图样，启用【直线】工具分割出楼梯空间，如图 8-89 所示，然后启用【推/拉】工具制作餐厅与厨房平台，如图 8-90 所示。

08 选择平台模型面，启用【推/拉】工具，按住 "Ctrl" 键制作餐厅与厨房空间，如图 8-91 所示。

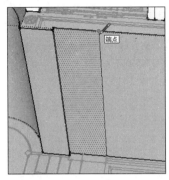

图 8-86　参考图样划分出餐厅处空洞

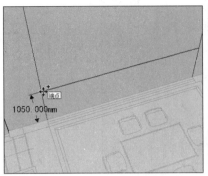

图 8-87　以 1050 的高度复制平台线

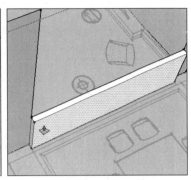

图 8-88　推拉出平台边界厚度

图 8-89　分割出楼梯空间

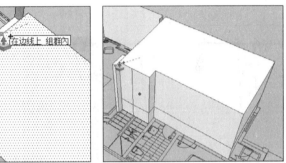

图 8-90　推拉餐厅与厨房平台　　　　图 8-91　推拉出餐厅与厨房空间

09 通过以上步骤，餐厅与厨房空间轮廓制作完成，效果如图 8-92 所示。

10 使用【推/拉】工具选择楼梯平面制作出空间效果，然后删除多余模型面，得到图 8-93 所示的效果。

11 经过以上处理，当前空间内部效果如图 8-94 所示。

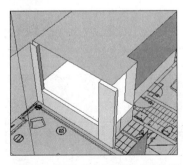

图 8-92　餐厅与厨房空间制作完成效果

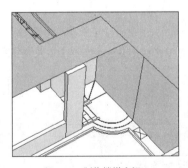

图 8-93　制作楼梯空间

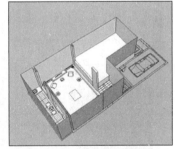

图 8-94　当前空间内部效果

12 通过线段的复制与【推/拉】工具制作厨房的门洞与窗洞，效果如图 8-95 所示。

8.3.3 制作门窗

01 启用【矩形】工具捕捉窗洞绘制窗户平面，如图 8-96 所示。

02 通过线段的移动复制分割窗户平面，如图 8-97 所示。

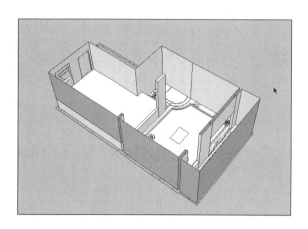

图 8-95　制作厨房处门洞与窗洞

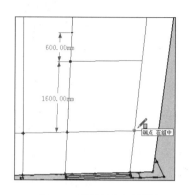

图 8-96　捕捉创建窗户平面

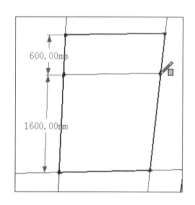

图 8-97　通过分段复制分割窗户

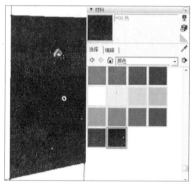

图 8-98　赋予深灰色材质

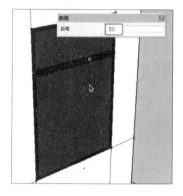

图 8-99　制作窗户框架

03 打开【材料】面板赋予平面深灰色材质，如图 8-98 所示。然后启用【偏移】工具制作窗户框架，如图 8-99 所示。

04 启用【推/拉】工具制作窗页平面，如图 8-100 所示。

05 拆分内部平面，然后结合使用【偏移】以及【推/拉】工具制作窗页细节，如图 8-101 与图 8-102 所示。

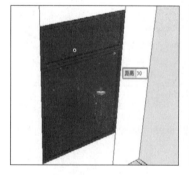

图 8-100　制作窗页平面

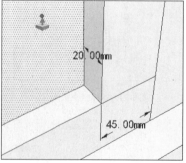

图 8-101　制作左侧窗页细节

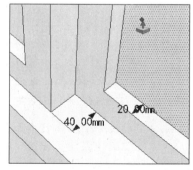

图 8-102　制作右侧窗页细节

06 打开【材料】面板，赋予窗户玻璃材质，完成效果如图 8-103 所示。

07 调整至窗户模型背面，通过类似方法制作细节，如图 8-104 所示。

08 赋予相同材质，完成该处窗户模型效果如图 8-105 所示。接下来制作左侧推拉门。

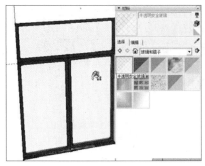
图 8-103　赋予窗户玻璃材质

图 8-104　制作另一面的窗户细节

图 8-105　赋予相同材质完成效果

09 启用【矩形】创建工具绘制好平面，然后通过线段的移动复制分割平面，如图 8-106 所示。

10 结合使用【偏移】与【推/拉】工具制作推拉门框，如图 8-107 与图 8-108 所示。

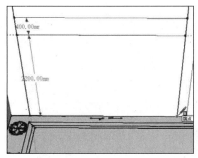
图 8-106　制作并分割推拉门平面

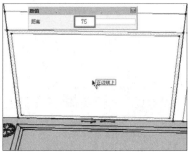
图 8-107　偏移复制制作门框平面

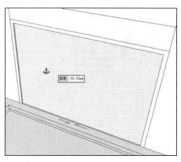
图 8-108　推拉制作门框厚度

11 拆分下方窗线，如图 8-109 所示。然后分割并结合【偏移】与【推/拉】工具制作门页细节，如图 8-110 与图 8-111 所示。

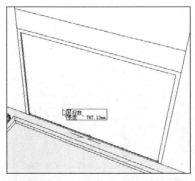
图 8-109　拆分推拉门内部直线

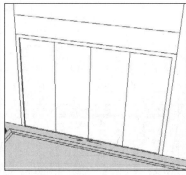
图 8-110　分割内部平面

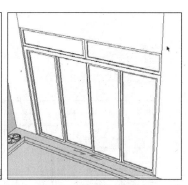
图 8-111　制作推拉门门页

12 结合使用【直线】与【圆】工具绘制出门套线平面，如图 8-112 所示。然后使用【路径跟随】工具制作门套线，如图 8-113 所示。

13 打开【材料】面板，赋予推拉门金色材质，如图 8-114 所示。

14 客厅门窗制作完成后，通过组件的合并以及类似的操作制作餐厅右侧的房门与厨房后的门窗，如图

8-115 与图 8-116 所示。

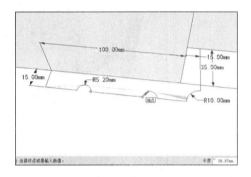

图 8-112　绘制门套线平面

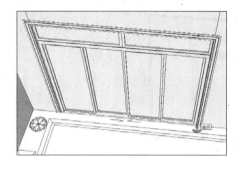

图 8-113　通过路径跟随制作门套线

15 客厅门窗制作完成后，接下来逐个进行空间立面的制作。

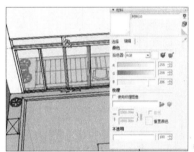

图 8-114　赋予推拉门材质

图 8-115　制作房门

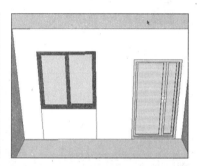

图 8-116　制作厨房门窗

8.4 细化客厅立面

8.4.1 制作电视背景墙

01 合并配套光盘中的"欧式柱"模型，然后参考图样放置好位置，如图 8-117 所示。

02 参考图样选择模型各组件调整宽度与高度，如图 8-118 与图 8-119 所示。

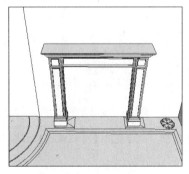

图 8-117　合并"欧式柱"模型

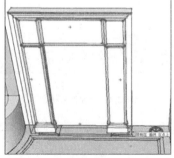

图 8-118　调整宽度

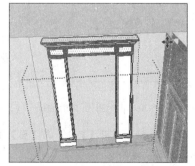

图 8-119　调整高度

03 参考图样，启用【缩放】工具调整模型厚度，如图 8-120 所示。

04 参考调整的柱子，启用【直线】工具分割后方墙面，如图 8-121 所示。

05 启用【直线】工具横向分割平面，如图 8-122 所示。

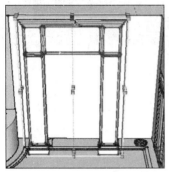

图 8-120 通过缩放调整厚度

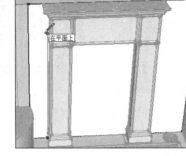

图 8-121 参考构件分割墙面

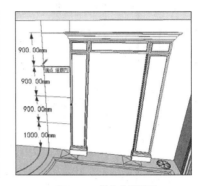

图 8-122 横向分割平面

06 选择上方左侧线段将其拆分为 5 段，如图 8-123 所示。然后使用【直线】进行竖向分割，如图 8-124 所示。

07 启用【推/拉】工具制作墙面细节，如图 8-125 所示。然后选择推入的模型面使用【缩放】工具制作斜面细节，如图 8-126 所示。

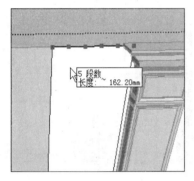

图 8-123 拆分上方左侧线段

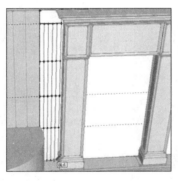

图 8-124 竖向分割平面

图 8-125 制作墙面细节

08 选择横向分割线，捕捉柱子顶部进行复制，制作墙面石材接缝，如图 8-127 所示。

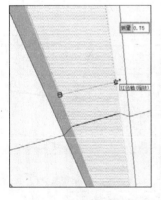

图 8-126 制作斜面细节

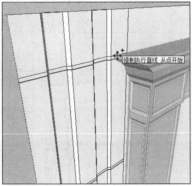

图 8-127 复制横向分割线

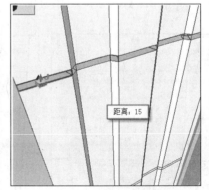

图 8-128 制作墙面石材接缝

09 启用【联合推拉】工具整体向内制作 15mm 的深度，如图 8-128 所示。完成缝隙效果如图 8-129 所示。

10 通过类似方法制作右侧墙面细节，墙面整体完成效果如图 8-130 所示。

图 8-129　完成接缝效果

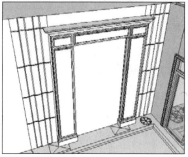

图 8-130　墙面整体完成效果

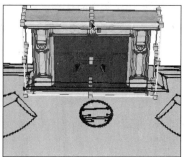

图 8-131　合并并调整壁炉模型

8.4.2 制作壁炉及墙面细节

01 合并配套光盘中的"壁炉"模型，然后参考图样进行放置与造型调整，如图 8-131 所示。

02 参考图样，启用【直线】工具分割墙面，如图 8-132 所示。

03 选择上方左侧边线并将其拆分为 4 段，如图 8-133 所示。然后通过之前类似的处理方法制作该处墙面两侧的细节，如图 8-134 所示。

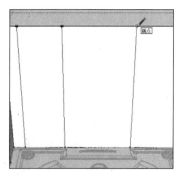

图 8-132　分割墙面

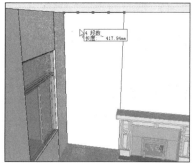

图 8-133　拆分墙体线段

图 8-134　制作墙面两侧细节

04 启用【直线】工具捕捉墙面缝隙分割，如图 8-135 所示。

05 启用【偏移】工具制作边框，如图 8-136 所示。然后启用【推/拉】工具制作厚度，如图 8-137 所示。

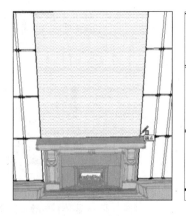

图 8-135　捕捉墙面缝隙分割

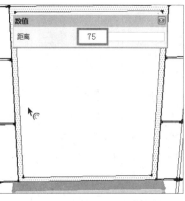

图 8-136　制作边框

图 8-137　制作厚度

[06]　打开【材料】面板，为内部平面制作并赋予花纹镜面材质，如图 8-138 所示。然后为墙面制作并赋予黄色石材，完成客厅立面效果，如图 8-139 与图 8-140 所示。接下来细化楼梯。

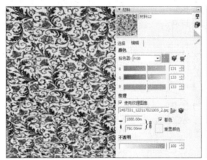
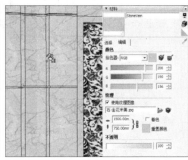
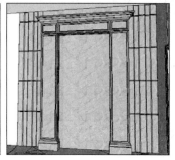

图 8-138　赋予花纹镜面材质　　　　　图 8-139　赋予墙面黄色石材　　　　　图 8-140　赋予右侧墙面相同石材

8.5　细化楼梯

8.5.1 制作客厅层楼梯

1.　制作客厅层台阶

[01]　结合使用【直线】与【圆弧】工具，参考图样分割楼梯整体平面，如图 8-141 所示。

[02]　通过类似的方法逐步分割出台阶平面，如图 8-142 与图 8-143 所示。

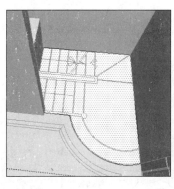
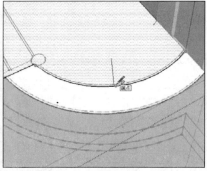
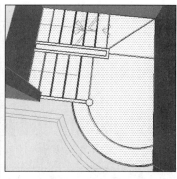

图 8-141　分割楼梯整体平面　　　　　图 8-142　分割台阶平面　　　　　图 8-143　完成楼梯平面分割

[03]　启用【推/拉】工具，制作 150mm 高度的台阶，效果如图 8-144 所示

[04]　选择台阶侧面的矩形分割平面，启用【推/拉】工具捕捉左侧平台面创建高度，如图 8-145 所示。

[05]　删除多余线段，选择右侧边线向下调整使其距离地面 100mm 形成斜面，如图 8-146 所示。

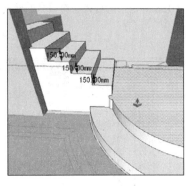

图 8-144 制作 150mm 高度台阶

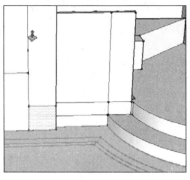

图 8-145 推拉出台阶侧面高度

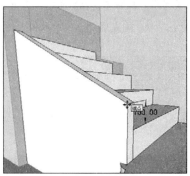

图 8-146 通过线段高度调整形成斜面

06 选择中部 U 形平面，使用【推/拉】工具制作相同高度的中部楼梯边缘平台，如图 8-147 所示。

07 使用【直线】工具分割出相同斜度直线，如图 8-148 所示。然后使用【推/拉】工具推空形成斜面，如图 8-149 所示。

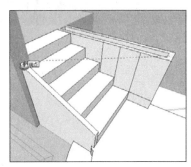

图 8-147 制作中部楼梯边缘平台

图 8-148 分割相同斜度直线

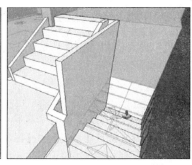

图 8-149 推空形成斜面

08 启用【推/拉】工具制作右侧向下的台阶，如图 8-150 所示。然后通过与之前类似的操作制作台阶左侧护栏，如图 8-151 所示。

09 选择弧形台阶上方直线，向下以 20mm 的距离移动复制，如图 8-152 所示。

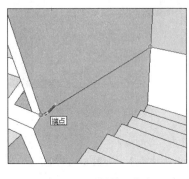

图 8-150 右侧向下台阶

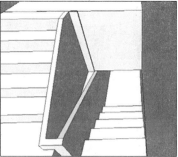

图 8-151 制作左侧护栏

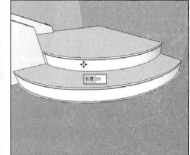

图 8-152 移动复制台阶线段

10 选择分割平面，启用【联合推/拉】工具向外以 20mm 的长度制作台阶细节，如图 8-153 与图 8-154 所示。

11 选择其他台阶边线进行相同处理，完成效果如图 8-155 所示。

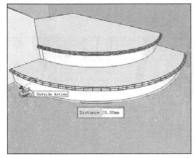

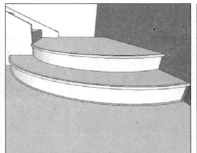

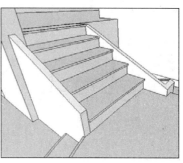

图 8-153　制作台阶细节　　　　　　图 8-154　弧形台阶细节完成效果　　　　图 8-155　其他台阶细节完成效果

2. 制作玻璃及扶手

01　启用【偏移】工具，选择斜面上向内偏移 25mm，如图 8-156 所示。

02　选择内部两端边线，通过捕捉调整位置，如图 8-157 所示。

03　选择分割的玻璃平面，向上以 550mm 的高度移动复制，如图 8-158 所示。

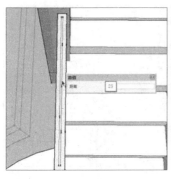

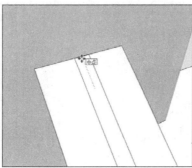

图 8-156　偏移复制玻璃平面　　　　　图 8-157　调整两端边线位置　　　　　图 8-158　向上移动复制玻璃平面

04　启用【直线】工具，连接上下线段形成平面，如图 8-159 所示。

05　捕捉玻璃中点进行分割，如图 8-160 所示。然后结合线的【移动】与【推/拉】工具制作玻璃缝隙，如图 8-161 所示。

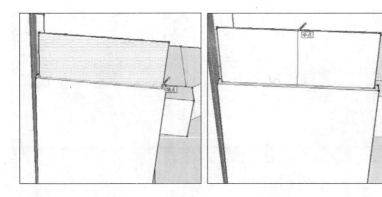

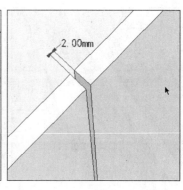

图 8-159　上下连接线段形成平面　　　　图 8-160　连接中点分割平面　　　　　图 8-161　制作 2mm 空隙

06　启用【圆】工具绘制一个直径为 40mm 的圆形作为扶手平面，如图 8-162 所示。

07　向上移动复制斜面边线作为扶手路径，如图 8-163 所示。然后使用【路径跟随】工具制作扶手，如图

8-164 所示。

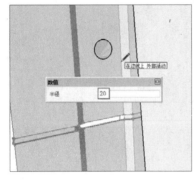
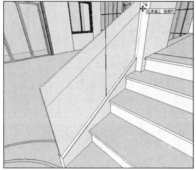

图 8-162　创建圆形扶手平面　　　　　　图 8-163　扶手路径　　　　　　图 8-164　通过路径跟随制作扶手

08 选择玻璃边线向下移动复制，如图 8-165 所示，然后将其拆分为 5 段并选择中间一段细化出玻璃爪平面，如图 8-166 与图 8-167 所示。

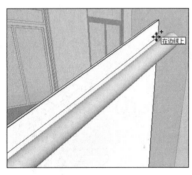
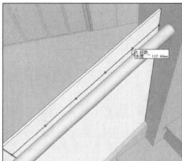
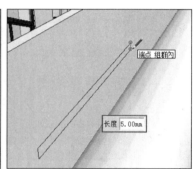

图 8-165　复制玻璃边线　　　　　图 8-166　5 拆分玻璃边线　　　　图 8-167　选择中间一段细化出玻璃爪平面

09 启用【推/拉】工具，捕捉圆形扶手制作玻璃爪，如图 8-168 所示。

10 选择玻璃爪，捕捉玻璃中点进行移动复制，如图 8-169 所示。

11 打开【材料】面板，赋予扶手及玻璃爪金属材质，如图 8-170 所示。

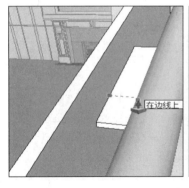
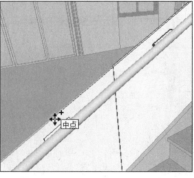
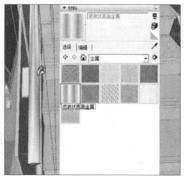

图 8-168　制作玻璃爪　　　　　图 8-169　捕捉玻璃中点进行移动复制　　　图 8-170　赋予扶手及玻璃爪金属材质

12 再分别赋予玻璃与台阶透明材质与石材，如图 8-171 与图 8-172 所示。至此下层楼梯细化完成。

图 8-171　赋予玻璃透明材质

图 8-172　赋予台阶石材

图 8-173　隐藏客厅前方墙体

8.5.2 制作其他层楼梯

01 为了便于观察，首先选择客厅前方墙体与门窗等模型进行隐藏，如图 8-173 所示。

02 切换视图至【左视图】，然后调整为【平行投影】，如图 8-174 所示。

03 启用【直线】工具捕捉中点分割上层楼梯参考线，如图 8-175 所示。

04 捕捉参考图样，向上绘制出楼梯休息平台参考线，如图 8-176 所示。

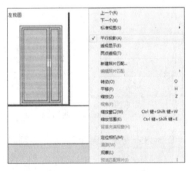
图 8-174　调整至左视图并平行投影

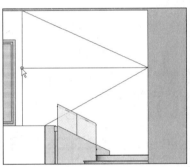
图 8-175　分割楼梯参考线

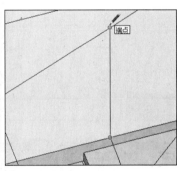
图 8-176　分割楼梯休息平台参考线

05 选择楼梯参考线，向左捕捉休息平台参考线进行复制，如图 8-177 所示。

06 选择休息平台线向下以 150mm 的距离移动复制，如图 8-178 所示。

07 以餐厅平台右侧端点为起点，向右绘制横向连接线。然后拆分为 7 段，如图 8-179 所示。

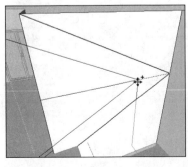
图 8-177　复制楼梯线

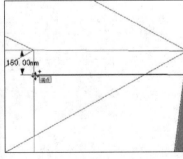
图 8-178　复制制作平台厚度

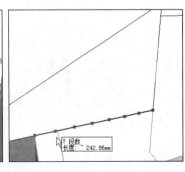
图 8-179　将横向连接线拆分为 7 段

08 选择平台参考线将其拆分为 9 段，如图 8-180 所示。然后通过捕捉拆分点绘制台阶单元平面，如图 8-181

所示。

09 选择绘制好的单元平面，向左复制出两份，如图 8-182 所示。

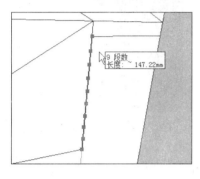

图 8-180 将平台参考线拆分为 9 段

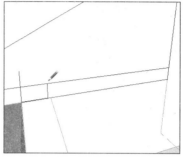

图 8-181 创建台阶单元平面

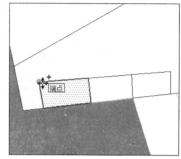

图 8-182 向左复制两个单元平面

10 选择单元平面，斜向进行复制，完成效果如图 8-183 所示。

11 选择上方楼梯参考线，向下捕捉单元格端点进行复制，如图 8-184 所示。

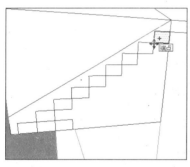

图 8-183 斜向复制单元格平面

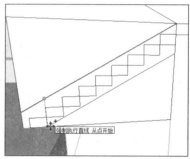

图 8-184 向下捕捉单元格端点进行复制

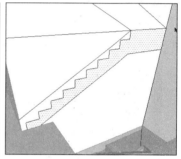

图 8-185 删除多余线段形成楼梯平面

12 删除多余线段形成楼梯平面，如图 8-185 所示。然后启用【推/拉】工具制作台阶，如图 8-186 所示。

13 选择台阶右侧平面，向外以 60mm 进行推拉复制，如图 8-187 所示。

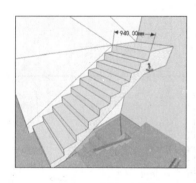

图 8-186 推拉制作台阶

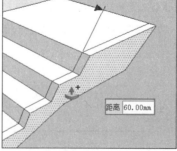

图 8-187 推拉复制

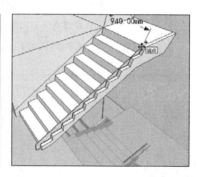

图 8-188 复制台阶边沿平面

14 复制台阶边缘平面至台阶边缘处，然后使用【推/拉】工具制作厚度，如图 8-188 与图 8-189 所示。

15 通过类似方法制作上一层楼梯，如图 8-190 所示。然后处理好连接细节，如图 8-191 所示。

16 打开【材料】面板制作并赋予楼梯石材，如图 8-192 所示。

17 使用之前介绍的类似方法制作玻璃台阶，然后绘制好扶手路径，如图 8-193 与图 8-194 所示。

图 8-189　制作楼梯边沿细节

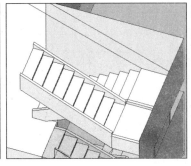

图 8-190　制作上一层楼梯

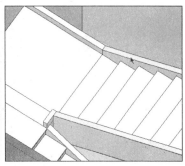

图 8-191　处理连接细节

18 启用【圆】工具捕捉直线端点绘制扶手平面，如图 8-195 所示。

19 使用【路径跟随】制作扶手，然后打开【材料】面板赋予各部件对应材质，完成效果如图 8-196 所示。

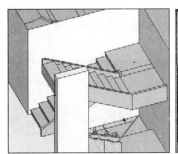

图 8-192　赋予楼梯石材

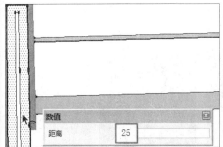

图 8-193　通过偏移复制制作玻璃平台

图 8-194　绘制扶手路径

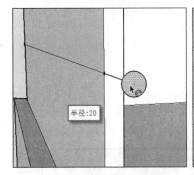

图 8-195　绘制扶手圆形平面

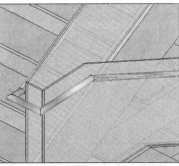

图 8-196　制作扶手并赋予材质

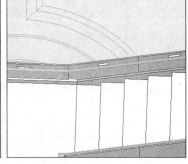

图 8-197　制作玻璃爪

20 制作各处玻璃爪，完成效果如图 8-197 所示。经过以上步骤，楼梯效果如图 8-198 所示。接下来制作楼梯上方空间。

21 启用【直线】工具分割楼梯上方天花板，如图 8-199 所示。然后启用【推/拉】工具制作别墅第三层底部平面，如图 8-200 所示。

22 选择底部平面使用推拉复制制作楼梯上方空间，然后删除多余平面得到如图 8-201 所示的楼梯空间墙面。打开【材料】面板，赋予楼梯墙面木纹材质，如图 8-202 所示。至此楼梯间细化完成。

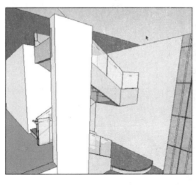

图 8-198　楼梯完成效果

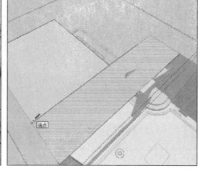

图 8-199　分割楼梯上方天花板

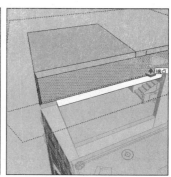

图 8-200　制作别墅第三层底部平面

8.5.3 制作衔接空间细节

01 选择壁炉一侧墙面缝隙分割线，捕捉平台调整高度，如图 8-203 所示。

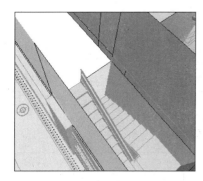

图 8-201　制作楼梯上方墙面

图 8-202　赋予墙面木纹材质

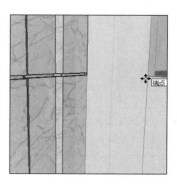

图 8-203　调整壁炉墙面缝隙高度

02 启用【直线】工具，捕捉缝隙分割线分割衔接空间墙面，如图 8-204 所示。

03 通过线段的移动复制与【推/拉】工具制作墙面分割线，如图 8-205 所示。

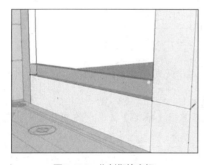

图 8-204　分割衔接空间

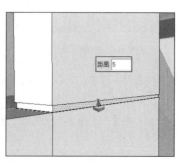

图 8-205　制作墙面分割线

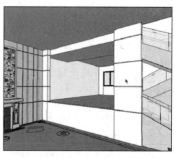

图 8-206　分割线完成效果

04 复制分割线，完成墙面效果如图 8-206 所示。然后赋予石材完成空间立面效果如图 8-207 所示。

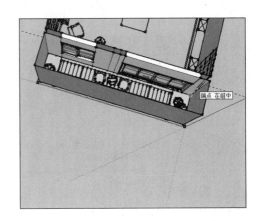

图 8-207　客厅及衔接立面空间完成效果　　　　　　　图 8-208　分割阳台平面

8-6 细化阳台

01 启用【直线】工具，分割出阳台地面，如图 8-208 所示。

02 参考图样，启用【矩形】工具分割阳台地面，如图 8-209 所示。

03 启用【推/拉】工具制作地面细节，如图 8-210 所示。通过线段的移动复制，确定玻璃栏杆高度，如图 8-211 所示。删除多余墙面，得到空间效果如图 8-212 所示。

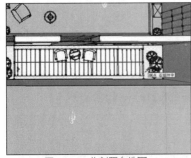

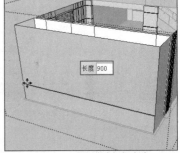

图 8-209　分割阳台地面　　　　图 8-210　制作地面细节　　　　图 8-211　确定玻璃栏杆高度

04 参考平面图样，结合使用【推/拉】以及【偏移】复制工具制作两端的细节，然后赋予对应材质，完成效果如图 8-213 与图 8-214 所示。

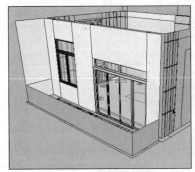

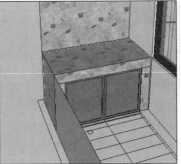

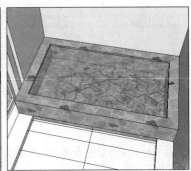

图 8-212　删除多余墙面　　　　图 8-213　制作左侧柜子　　　　图 8-214　制作右侧浅水池

05 打开【材质】面板为阳台地面制作并赋予木板材质，如图 8-215 所示。

06 通过以上步骤，阳台效果如图 8-216 所示。

图 8-215　赋予阳台地面木板材质

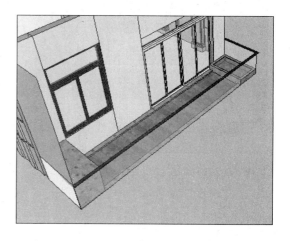

图 8-216　阳台初步效果

8.7 细化餐厅与厨房

8.7.1 细化餐厅

01 为了便于观察，选择将餐厅与厨房上方的模型隐藏，如图 8-217 所示。

02 选择参考图样，通过捕捉向上调整高度，如图 8-218 所示。

03 结合使用【偏移】与【推/拉】等工具制作餐厅左侧玻璃模型，如图 8-219 与图 8-220 所示。

图 8-217　隐藏餐厅上方模型

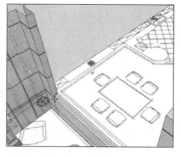

图 8-218　调整参考图样高度

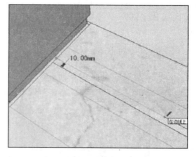

图 8-219　制作玻璃平面

04 重复与之前类似的操作，制作玻璃分隔细节以及扶手等模型，如图 8-221 与图 8-222 所示。

05 参考图样使用【直线】工具分割酒柜位置参考线，如图 8-223 所示。

06 合并配套光盘中的"酒柜"模型并放置好位置，如图 8-224 所示。

07 通过【缩放】工具调整酒柜造型，如图 8-225 所示。接下来细化厨房。

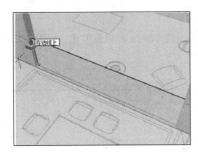

图 8-220　推拉玻璃高度

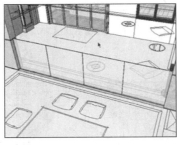

图 8-221　制作玻璃细节并赋予材质

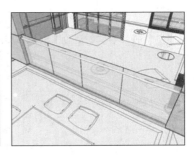

图 8-222　制作扶手与玻璃爪

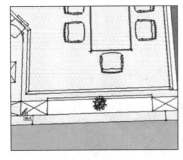

图 8-223　分割酒柜位置参考线

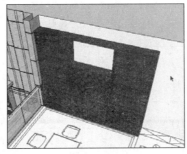

图 8-224　合并"酒柜"模型

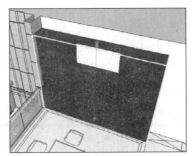

图 8-225　调整酒柜造型

8.7.2 细化厨房

1. 制作厨柜

01 厨房平面布置如图 8-226 所示。首先分割厨柜平面，然后将其单独创建为【组】，如图 8-227 与图 8-228 所示。

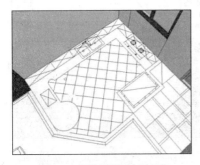

图 8-226　厨房平页面布置细节

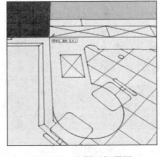

图 8-227　分隔厨柜平面

图 8-228　将平面创建为组

02 结合使用【偏移】与【直线】工具，分割出厨柜平面，如图 8-229 所示。将橱柜平面创建为组，图 8-230 所示。

03 删除偏移复制得到的内部圆弧，然后启用【圆弧】工具重绘，如图 8-231 所示。

04 启用【推/拉】工具制作厨柜高度，如图 8-232 所示。

 提示

删除【偏移】得到的内部圆弧并重绘是为了避免推拉时形成多余模型面，如图 8-233 所示。

05　选择柜面平面结合捕捉复制至上方，如图 8-234 所示。

06　将其单独创建为【组】，如图 8-235 所示。然后启用【推/拉】工具制作 60mm 的柜面厚度，如图 8-236 所示。

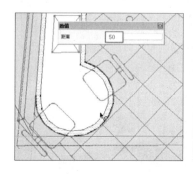

图 8-229　向内偏移复制 50mm

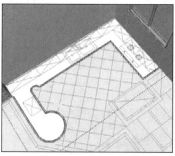

图 8-230　分割厨柜柜平面

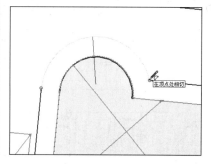

图 8-231　删除并重绘偏移弧线

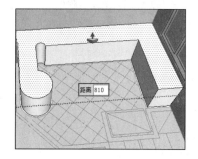

图 8-232　制作厨柜高度

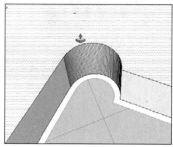

图 8-233　直接推拉平面效果

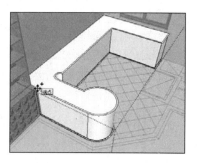

图 8-234　复制柜面平面至上方

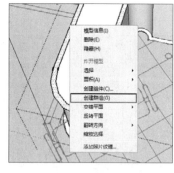

图 8-235　将柜面平面单独创建为组

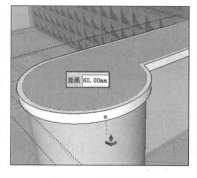

图 8-236　制作柜面厚度

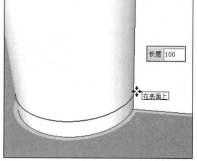

图 8-237　选择底部圆弧线段向上复制

07　选择底部圆弧线段，向上以 100mm 的距离移动复制，如图 8-237 所示。然后启用【联合推拉】工具向内整体推入 50mm，如图 8-238 所示。

08　通过以上步骤，厨柜当前效果如图 8-239 所示。接下来为其各部分赋予材质效果。

09　打开【材料】面板，为柜板收边以及前方柜面赋予对应材质，如图 8-240~图 8-242 所示。

10　隐藏柜板收边模型，然后选择上方线段向下以 50mm 的距离移动复制，如图 8-243 所示。再选择下方线段向上同样以 50mm 的距离移动复制。

11　选择底部线段拆分为 3 段，如图 8-244 所示。然后启用【直线】工具分割形成柜面，如图 8-245 所示。

12　选择分割线以 10mm 的距离移动复制，如图 8-246 所示。然后启用【推/拉】工具制作 15mm 厚的柜面，如图 8-247 所示。

13 打开【材料】面板，赋予柜面金属材质，如图 8-248 所示。接下来细化柜面。

图 8-238　向内联合推拉 50mm

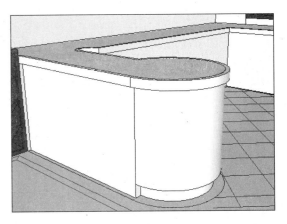

图 8-239　厨柜初步效果

图 8-240　赋予柜面白色石材

图 8-241　赋予收边金属材质

图 8-242　赋予前方柜面黑金砂

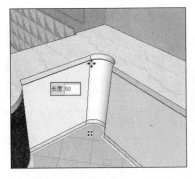

图 8-243　隐藏柜面并向下复制线条

图 8-244　将底部线段拆分为 3 段

图 8-245　分割形成柜面

14 启用【矩形】工具，在柜板上分割出拉手模型，如图 8-249 所示。然后启用【推/拉】工具制作拉手深度，如图 8-250 所示。

15 通过类似方法制作右侧柜面，完成效果如图 8-251 所示。接下来细化中部柜面。

16 切换至【X 光透视模式】显示模式，启用【直线】工具参考图样分割燃气灶下方柜面，如图 8-252 所示。

17 逐步选择横向边线与竖向边线进行拆分，如图 8-253 与图 8-254 所示。

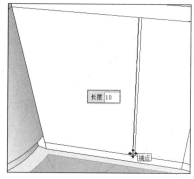
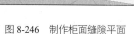

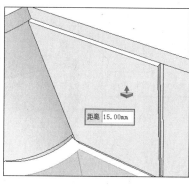

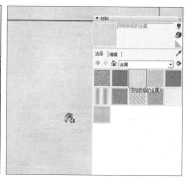

图 8-246　制作柜面缝隙平面　　　　　图 8-247　推拉形成柜面　　　　　　图 8-248　赋予柜面材质

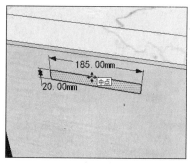

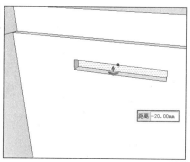

图 8-249　分割柜面拉手平面　　　　　图 8-250　制作拉手深度　　　　　　图 8-251　部分柜面完成效果

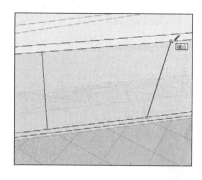

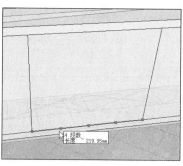

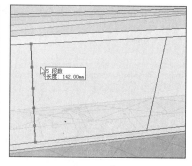

图 8-252　参考图样分割燃气灶下方柜面　　图 8-253　4 拆分柜面横向边线　　　图 8-254　5 拆分柜面竖向边线

18 捕捉拆分点，使用【直线】工具分割柜面，如图 8-255 所示。然后启用【圆】工具绘制中部圆形分割面，如图 8-256 所示。

19 启用【推/拉】工具制作中部柜板厚度，如图 8-257 所示。然后制作中部柜门缝隙细节，如图 8-258 所示。

20 制作该处柜门的其他细节，然后赋予对应材质完成整体效果，如图 8-259 与图 8-260 所示。

21 使用类似方法制作其他柜门细节，完成最终效果如图 8-261 所示。

22 合并配套光盘中的"燃气灶"模型并放置合适位置，如图 8-262 所示。

23 合并配套光盘中的"洗菜盆"模型并放置合适位置，如图 8-263 所示。

24 启用【矩形】工具在柜板上创建分割面，如图 8-264 所示。

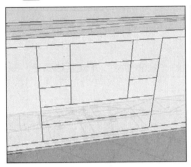

图 8-255　分割柜面

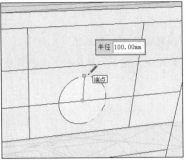

图 8-256　绘制中部圆形分割面

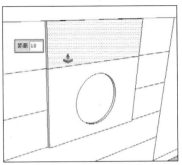

图 8-257　制作中部柜板厚度

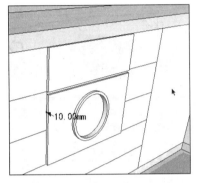

图 8-258　制作中部柜门缝隙细节

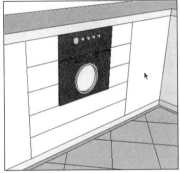

图 8-259　赋予柜门黑色材质

图 8-260　制作拉手并赋予金属板材质

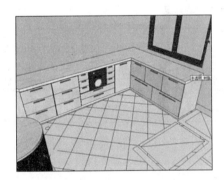

图 8-261　制作其他柜门细节

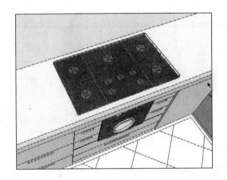

图 8-262　合并"燃气灶"模型

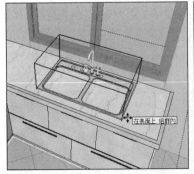

图 8-263　合并"洗菜盆"模型

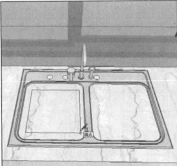

图 8-264　在柜板上创建分割面

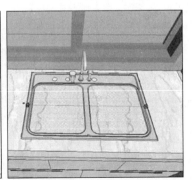

图 8-265　调整分割面

25 通过【缩放】工具调整分割面，如图 8-265 所示。然后删除分割面，得到的效果如图 8-266 所示。接下来制作吊柜。

2. 制作吊柜

01 启用【直线】工具参考厨柜分割墙面，如图 8-267 所示。

02 通过线段的移动复制分割出吊柜下方线条，然后合并配套光盘中的"抽油烟机"并放置好位置，如图 8-268 所示。

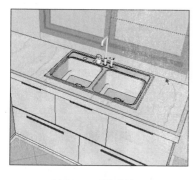
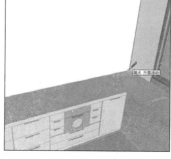
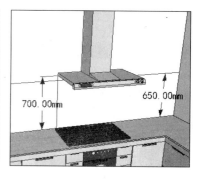

图 8-266　删除分割面　　　　　图 8-267　参考厨柜分割墙面　　　　图 8-268　复制分割线并放置"抽油烟机"

03 通过线段的移动复制确定吊柜高度，然后参考抽油烟机分割墙面，如图 8-269 所示。

04 启用【推/拉】工具制作柜轮廓，如图 8-270 所示。然后细化吊柜造型，如图 8-271 所示。

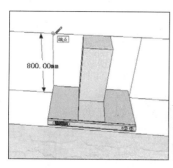
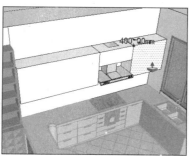
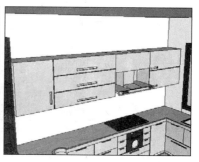

图 8-269　参考抽油烟机分隔墙面　　　图 8-270　推拉出吊柜轮廓　　　　图 8-271　细化好吊柜造型

05 打开【材料】面板，赋予吊柜后方墙体石材，如图 8-272 所示。

3. 完成厨房制作

01 参考图样，启用【直线】工具分割冰箱后方墙面，如图 8-273 所示。然后推拉好高度，如图 8-274 所示。

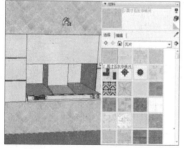
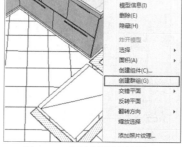
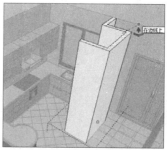

图 8-272　赋予墙面石材　　　　图 8-273　分割冰箱后方墙面　　　　图 8-274　推拉制作墙体

02 打开【材料】面板赋予墙面石材，如图 8-275 所示。然后合并配套光盘中的"冰箱"模型并放置到位置，如图 8-276 所示。

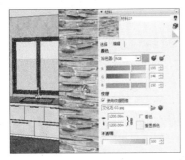

图 8-275　赋予墙面石材

图 8-276　合并冰箱模型

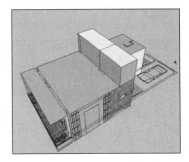

图 8-277　显示所有模型

03　经过以上步骤，本案例空间立面细化即已完成。显示所有模型，如图 8-277 所示。得到的案例各空间效果如图 8-278~图 8-281 所示。

04　接下来处理空间地面与顶棚细节。

图 8-278　当前客厅效果

图 8-279　当前楼梯间效果

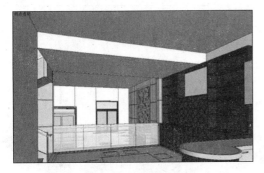

图 8-280　当前餐厅效果

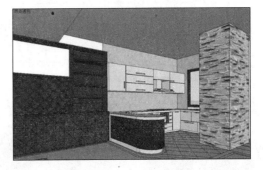

图 8-281　当前厨房效果

8.8 处理空间地面与顶棚

8.8.1 处理空间地面

1．处理客厅地面

01　选择参考图样通过捕捉调整高度，如图 8-282 所示。

02 参考图样，结合【直线】与【圆弧】工具分割客厅地面，如图 8-283 所示。

03 打开【材料】面板赋予石材，如图 8-284 所示。

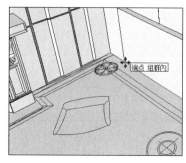

图 8-282　调整参考图样高度

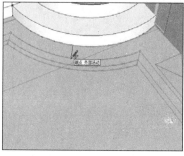

图 8-283　参考图样分割地面

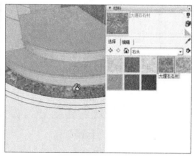

图 8-284　赋予最外层大理石

04 参考图样使用【偏移】工具制作客厅地面中部分割，如图 8-285 所示。然后赋予黑金砂材质，如图 8-286 所示。重复相同操作制作第三层分割，然后赋予石材，如图 8-287 所示。

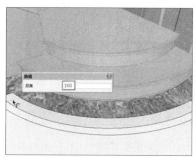

图 8-285　偏移复制制作中部分割

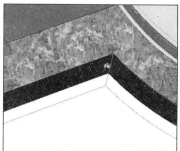

图 8-286　赋予黑金砂材质

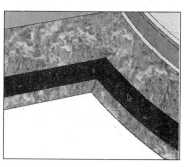

图 8-287　制作第三层分割并赋予材质

05 打开【材料】面板，为客厅内部地面制作并赋予黄色石材，并参考图样调整贴图效果，如图 8-288 所示。

06 经过以上步骤，客厅地面细节制作完成，效果如图 8-289 所示。

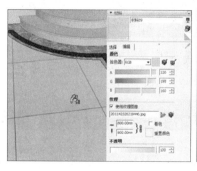

图 8-288　赋予内部黄色石材并调整贴图

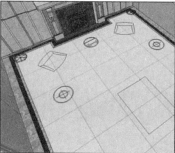

图 8-289　客厅地面处理完成效果

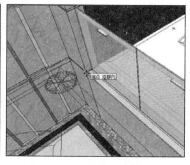

图 8-290　向上调整参考图样

2. 处理餐厅与厨房地面

01 选择参考图样结合【捕捉】工具调整高度，如图 8-290 所示。

02　启用【直线】工具，参考图样分割餐厅最外层地面，如图 8-291 与图 8-292 所示。

03　考虑到酒柜的实际位置，调整分割线，如图 8-293 所示。

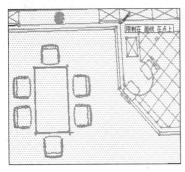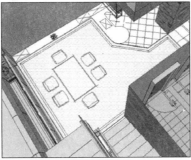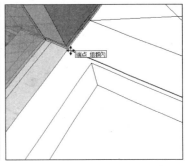

图 8-291　参考图样分割餐厅地面　　　　图 8-292　餐厅地面分割完成　　　　图 8-293　考虑酒柜位置调整分割线

04　参考图样，启用【偏移】工具制作中部分割，如图 8-294 所示。然后启用【直线】工具修改分割细节，如图 8-295 所示。

05　参考图样，启用【偏移】工具制作内部分割，如图 8-296 所示。

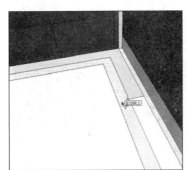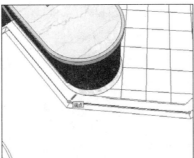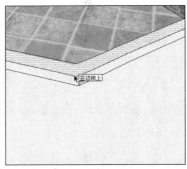

图 8-294　制作分割细节　　　　　　　图 8-295　修改分割细节　　　　　　　图 8-296　制作内部分割

06　打开【材料】面板赋予餐厅地面外围材质，如图 8-297 所示，然后赋予内部白色石材并调整贴图，如图 8-298 所示。

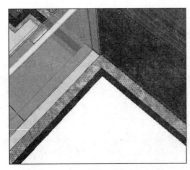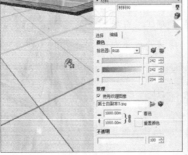

图 8-297　赋予外层分割面材质　　　　图 8-298　赋予餐厅地面白色石材　　　　图 8-299　赋予厨房地面防滑石材

07　赋予厨房地面防滑石材，如图 8-299 所示。然后调整贴图角度与大小，如图 8-300 所示。

08　参考图样分割过道地面，如图 8-301 所示。然后赋予材质，完成效果如图 8-302 所示。

09　空间地面处理完成，接下来处理空间顶棚细节。

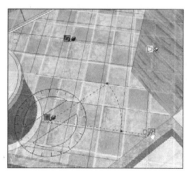
图 8-300　调整厨房地面贴图角度与大小

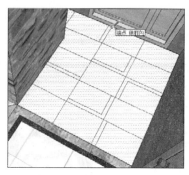
图 8-301　参考图样分割过道地面

图 8-302　赋予分割面材质

8.8.2 处理空间顶棚

1.　处理客厅顶棚

❑　调整顶棚与立面细节

01 取消顶面模型的隐藏，启用【直线】工具分割客厅顶棚平面，如图 8-303 所示。

02 启用【推/拉】工具捕捉客厅墙面最上方缝隙拉平，如图 8-304 所示。

03 根据当前顶棚高度，调整客厅立面边框高度，如图 8-305 所示。

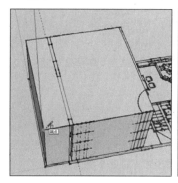

图 8-303　分割客厅顶棚平面　　　　图 8-304　向下推平至立面缝隙处　　　　图 8-305　调整立面边框高度

04 选择欧式柱上部模型，调整高度，如图 8-306 所示。接下来处理墙面细节。

05 参考顶棚边缘，启用【直线】创建工具分割楼梯处墙面，如图 8-307 所示。

06 删除分割得到的墙面，然后启用【尺寸】工具测量间距，如图 8-308 所示。

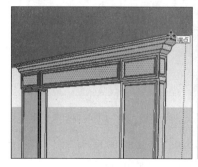
图 8-306　调整欧式柱高度

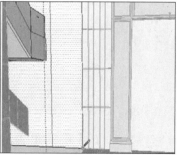
图 8-307　分割楼梯处墙面

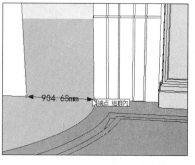
图 8-308　测量间距

07　选择左侧墙面模型，将其单独创建为【组】，如图 8-309 所示。然后选择该处墙面整体向左移动 452.38mm 的距离，如图 8-310 所示。

08　逐步选择墙面两侧造型，启用【缩放】工具调整宽度，如图 8-311 所示。最终得到的墙面效果如图 8-312 所示。

图 8-309　创建组

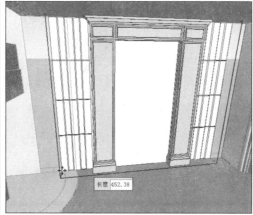

图 8-310　整体左移

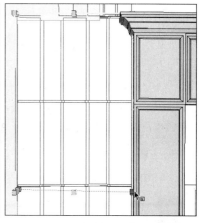

图 8-311　调整墙面宽度

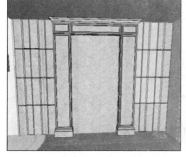

图 8-312　调整后的墙面效果

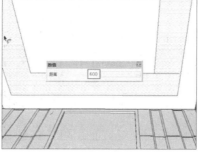

图 8-313　向内偏移复制 600mm

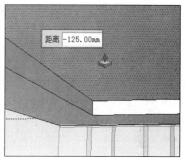

图 8-314　向内推入 125mm

2．制作天花板造型

01　选择天花板底面，结合使用【偏移】与【推/拉】工具制作第一层级，如图 8-313 与图 8-314 所示。

02　在层级内部结合使用【直线】与【圆弧】工具绘制角线截面，如图 8-315 所示。然后将该角线截面复制一份。

03　启用【路径跟随】工具制作内部角线，如图 8-316 所示，完成效果如图 8-317 所示。

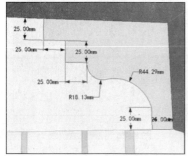

图 8-315　绘制角线截面

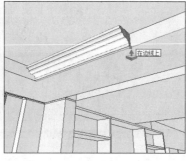

图 8-316　使用【路径跟随】工具制作内部角线

图 8-317　角线完成效果

[04] 启用【偏移】工具向内制作第二层级宽度，向内偏移复制 800mm，如图 8-318 所示，然后向内推入 150mm。

[05] 调整之前复制好的角线放置至第二层级内，然后调整底部细节，如图 8-319 所示。

[06] 启用【路径跟随】工具制作该处角线，完成效果如图 8-320 所示。

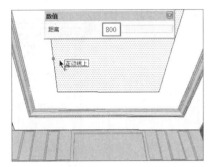
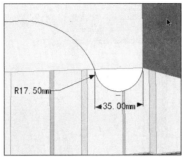
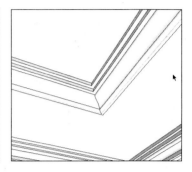

图 8-318　向内偏移复制 800mm　　　　图 8-319　调整底部细节　　　　图 8-320　通过路径跟随完成该处角线

[07] 结合使用【偏移】与【推/拉】工具制作第三层级，如图 8-321 与图 8-322 所示。

[08] 选择内部横向线段将其拆分为 3 段，如图 8-323 所示。

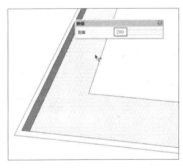
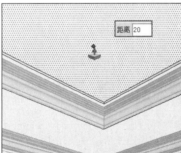
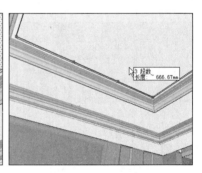

图 8-321　向内偏移复制 200mm　　　　图 8-322　向内推入 20mm　　　　图 8-323　拆分内部横向线段

[09] 选择内部竖向线段将其拆分为 7 段，如图 8-324 所示。

[10] 启用【矩形】工具捕捉拆分点及单元格，然后捕捉中点拆分，如图 8-325 所示。

[11] 启用【多边形】工具以中点为中心，绘制一个正六边形，如图 8-326 所示。

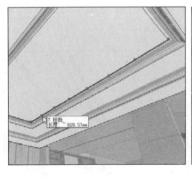
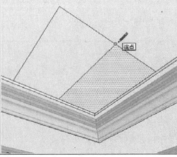
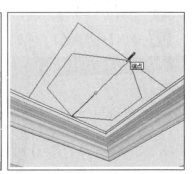

图 8-324　拆分内部竖向线段　　　　图 8-325　捕捉中点拆分　　　　图 8-326　绘制正六边线

[12] 删除多余线段，然后选择正六边形将其创建为【组】，如图 8-327 所示。

13 启用【偏移】工具制作 35mm 的边框，如图 8-328 所示。启用【推/拉】工具捕捉层次边线制作厚度，如图 8-329 所示。

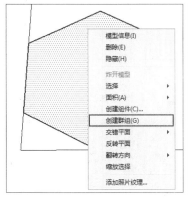

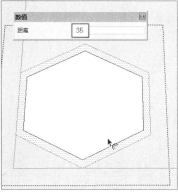

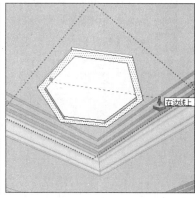

图 8-327　删除多余线段并创建为组　　　　　图 8-328　制作边框　　　　　　图 8-329　制作厚度

14 打开【材料】面板赋予单元格金属材质，如图 8-330 所示。

15 选择单元格，启用【缩放】工具捕捉边框调整宽度，如图 8-331 所示。

16 选择单元格通过捕捉拆分点进行横向与竖向复制，如图 8-332 所示。

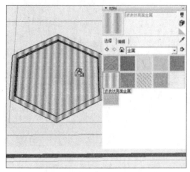

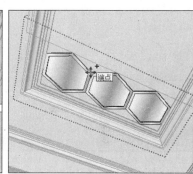

图 8-330　赋予金属材质　　　图 8-331　通过【缩放】工具捕捉边框调　　图 8-332　复制镜面造型
整宽度

17 打开【材料】面板，赋予天花板混凝土材质，如图 8-333 所示。

18 经过以上步骤，当前客厅顶棚造型如图 8-334 所示。

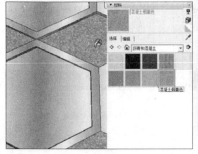

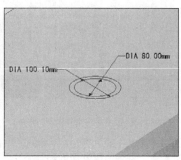

图 8-333　赋予天花板混凝土材质　　　图 8-334　当前客厅顶棚造型　　　图 8-335　创建圆形筒灯平面

❑ 制作灯孔细节

01 结合使用【圆】与【偏移】工具创建圆形筒灯平面，如图 8-335 所示。

02 启用【推/拉】工具制作圆形筒灯边框厚度，然后赋予各部分对应材质，完成效果如图 8-336 所示。

03 切换到顶视图复制圆形筒灯，完成效果如图 8-337 所示。

04 启用【矩形】工具在天花板内部创建方形筒灯平面，如图 8-338 所示。

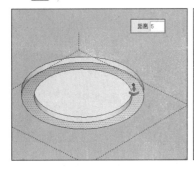

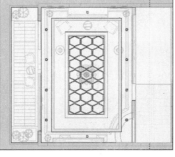

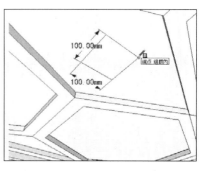

图 8-336 创建圆形筒灯细节并赋予材质　　图 8-337 在顶视图中复制圆形筒灯　　图 8-338 创建内部方形筒灯

05 结合【推/拉】以及【圆】工具制作方形筒灯内部细节，如图 8-339 与图 8-340 所示。

06 打开【材料】面板赋予方形筒灯各部分对应材质，完成效果如图 8-341 所示。

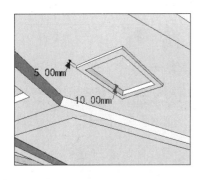

图 8-339 制作方形筒灯内部细节　　　　图 8-340 方形筒灯最终造型　　　　图 8-341 赋予方形筒灯材质

07 切换至【俯视图】内部方形筒灯，如图 8-342 所示。至此客厅顶棚细化完成，效果如图 8-343 所示。

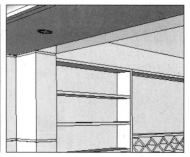

图 8-342 在顶视图中复制内部方形筒灯　　图 8-343 客厅顶棚完成效果　　　图 8-344 当前衔接处顶棚

3. 处理衔接处顶棚细节

01 当前的衔接处为空洞，如图 8-344 所示。选择内部平面启用【推/拉】工具制作出横梁，如图 8-345 所示。

02 选择边线拆分为 4 段，然后划分好效果，如图 8-346 所示。

03 使用【推/拉】工具制作分割缝隙，然后赋予石材，完成效果如图 8-347 所示。

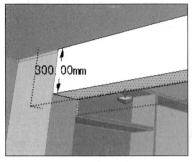

图 8-345　推拉出横梁　　　　　图 8-346　将边线拆分为 4 段　　　　图 8-347　制作缝隙并赋予石材

4. 处理餐厅顶棚细节

01 启用【推/拉】工具，选择餐厅顶面，捕捉酒柜顶面后调整高度，如图 8-348 所示。

02 启用【直线】工具捕捉酒柜分割餐厅天花板，如图 8-349 所示。

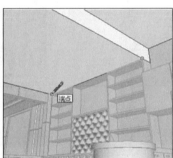
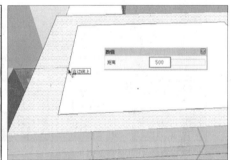

图 8-348　捕捉酒柜顶面调整高度　　图 8-349　捕捉酒柜分割餐厅天花板　　　图 8-350　向内偏移复制 500mm

03 结合使用【偏移】与【推/拉】工具制作餐厅吊顶内部细节，如图 8-350 与图 8-351 所示。

04 结合线的【移动】与【推/拉】工具制作餐厅光槽细节，如图 8-352 所示。

05 启用【直线】工具捕捉中点分割餐厅顶棚，完成效果如图 8-353 所示。

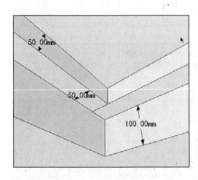
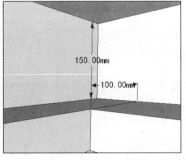
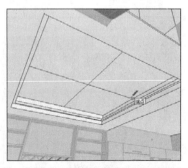

图 8-351　制作吊顶内部　　　　　图 8-352　制作光槽细节　　　　　图 8-353　分割餐厅顶棚

06 打开【材料】面板赋予顶部木纹材质，然后调整效果如图 8-354 所示。

07 选择之前制作的方形筒灯复制至餐厅天花板处，如图 8-355 所示，然后在顶视图中复制，完成效果如图 8-356 所示。

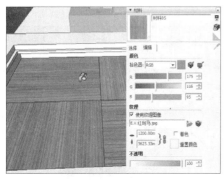

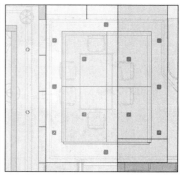

图 8-354　制作并赋予顶部木纹材质　　　　图 8-355　复制方形筒灯模型　　　　图 8-356　在顶视图中复制餐厅筒灯

08 经过以上步骤，餐厅顶棚即已完成，效果如图 8-357 所示。

图 8-357　餐厅顶棚完成效果　　　　　　　　　图 8-358　绘制厨房顶棚平面

5．处理厨房顶棚细节

01 启用【矩形】工具，捕捉墙面创建厨房顶棚平面，如图 8-358 所示。

02 启用【推/拉】工具捕捉冰箱后方墙面制作长度，如图 8-359 所示。

03 启用【直线】工具分割右侧平面，如图 8-360 所示。然后启用【推/拉】工具捕捉墙面制作长度，如图 8-361 所示。

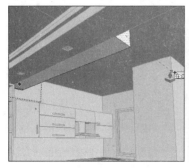
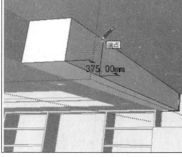
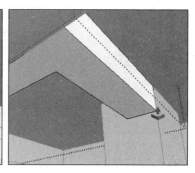

图 8-359　捕捉冰箱后方墙体制作长度　　　图 8-360　分割右侧平面　　　　图 8-361　捕捉墙面制作长度

04 启用【直线】工具分割各顶棚细节，然后赋予木纹材质，完成效果如图 8-362 所示。

05 启用【直线】工具结合中点捕捉，分割底面，如图 8-363 所示。

 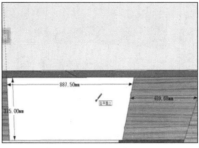 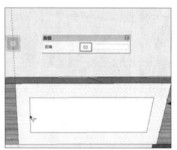

图 8-362 初步分割并赋予材质　　　图 8-363 捕捉中点分割底面　　　图 8-364 向内偏移复制 80mn

06 结合使用【偏移】与【推/拉】工具制作吧台上方吊柜轮廓，如图 8-364 与图 8-365 所示。

07 3 拆分柜子竖向边线，如图 8-366 所示。然后启用【直线】工具分割柜子表面，如图 8-367 所示。

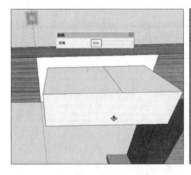 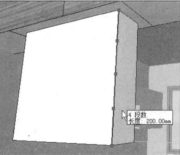 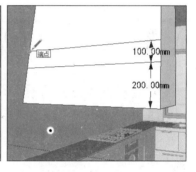

图 8-365 捕捉吊柜推拉柜子长度　　　图 8-366 3 拆分紧向边线　　　图 8-367 分割柜子表面

08 启用【偏移】工具逐步制作柜子上下宽度均为 15mm 的边框，如图 8-368 与图 8-369 所示。

09 启用【推/拉】工具推空下方分割面，完成效果如图 8-370 所示。

 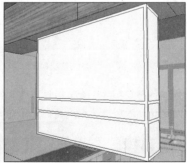 

图 8-368 制作下边框　　　图 8-369 制作上边框　　　图 8-370 推空下方分割面

10 选择中部分割线拆分为 3 段，如图 8-371 所示。然后结合使用【直线】与【推/拉】工具制作酒杯架细节，如图 8-372 与图 8-373 所示。

11 复制方形筒灯至酒柜下方，然后调整位置，如图 8-374 与图 8-375 所示。

12 打开【材料】面板赋予酒杯架各部分对应材质，完成效果如图 8-376 所示。

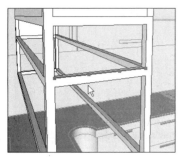

图 8-371 将分边线拆分为 3 段

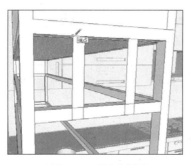

图 8-372 创建分割面

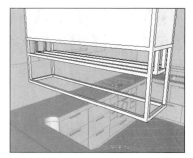

图 8-373 推拉出酒杯架

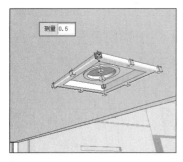

图 8-374 复制方形筒灯并缩放

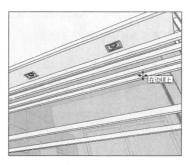

图 8-375 复制并调整位置

图 8-376 酒杯架完成效果

13 复制方形筒灯至厨房顶棚其他位置，完成效果如图 8-377 所示。

14 切换至顶视图，复制方形筒灯至厨房后方过道处，如图 8-378 所示。过道顶棚完成效果如图 8-379 所示。

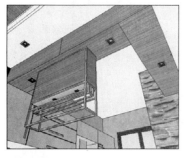

图 8-377 复制筒灯制作完成厨房顶棚

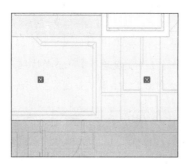

图 8-378 复制筒灯至厨房后过道处

图 8-379 过道顶棚完成效果

15 经过以上步骤，本例空间顶棚效果制作完成，各空间当前效果如图 8-380 与图 8-381 所示。

16 接下来将合并家具、灯具以及装饰物等模型，完成案例最终效果。

图 8-380 当前客厅效果

图 8-381 当前餐厅与厨房效果

8.9　完成最终效果

8.9.1　合并各空间家具

根据各空间特点与功能，合并各空间家具，如图 8-382~图 8-387 所示。

图 8-382　合并客厅前方桌椅模型

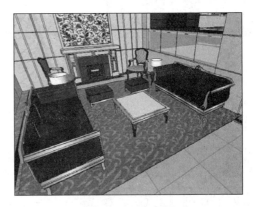

图 8-383　合并客厅沙发套

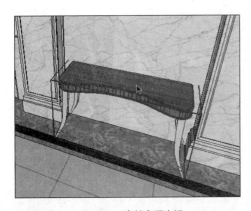

图 8-384　合并客厅边柜

图 8-385　合并餐桌椅

图 8-386　合并吧椅

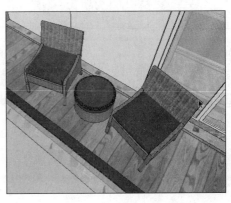

图 8-387　合并阳台休闲椅

家具合并完成之后，本案例各空间效果如图 8-388 与图 8-389 所示。

图 8-388　客厅当前效果

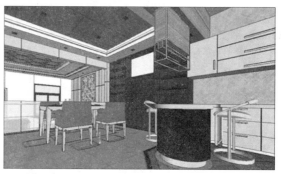

图 8-389　厨房与餐厅当前效果

8.9.2 制作窗帘并合并灯具

01 结合线的移动复制与【推/拉】工具制作窗帘并放置好位置，如图 8-390 与图 8-391 所示。

02 打开【组件】面板合并窗帘模型，然后通过【缩放】工具调整造型，如图 8-392 所示。

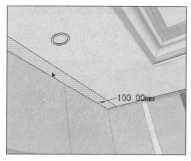

图 8-390　分割出窗帘放置区域

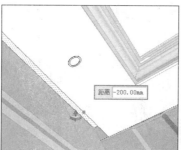

图 8-391　向内推入 200mm

图 8-392　合并并调整窗帘

03 选择调整的窗帘模型，通过复制制作窗帘与门帘，完成效果如图 8-393 与图 8-394 所示。

图 8-393　窗帘完成效果

图 8-394　门窗完成效果

图 8-395　合并客厅水晶灯

04 打开【组件】面板，根据各空间的功能与特点合并灯具模型，如图 8-395~图 8-398 所示。

05 经过以上步骤各空间的效果如图 8-399 与图 8-400 所示。

图 8-396　合并壁灯　　　　　　图 8-397　合并电视墙壁灯　　　　　图 8-398　合并餐厅吊灯

图 8-399　客厅效果　　　　　　　　　　　　　　　　图 8-400　餐厅效果

8.9.3 合并装饰品完成最终效果

　　打开【组件】面板，根据各空间的功能与特点合并书报、花瓶、电视、装饰摆设以及挂画等模型，如图 8-401~
图 8-410 所示。

图 8-401　合并阳台处书报　　　　　　　　　　　　图 8-402　合并客厅花瓶

图 8-403 合并电视

图 8-404 合并客厅茶几摆设

图 8-405 合并壁炉摆设

图 8-406 合并餐桌摆设

图 8-407 合并酒柜摆设

图 8-408 合并吧台摆设

图 8-409 合并楼梯处挂画

图 8-410 合并过道处挂画

经过以上步骤，完成客厅效果如图 8-411 所示，其他空间效果如图 8-7~图 8-13 所示。至此，本例新古典欧式风格别墅设计与表现即已完成。

图 8-411 客厅当前效果

第 9 章

古典欧式风格书房空间设计

古典欧式风格讲究雍容华贵的装饰效果，色彩浓烈，造型精美，配饰华丽。通过完美的曲线、精益求精的细节处理，使空间整体不断向和谐的境界迈进。

本章将通过对书房中各构成元素的设计，呈现出古典欧式风格豪华、安逸的效果。

9.1 古典欧式风格设计概述

古典欧式风格历史悠久，其最大的特点是在造型上极其讲究，给人以端庄典雅、高贵华丽的感觉，具有浓厚的文化气息。在家具的选配上，一般以款式优雅的家具，配以精致的雕刻，整体营造出一种华丽、高贵、温馨的氛围。以壁炉作为居室的中心，是这种风格最明显的特征，典型的古典欧式风格室内效果如图 9-1 与图 9-2 所示。

图 9-1　典型的古典欧式客厅效果

图 9-2　典型的古典欧式书房效果

空间特点：欧洲古典室内风格之所以历久不衰，在于它讲求合理、对称的比例，十分注重对称的空间美感，如图 9-3 所示。

空间处理：较为典型的欧式元素有石膏线、装饰柱、壁炉和镜面等。其地面一般铺大理石，局部使用地毯；墙面贴花纹墙纸装饰，并镶以木板或皮革，再为其涂上金漆或绘制优美图案；天花一般会以装饰性石膏工艺装饰或饰以珠光宝气的讽寓油画，如图 9-4 所示。

家具配置：在造型上，宽厚而又优雅，曲线十分流畅；在材质上，一般采用樱桃木、胡桃木等高档实木，以表现出高贵典雅的贵族气质。

色彩搭配：经常以白色系或黄色系为基础，搭配墨绿色、深棕色、金色等，衬托出古典欧式风格的华贵气质，如图 9-5 所示。

图 9-3　古典欧式由风格对称的空间美感

图 9-4　古典欧式空间处理特点

图 9-5　古典欧式家具与色彩搭配特点

在本案例中，将通过简单的户型平面布置图纸，根据以上设计原则完成一个古典欧式风格书房的空间设计，其表现与室内家具配饰细节将在第 10 章完成，案例完成后的空间效果如图 9-6 ~图 9-12 所示。

图 9-6　空间门与墙面细节

图 9-7　壁炉细节

图 9-8　窗户与书架细节

图 9-9　立面效果 1

图 9-10　立面效果 2

图 9-11　立面效果 3

图 9-12　立面效果 4

9.2　正式建模前的准备工作

9.2.1 导入图纸并整理图纸

01　打开 SketchUp，进入【模型信息】面板，设置场景单位，如图 9-13 所示。

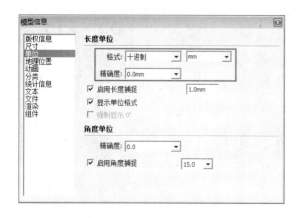

图 9-13 设置场景单位　　　　　　　　　　图 9-14 执行【文件】/【导入】选项

02 执行【文件】/【导入】菜单命令，如图 9-14 所示。

03 在弹出的【导入】面板中调整文件类型为"AutoCAD 文件"，如图 9-15 所示。

04 单击【导入】面板中的【选项】按钮，然后在弹出的面板中设置导入参数，如图 9-16 所示。

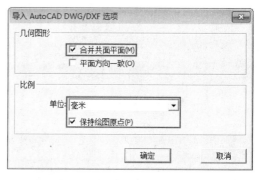

图 9-15 选择 AutoCAD 文件类型　　　　　　图 9-16 设置导入参数

05 选项参数调整完成后单击【确定】按钮，然后双击配套光盘中的"书房平面布置图"进行导入，导入完成后的效果如图 9-17 所示。

06 选择图纸，启用【移动】工具将图纸的左侧角点与原点对齐，如图 9-18 所示。

07 启用【卷尺】工具测量导入图纸中入户门的宽度，如图 9-19 所示。

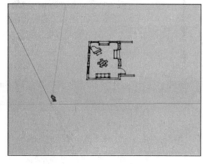

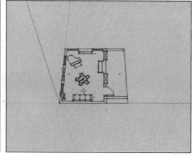

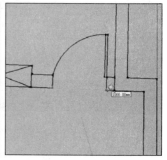

图 9-17 图纸导入完成效果　　　图 9-18 将图纸的左侧角点与原点对齐　　　图 9-19 测量导入图纸中入户门宽度

08 测量 CAD 图纸中入户门的宽度，通过对照确定导入图纸的正确尺寸，如图 9-20 所示。

9.2.2 分析建模思路

01 本案例的空间构造与布置十分简单，如图 9-21 所示。在设计的过程中着重对门窗、墙面以及书架等元素进行精心处理，为方便讲解，将设置各墙面的名称，如图 9-22 所示。建模的大致流程如下：

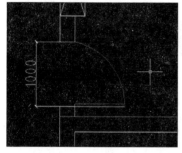

图 9-20 比对 CAD 图纸中门宽度

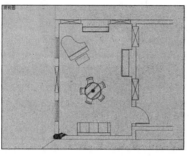

图 9-21 空间构造与布置

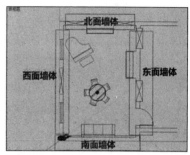

图 9-22 设置墙面名称

02 参考图样绘制空间平面，如图 9-23 所示。制作空间高度，如图 9-24 所示。

03 通过【直线】、【圆弧】以及【推/拉】等工具制作门洞与窗洞，完成效果如图 9-25 所示。

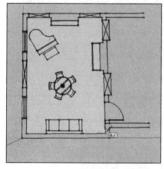

图 9-23 绘制空间平面

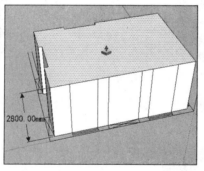

图 9-24 制作空间高度

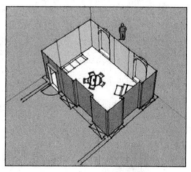

图 9-25 制作门洞与窗洞

04 框架制作完成后，参考常用的古典欧式造型，逐步制作高细节的书房门以及窗户，然后通过复制快速制作其他窗户，如图 9-26~图 9-28 所示。

图 9-26 制作高细节书房门

图 9-27 制作高细节窗户

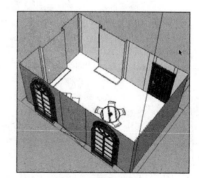

图 9-28 快速复制完成其他窗户

05 框架以及门窗制作完成后，首先通过【组件】合并制作的壁炉效果，如图 9-29 所示。

06 然后逐步细化好墙壁细节与书架造型，完成效果如图 9-30 所示。

07 最后处理好书房门的衔接细节，完成东面墙体效果如图 9-31 所示。

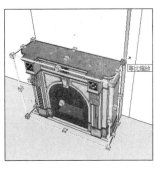

图 9-29　合并壁炉

图 9-30　制作书架细节

图 9-31　东面墙体最终完成效果

08 东面墙体细化完成后，参考其在平面图纸中的位置，通过复制与缩放快速制作北面以及西面的墙体效果，如图 9-32 与图 9-33 所示。

09 参考制作的墙面造型，细化南面的木质墙体，完成效果如图 9-34 所示。

图 9-32　北面墙体细化完成效果

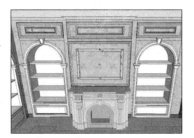

图 9-33　西面墙体细化完成效果

图 9-34　南面墙体细化完成效果

10 最后再逐步制作顶棚以及地面细节，如图 9-35 与图 9-36 所示。空间设计完成后的效果如图 9-6 ~图 9-12 所示。

图 9-35　制作顶棚细节

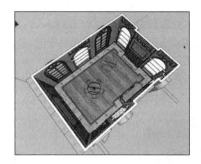

图 9-36　制作地面细节

9.3 创建整体框架

9.3.1 创建墙体框架

01 启用【直线】工具，捕捉图纸内侧并创建墙线，如图 9-37 所示。

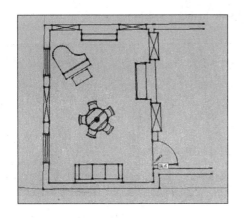

图9-37 捕捉图纸创建内侧墙线

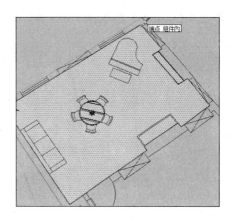

图9-38 空间平面创建完成

02 空间平面创建完成后的效果如图9-38所示。启用【推/拉】工具为其制作2800mm高度，如图9-39所示。全选模型，单击鼠标右键，选择【反转平面】菜单命令，将模型面反转，如图9-40所示。

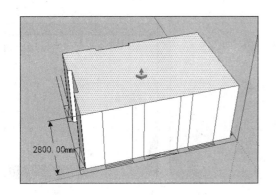

图9-39 推拉创建空间高度

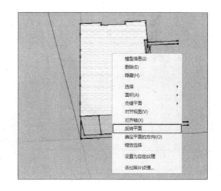

图9-40 将模型面反转

03 逐步选择顶面、墙面以及底面并将其各自单独创建为【组】，如9-41~图9-43所示。

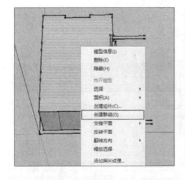

图9-41 将顶面创建为组

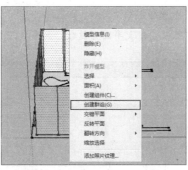

图9-42 将墙面创建为组

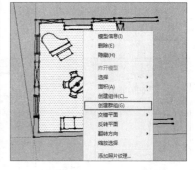

图9-43 将地面创建为组

9.3.2 创建门洞与窗洞

01 选择门洞的下方边线，启用【移动】工具以2200mm的距离向上移动复制以确定门洞高度，如图9-44与图9-45所示。

02 启用【推/拉】工具捕捉图纸并制作门洞深度，如图 9-46 所示。

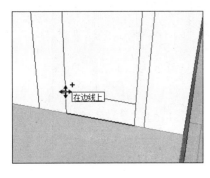

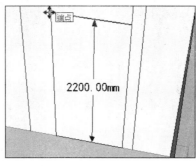

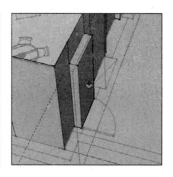

图 9-44　门洞下方边线段进行移动复制　　　　图 9-45　确定门洞高度　　　　图 9-46　推拉制作门洞深度

03 删除多余的模型，完成门洞效果如图 9-47 所示。接下来制作窗洞。

04 选择窗洞的下方边线，启动【移动】工具以 200mm 的距离确定好窗洞下沿的高度，如图 9-48 所示。

05 再以 2400mm 的距离向上移动复制以确定窗洞上沿的高度，如图 9-49 所示。

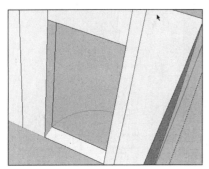

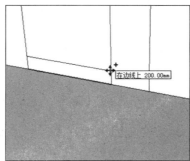

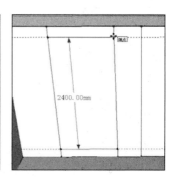

图 9-47　删除多余模型面　　　　图 9-48　复制线段确定窗洞下沿高度　　　　图 9-49　复制线段确定窗洞上沿
　　的高度

06 启用【直线】工具，以窗户的半宽值绘制顶部圆弧参考线，如图 9-50 所示。

07 启用【圆弧】工具，捕捉参考点并绘制半圆图形，如图 9-51 所示。

08 为了取得理想的效果，输入 "32" 以增大半圆分段数，如图 9-52 所示。

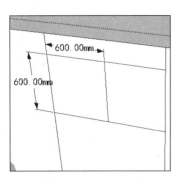

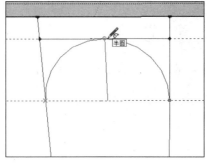

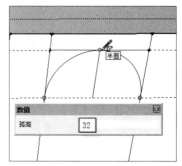

图 9-50　创建圆弧参考线　　　　图 9-51　绘制半圆图形　　　　图 9-52　设置半圆分段数

09 启用【推/拉】工具制作窗洞深度，如图 9-53 所示。

10 启用【移动】工具选择已创建好的窗洞，然后捕捉图纸位置并复制，如图 9-54 所示。

11 经过以上步骤，本案例的整体框架即已创建完成，效果如图 9-55 所示。

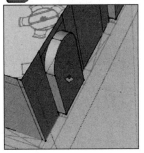

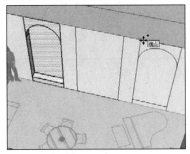

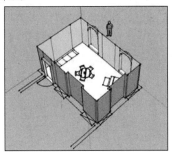

图 9-53　推拉出窗洞深度　　　　　　　图 9-54　复制窗洞　　　　　　　　图 9-55　整体框架完成效果

9.4 制作细节门窗

9.4.1 制作书房房门

1. 制作门套线

01 常见的古典欧式门造型，如图 9-56 所示，接下来参考其造型制作本例中的书房房门。

02 启用【矩形】工具捕捉门洞角点并制作门平面，如图 9-57 所示。

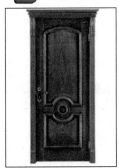

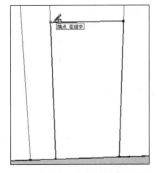

图 9-56　常见古典欧式门造型　　　　　　　图 9-57　捕捉门洞角点并制作门平面

03 启用【偏移】工具向外捕捉分割线并制作门套平面，如图 9-58 所示。

04 选择底部线段，以 150mm 距离移动复制并分割门套的下方区域，如图 9-59 所示。

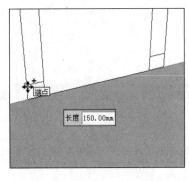

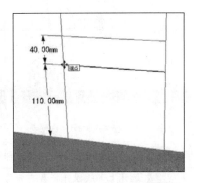

图 9-58　偏移复制制作门套平面　　　图 9-59　复制线段并分割门套下方区域　　　图 9-60　初步分割下方区域

05　继续使用移动复制分割出下方的细节线段，如图 9-60 与图 9-61 所示。

06　启用【推/拉】工具选择最下方的分割面，然后制作厚度 30mm 的装饰块，如图 9-62 所示。

07　结合使用【偏移】与【移动】工具制作装饰块的边框细节，如图 9-63 所示。

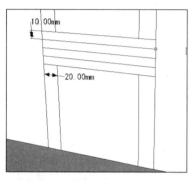

图 9-61　细分割下方区域

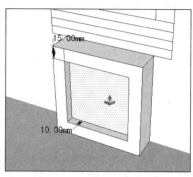

图 9-62　制作装饰块

图 9-63　制作装饰块边框细节

08　启用【圆】工具制作装饰块的内部细节平面，如图 9-64 与图 9-65 所示。

09　启用【推/拉】工具捕捉边缘高度并创建装饰细节厚度，如 9-66 与图 9-67 所示。

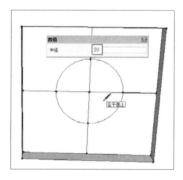

图 9-64　在中心处绘制圆形

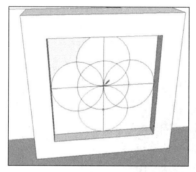

图 9-65　绘制平面造型

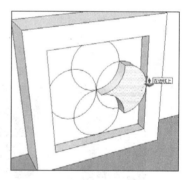

图 9-66　捕捉边缘创建好高度

10　启用【推/拉】工具制作装饰块上部层级左右两侧细节厚度，如图 9-68 与图 9-69 所示。

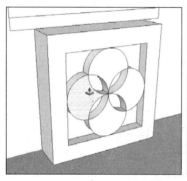

图 9-67　内部装饰细节制作完成

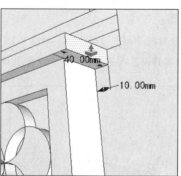

图 9-68　推拉制作上部层级右侧细节

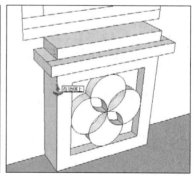

图 9-69　制作左侧相同细节

11　通过类似方法逐步制作中部与顶部层级细节，如图 9-70 与图 9-71 所示。

12　选择上部线段并将其拆分为 7 段，如图 9-72 所示。

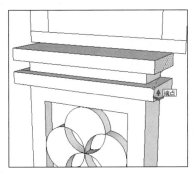

图 9-70 制作中部层级细节

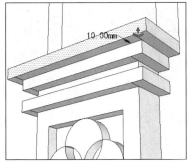

图 9-71 制作顶部层级细节

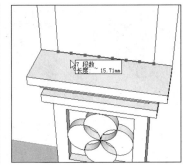

图 9-72 将上部线段拆分为 7 段

13 启用【直线】工具捕捉分割点并创建分割线，如图 9-73 所示。

14 启用【推/拉】工具制作边框细节，如图 9-74 所示。

图 9-73 捕捉分割点并创建分割线

图 9-74 捕捉底部边框制作厚度

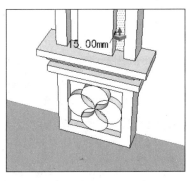

图 9-75 制作其他门套线细节

15 继续推拉其他分割面，完成细节效果如图 9-75 所示。该侧门套线的最终完成效果如图 9-76 所示。

16 选择底部装饰并将其整体创建为【组】，如图 9-77 所示。

17 选择装饰块【组】，将其移动复制至上方，如图 9-78 所示。

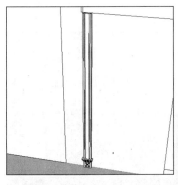

图 9-76 单个门套线完成效果

图 9-77 将底座单独创建为组

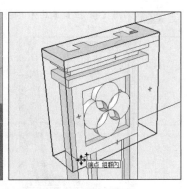

图 9-78 复制至上方

18 启用【直线】工具修整上方平面，然后将多余的线段删除，完成效果如图 9-79 所示。

19 选择模型表面并向外移动 30mm，以增加厚度效果如图 9-80 所示。

20 整体复制出右侧的门套线，完成效果如图 9-81 所示。

21 结合使用【矩形】与【推/拉】工具制作上方门套线的轮廓，如图 9-82 与图 9-83 所示。

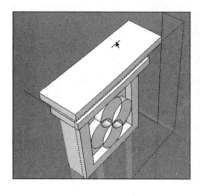

图 9-79　修补顶面并删除多余线段

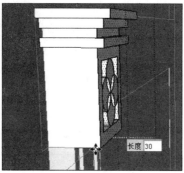

图 9-80　调整厚度

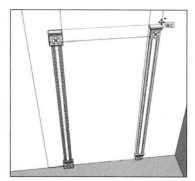

图 9-81　复制门套线至右侧

22 结合使用【矩形】与【推/拉】工具制作上方门套线细节，如图 9-84 所示。

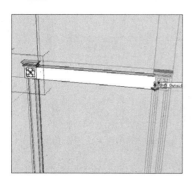

图 9-82　制作上方门套线轮廓

图 9-83　上方门套线轮廓制作完成

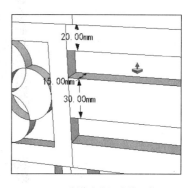

图 9-84　制作上方门套线细节

23 通过以上步骤，书房门套线制作即已完成，整体效果如图 9-85 所示。

2. 制作门页造型

01 选择门页平面并单独创建为【组】。然后使用【偏移】工具向内偏移复制 20mm，如图 9-86 所示。

02 启用【推/拉】工具为其制作 10mm 深度，如图 9-87 所示。

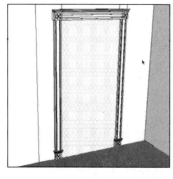

图 9-85　书房门套线完成效果

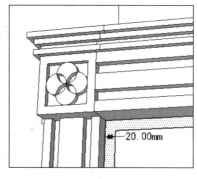

图 9-86　向内偏移复制 20mm

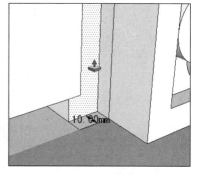

图 9-87　制作 10mm 深度

03 启用【偏移】工具向内偏移 150mm，如图 9-88 所示。

04 选择上下线段并分别将其向内调整 50mm，如图 9-89 所示。

05 选择上部线段并将其拆分为 7 段，如图 9-90 所示。选择左侧线段并将其拆分为 10 段，如图 9-91 所示。

06 启用【直线】工具捕捉拆分点并分割门页平面，如图 9-92 所示。

图 9-88　向内偏移 150mm

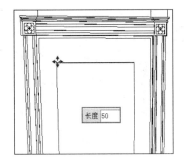

图 9-89　调整上下线段距离

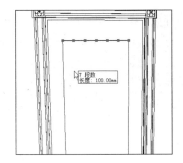

图 9-90　将上部线段拆分为 7 段

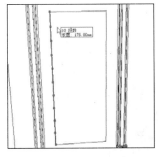

图 9-91　将左侧线段拆分为 10 段

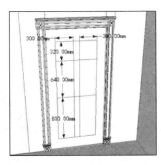

图 9-92　分割门页平面

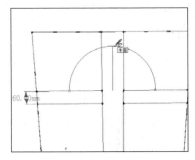

图 9-93　绘制表面细节

07　结合使用【直线】与【圆弧】工具制作表面分割细节，如图 9-93 与图 9-94 所示。最终完成的门页分割效果如图 9-95 所示。

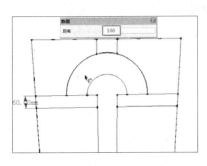

图 9-94　偏移复制制作分割细节

图 9-95　分割平面绘制完成

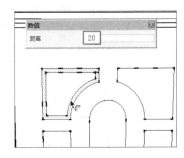

图 9-96　向内偏移复制 20mm

08　结合使用【偏移】与【推/拉】工具制作表面细节，如图 9-96 与图 9-97 所示。

09　对其他平面进行相同操作，完成效果如图 9-98 所示。

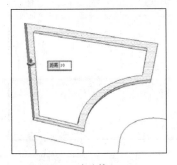

图 9-97　向内推入 10mm

图 9-98　处理其他平面

图 9-99　选择外部边框进行 3D 圆角

10　选择外部边线，通过【3D 圆角】工具处理 3D 圆角细节，如图 9-99~图 9-101 所示。

11 通过相同的方法处理好内部边线效果，完成效果如图 9-102 所示。

图 9-100　设置 3D 圆角参数

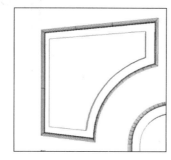

图 9-101　外边框 3D 圆角完成效果

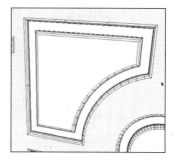

图 9-102　相同方式处理内边框

12 打开【组件】面板并合并入拉手模型，然后放置好位置，如图 9-103 所示。

13 打开【材料】面板，制作并赋予书房门木纹材质，完成效果如图 9-104 所示。

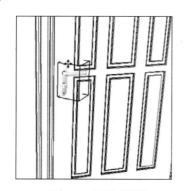

图 9-103　合并拉手模型

图 9-104　制作并赋予书房门木纹材质

9.4.2 制作书房窗户

1. 制作窗户套线

01 启用【偏移】工具为其制作 100mm 宽度的窗户套线平面，如图 9-105 所示。

02 复制装饰块至窗户套线的下方，然后启用【矩形】工具绘制矩形平面，如图 9-106 所示。

03 启用【直线】工具分割顶面矩形，完成效果如图 9-107 所示。

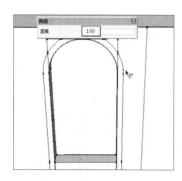

图 9-105　制作窗户套线平面

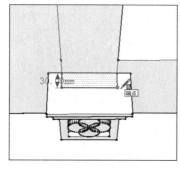

图 9-106　复制底部装饰块并创建顶面矩形

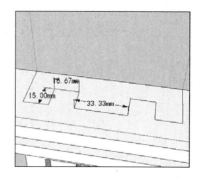

图 9-107　分割顶面矩形

04 将装饰块复制至右侧，如图 9-108 所示。然后整体复制至中部，如图 9-109 所示。

05 启用【推/拉】工具制作中部套线，如图 9-110 所示。

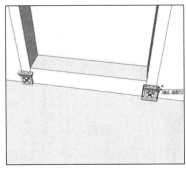
图 9-108 复制底部装饰块

图 9-109 复制中部装饰块

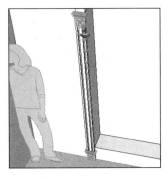
图 9-110 制作中部套线

06 启用【路径跟随】工具制作圆弧套线，如图 9-111 所示。

07 以相同的方法制作右侧的中部套线，完成效果如图 9-112 所示。

08 启用【推/拉】工具捕捉装饰块顶部的层次表面并调整窗户的下沿高度，如图 9-113 所示。

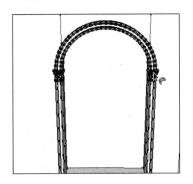
图 9-111 制作圆弧套线

图 9-112 窗户套线完成效果

图 9-113 调整窗户下沿高度

2. 制作内部窗户

01 选择窗户平面并将其单独创建为【组】，如图 9-114 所示。

02 选择窗户平面【组】，捕捉中点并调整位置，如图 9-115 所示。

03 启用【偏移】工具制作窗框平面，如图 9-116 所示。

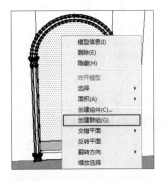
图 9-114 将窗户平面创建为组

图 9-115 捕捉中点并调整位置

图 9-116 制作窗框平面

04 启用【偏移】工具制作顶部的圆弧分割面，如图 9-117 所示。

05 启用【直线】工具捕捉中点并创建连接线，如图 9-118 所示。

06　选择连接线，然后以 45° 角进行复制，完成效果如图 9-119 所示。

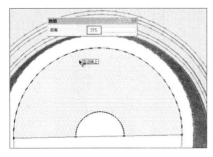

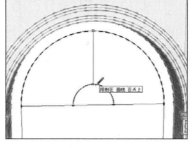

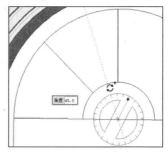

图 9-117　制作顶部的圆弧分割面　　　　图 9-118　创建中点连接线　　　　图 9-119　以 45° 角进行复制

07　启用【偏移】工具绘制上部的窗格平面，如图 9-120 与图 9-121 所示。

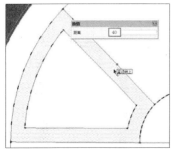

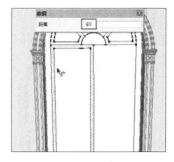

图 9-120　绘制上部窗格平面　　　　图 9-121　上部窗格平面完成效果　　　　图 9-122　分割下部平面

08　启用【直线】工具捕捉中点并分割下部平面，然后启用【偏移】工具制作整体框架平面，如图 9-122 所示。选择竖向线段并拆分为 5 段，如图 9-123 所示。

09　参考拆分点，结合使用【直线】以及【偏移】工具制作左右窗格的细节平面，如图 9-124 与图 9-125 所示。

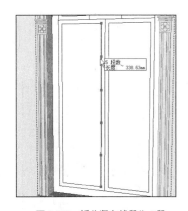

图 9-123　拆分竖向线段为 5 段　　　　图 9-124　制作窗格细节　　　　图 9-125　窗户平面制作完成

10　启用【推/拉】工具制作窗框与玻璃面细节，如图 9-126 所示。

11　打开【材料】面板，赋予窗户木纹材质与玻璃材质，完成效果如图 9-127 所示。

12　选择制作的套线与窗户模型，捕捉图纸并将其整体复制至右侧，如图 9-128 所示。

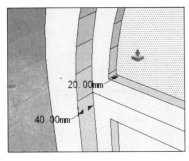

图 9-126　制作窗框与玻璃面细节

图 9-127　赋予窗户材质

图 9-128　参考图样复制窗户模型

13　经过以上步骤，本案例当前的空间效果如图 9-129 与图 9-130 所示。

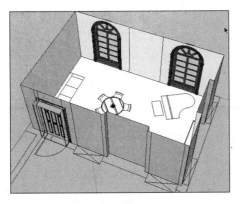

图 9-129　空间当前效果 1

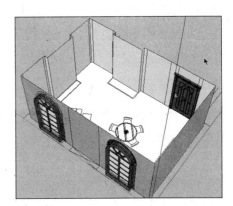

图 9-130　空间当前效果 2

9.5 处理各墙面

9.5.1 处理东面墙体

1. 制作墙面细节

01　打开【组件】面板，合并入壁炉模型并适当调整其大小，如图 9-131 所示。

02　启用【直线】工具，捕捉壁炉与墙面结合点分割墙面，如图 9-132 所示。

03　参考图 9-133 制作书房的墙面细节。

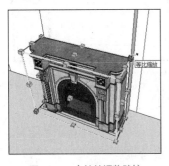

图 9-131　合并并调整壁炉

图 9-132　捕捉结合点分割墙面

图 9-133　古典欧式墙面

04 选择分割线，通过移动复制分割中部墙面，如图 9-134 所示。

05 启用【偏移】工具制作墙面边框，如图 9-135 所示。

06 启用【直线】工具制作角线平面，然后将线段拆分为 3 段，如图 9-136 所示。

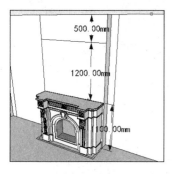

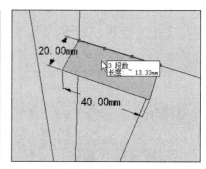

图 9-134 分割中部墙面　　　　图 9-135 制作墙面边框　　　　图 9-136 创建矩形角线平面并拆分为 3 段

07 启用【圆弧】工具，捕捉各分割点以及中点并绘制角线细节平面，如图 9-137 与图 9-138 所示。

08 选择角线与边框平面并将其整体创建为【组】，如图 9-139 所示。

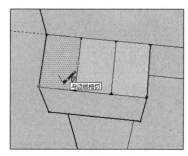
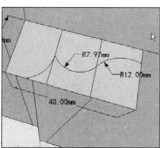
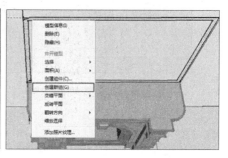

图 9-137 捕捉中点绘制圆弧　　　图 9-138 角线平面绘制完成　　　图 9-139 将角线平面与边框创建为组

09 启用【路径跟随】工具制作角线效果，如图 9-140 所示。完成后的细节效果如图 9-141 所示。

10 启用【偏移】工具向内偏移 150mm，如图 9-142 所示。

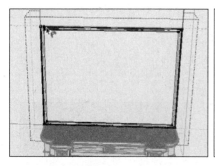
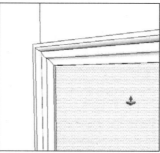
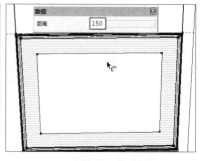

图 9-140 制作角线效果　　　图 9-141 外部边框角线完成后的细　　　图 9-142 向内偏移 150mm
节效果

11 启用【推/拉】工具为其制作 15mm 深度，如图 9-143 所示。

12 选择内陷平面，启用【缩放】工具调整斜面细节，如图 9-144 与图 9-145 所示。

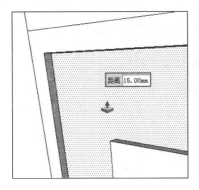

图 9-143　向内推入 15mm

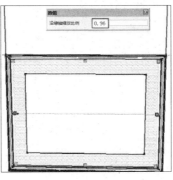

图 9-144　左右缩放形成两侧斜面

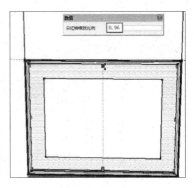

图 9-145　上下缩放形成斜面

13　启用【缩放】工具制作内部平面的斜面细节，如图 9-146 所示。

14　启用【偏移】工具制作内部边框，如图 9-147 所示。

15　通过类似方法制作内部边框角线，完成效果如图 9-148 所示。

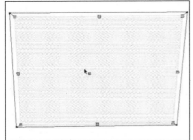

图 9-146　缩放制作内部平面

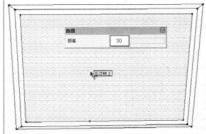

图 9-147　偏移复制制作内部边框

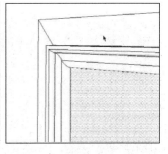

图 9-148　制作内部边框角线

16　通过线段的移动复制调整上部分割线，如图 9-149 所示。

17　通过类似方法制作墙面的凹凸细节，完成效果如图 9-150 所示。

18　复制外部边框角线至上部，然后捕捉角点并对齐位置，如图 9-151 所示。

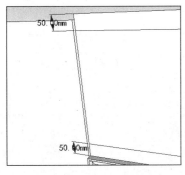

图 9-149　调整上部分割线

图 9-150　制作墙面凹凸细节

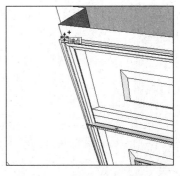

图 9-151　复制外部边框角线

19　选择角线下部的模型，然后捕捉分割线并调整好长度，如图 9-152 所示。

20　经过以上步骤，中部墙面细节处理完成，效果如图 9-153 所示。

21　最后，打开【材料】面板，制作并赋予墙面壁纸材质，完成效果如图 9-154 所示。接下来制作壁内书架。

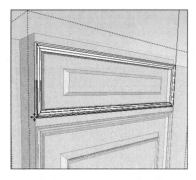

图 9-152　选择部分模型调整宽度

图 9-153　中部墙面细节处理完成

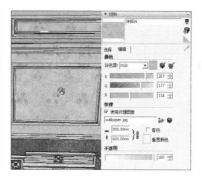

图 9-154　制作并赋予墙面壁纸材质

2. 制作壁内书架

01　本案例书架将参考图 9-155 所示的造型制作。

02　选择底部线段，捕捉墙面分割线进行移动复制以确定书架高度，如图 9-156 所示。

03　启用【圆弧】工具制作顶部圆弧，如图 9-157 所示。

图 9-155　古典欧式壁内书架造型　　　　图 9-156　确定书架高度　　　　图 9-157　制作顶部圆弧

04　启用【偏移】工具制作框架平面，如图 9-158 所示。

05　选择顶部线段，以 500mm 的距离向上复制分割，如图 9-159 所示。

06　启用【直线】工具捕捉顶部圆弧中点并进行分割，如图 9-160 所示。

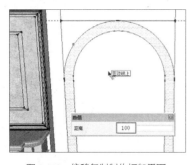

图 9-158　偏移复制制作框架平面　　　　图 9-159　向上以 500mm 距离复制线段　　　　图 9-160　捕捉中点分割顶部圆弧

07　通过线段的移动复制确定顶部装饰块的辅助线，如图 9-161 所示。

08　启用【直线】工具连接辅助线并创建装饰块平面，然后删除多余的线段，完成效果如图 9-162 所示。

09　启用【推/拉】工具制作 50mm 厚度，如图 9-163 所示。

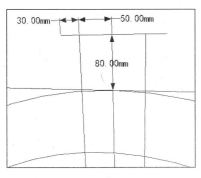

图 9-161　绘制辅助线

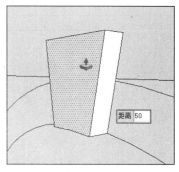

图 9-162　制作顶部装饰块平面

图 9-163　制作 50mm 厚度

10 启用【直线】工具分割侧面，如图 9-164 所示。

11 删除表面，然后启用【直线】工具连接线段以形成斜面，如图 9-165 与图 9-166 所示。

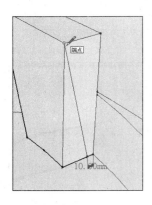

图 9-164　分割侧面

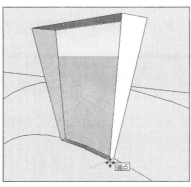

图 9-165　删除多余平面

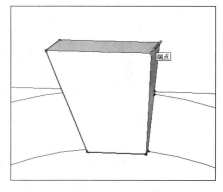

图 9-166　连接线段形成斜面

12 结合使用【偏移】与【推/拉】工具制作装饰块的细节效果，如图 9-167 与图 9-168 所示。

13 选择书架平面并将其整体创建为【组】，如图 9-169 所示。

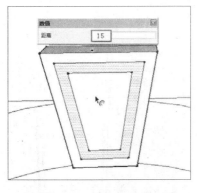

图 9-167　偏移复制进行细节分割

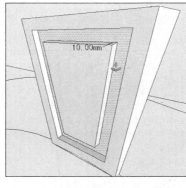

图 9-168　推拉制作装饰块细节效果

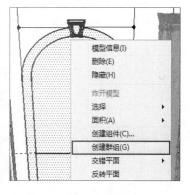

图 9-169　将书架平面整体创建为组

14 启用【直线】创建工具调整底部框架的细节，如图 9-170 所示。

15 启用【推/拉】工具向内制作 20mm 深度，如图 9-171 所示。

16 启用【偏移】工具向内偏移 20mm，然后启用【推/拉】工具将内部表面拉平，如图 9-172 所示。

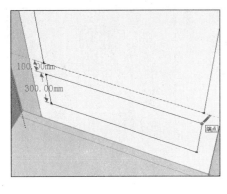

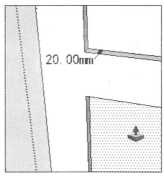

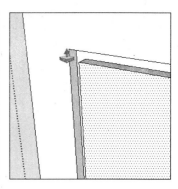

图 9-170 调整底部框架细节　　　　图 9-171 向内制作 20mm 深度　　　　图 9-172 制作内部细节

17 启用【缩放】工具制作内部平面的斜面细节，如图 9-173 所示。

18 选择上部圆弧的内侧边线，启用【偏移】工具将其向内偏移 20mm，如图 9-174 所示。

19 启用【推/拉】工具选择偏移以形成平面，捕捉装饰块并调整其厚度，如图 9-175 所示。

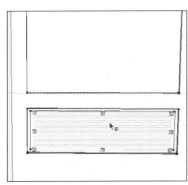

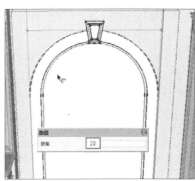

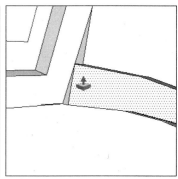

图 9-173 缩放制作斜面效果　　　　图 9-174 向内偏移 20mm　　　　图 9-175 捕捉装饰块并调整厚度

20 选择装饰块的表面，启用【推/拉】工具调整其厚度， 如图 9-176 所示。

21 通过相同的方法处理圆弧的外侧细节，完成效果如图 9-177 所示。

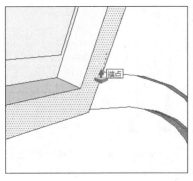

图 9-176 调整顶部装饰块厚度　　　　图 9-177 处理圆弧的外侧细节　　　　图 9-178 选择边线进行 3D 圆角处
理

22 选择边线，通过【3D 圆角】工具处理边线细节，如图 9-178~图 9-180 所示。

23 结合使用【直线】与【圆弧】工具制作中部角线平面，如图 9-181 所示。

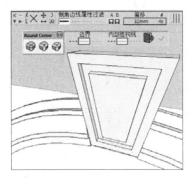

图 9-179　调整 3D 圆角参数

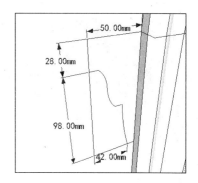

图 9-180　3D 圆角完成细节

图 9-181　制作中部角线平面

24　启用【路径跟随】工具制作实体装饰块，如图 9-182 所示。

25　启用【缩放】工具调整装饰块造型，如图 9-183 所示。

26　复制装饰块至右侧，书架的外部装饰框完成效果如图 9-184 所示。接下来制作内部细节。

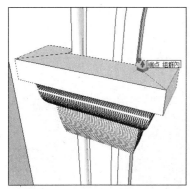

图 9-182　制作实体装饰块

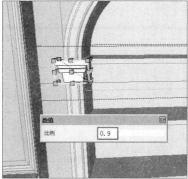

图 9-183　调整装饰块造型

图 9-184　书架外部装饰框完成效果

27　启用【推/拉】工具将内部平面推入 50mm，如图 9-185 所示。

28　选择内侧边线并将其拆分为 3 段，如图 9-186 所示。

29　通过线段的移动复制，捕捉拆分点并创建搁板的厚度平面，如图 9-187 所示。

图 9-185　将内部平面推入 50mm

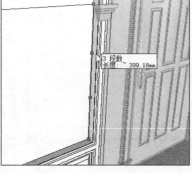

图 9-186　选择边线进行拆分

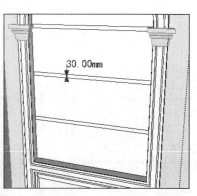

图 9-187　创建搁板的厚度平面

30　启用【推/拉】工具捕捉图纸以制作书架深度，如图 9-188 所示。

31　调整装饰块细节，如图 9-189 所示。至此，书架即已制作完成，接下来处理墙面等细节。

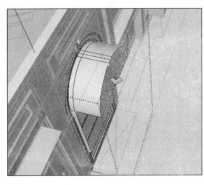
图 9-188　捕捉图纸制作书架深度

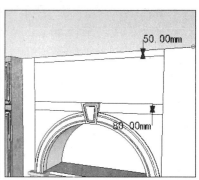
图 9-189　调整装饰块细节

图 9-190　分割上部墙面

3．处理其他细节

01 通过线段的移动复制分割好上部墙面，如图 9-190 所示。

02 通过之前的方法制作上部墙面细节，完成效果如图 9-191 所示。

03 打开【材料】面板赋予墙面材质，完成效果如图 9-192 所示。

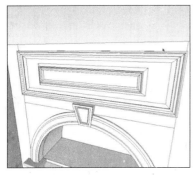
图 9-191　制作上部墙面细节

图 9-192　赋予墙面材质

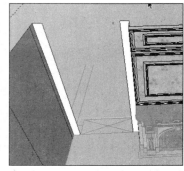
图 9-193　删除左侧书架平面

04 删除左侧书架平面，然后整体复制书架以及上方墙面并对齐，如图 9-193 与图 9-194 所示。

05 经过以上步骤，东面墙体壁炉、墙面及书架细节即已处理完毕，效果如图 9-195 所示。最后处理门上方的墙面细节。

06 通过线段的移动复制调整书房房门的上方分割线，如图 9-196 所示。

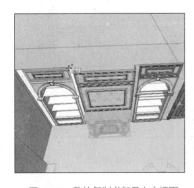
图 9-194　整体复制书架及上方墙面

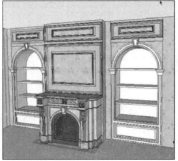
图 9-195　壁炉、墙面及书架完成效果

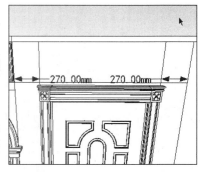
图 9-196　调整书房门上方分割线

07 通过类似方法制作墙面细节，完成效果如图 9-197 所示。

08 经过以上步骤，东面墙体即已处理完成，整体效果如图 9-198 所示。

图 9-197　制作墙面细节

图 9-198　东面墙体完成效果

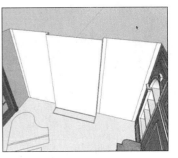

图 9-199　北面墙体当前效果

9.5.2 处理北面墙体

01 北面墙体当前效果如图 9-199 所示。可以看到其左右两侧分别为装饰性书柜，中部将安放一个边框。

02 捕捉壁炉高度，通过线段的移动复制分割中部墙面，如图 9-200 所示。

03 结合使用【偏移】、【推/拉】以及【缩放】工具处理下部墙面细节，完成效果如图 9-201 所示。

04 捕捉东面墙体的分割线，通过线段的移动复制分割北面墙体的上部墙面，如图 9-202 所示。

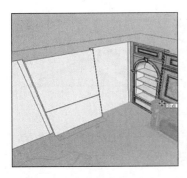

图 9-200　分割中部墙面

图 9-201　处理下部墙面细节

图 9-202　捕捉东面分割线分割北面墙体

05 通过类似方法处理北面墙体细节，完成效果如图 9-203 所示。

06 删除北面墙体书架处的平面，通过复制东面墙体的书架完成北面墙体的制作，效果如图 9-204 所示。

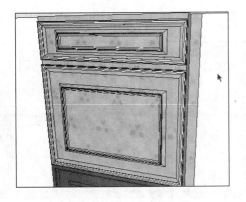

图 9-203　处理北面墙体细节

图 9-204　北面墙体效果

9.5.3 处理西面墙体

01 西面墙体的处理十分简单，首先删除中部书架平面，如图 9-205 所示。

02 然后复制并调整书架造型即可，完成效果如图 9-206 所示。

图 9-205 删除中部书架平面

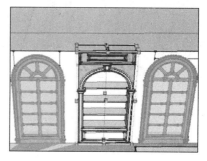

图 9-206 复制并调整书架造型

9.5.4 处理南面墙体

01 启用【推/拉】工具，按住"Ctrl"键捕捉图纸并处理墙体，如图 9-207 与图 9-208 所示。

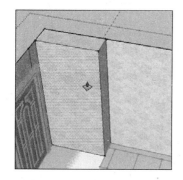

图 9-207 捕捉图纸推拉复制墙体

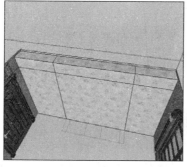

图 9-208 墙体处理效果

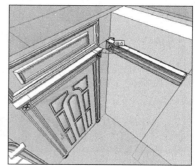

图 9-209 复制上部门套线

02 逐步复制门套线造型至墙体，如图 9-209 与图 9-210 所示。然后选择门套线并通过捕捉中点进行对齐调整，如图 9-211 所示。

03 以相同的方法复制并处理其他门套线，完成效果如图 9-212 所示。

图 9-210 复制两侧门套线

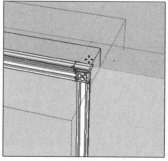

图 9-211 调整门套线

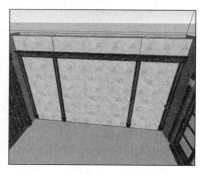

图 9-212 复制并处理其他门套线

04 选择底部线段，以 900mm 的距离向外移动复制并分割墙体，如图 9-213 所示。

05 选择底部线段，捕捉装饰块的上沿并分割出踢脚线平面，如图 9-214 所示。

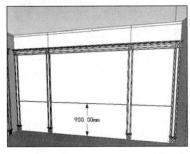

图 9-213 复制线段分割墙体

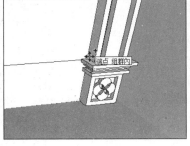

图 9-214 复制线段分割出踢脚线平面

图 9-215 制作下方左侧墙面细节

06 结合使用【偏移】以及【推/拉】工具制作下方墙面细节，如图 9-215 与图 9-216 所示。

07 复制装饰块与门套线，完成上下墙面结合处的效果如图 9-217 所示。

08 复制下部墙面细节至上方左侧的墙面，然后通过线段的移动调整其长度，如图 9-218 所示。

图 9-216 制作下方其他墙面

图 9-217 复制门套线至结合处

图 9-218 复制并调整上方右侧墙面
细节

09 以同样的方法制作上方右侧的墙面细节，完成效果如图 9-219 所示。

10 选择中部竖向线段并将其拆分为 4 段，如图 9-220 所示。然后捕捉拆分点并通过线段的移动复制制作 30mm 厚搁板平面。

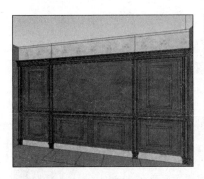

图 9-219 制作上方右侧墙面细节

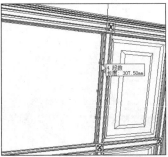

图 9-220 将竖向线段拆分为 4 段

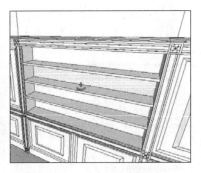

图 9-221 制作书柜

11 启用【推/拉】工具制作书柜，如图 9-221 所示，完成效果如图 9-222 所示。

12 根据之前处理墙面的方法完成南面墙体的上方细节，得到图 9-223 所示的最终效果。

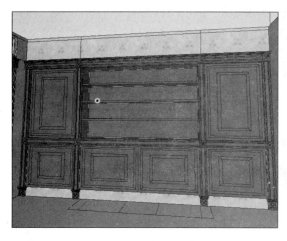

图 9-222 书柜完成效果

图 9-223 南面墙体的上方细节效果

9.6 制作顶棚

01 启用【矩形】工具创建顶部角线平面，如图 9-224 所示。

02 将平面以 "3×3" 方式分割，然后启用【圆弧】工具绘制角线细节，如图 9-225 与图 9-226 所示。

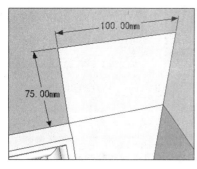

图 9-224 创建角线平面

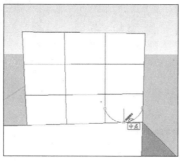

图 9-225 绘制角线细节

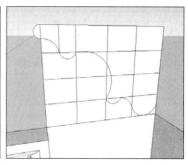

图 9-226 角线细节完成效果

03 捕捉角线的上洞并复制顶面，如图 9-227 所示。

04 启用【路径跟随】工具制作顶部角线，如图 9-228 所示。顶部角线完成细节效果如图 9-229 所示。

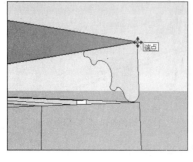

图 9-227 复制顶面

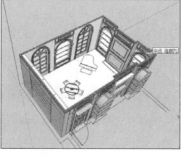

图 9-228 制作顶部角线

图 9-229 顶部角线完成细节

05 通过面的移动，调整南面墙体角线的位置，如图 9-230 所示。

06 调整顶面位置，然后启用【偏移】工具向内偏移 300mm，如图 9-231 与图 9-232 所示。

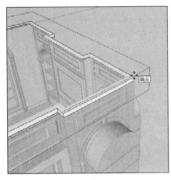
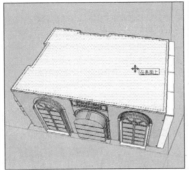
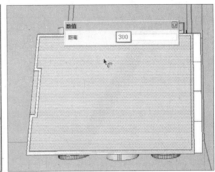

图 9-230　调整南面墙体角线位置　　　　　图 9-231　调整顶面位置　　　　　图 9-232　向内偏移复制 300mm

07 删除多余的线段，然后调整内部平面如图 9-233 所示。

08 启用【推/拉】工具捕捉顶部墙面装饰线并将其向下推拉，如图 9-234 所示。

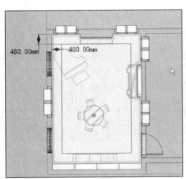

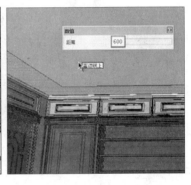

图 9-233　调整内部平面　　　　　图 9-234　捕捉装饰线向下推拉　　　　　图 9-235　向内偏移复制 600mm

09 结合使用启用【偏移】与【推/拉】工具制作内部结构，如图 9-235 与图 9-236 所示。

10 结合使用【矩形】、【直线】以及【圆弧】工具制作内部角线平面并细化角线造型，如图 9-237 与图 9-238 所示。

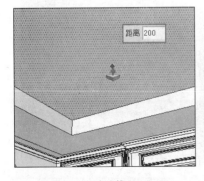
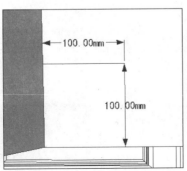
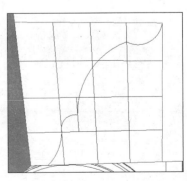

图 9-236　向内推入 200mm　　　　　图 9-237　制作内部角线平面　　　　　图 9-238　细化角线造型

11 启用【路径跟随】工具制作内部角线，如图 9-239 与图 9-240 所示。

12 结合使用【矩形】、【圆】工具制作筒灯平面，如 9-241 所示。

13 结合使用【偏移】与【推/拉】工具制作筒灯细节造型，完成效果如图 9-242 所示。

14 切换至【俯视图】并调整至透明显示，然后复制筒灯，如图 9-243 与图 9-244 所示。

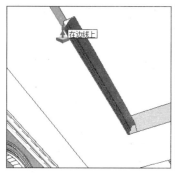

图 9-239　制作内部角线

图 9-240　角线完成效果

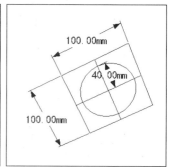

图 9-241　制作筒灯平面

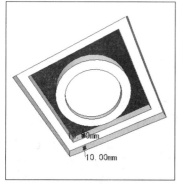

图 9-242　制作筒灯细节造型

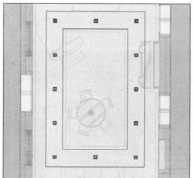

图 9-243　复制筒灯

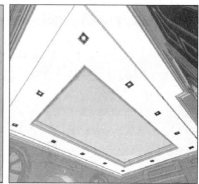

图 9-244　筒灯复制完成效果

15 打开【材料】面板，制作并赋予顶面油画效果，如图 9-245 所示。

16 经过以上步骤，顶棚细节制作即已完成，整体效果如图 9-246 所示。

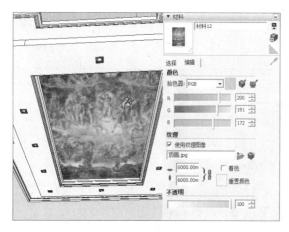

图 9-245　赋予顶面油画效果

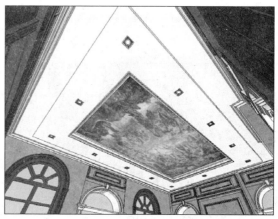

图 9-246　书房顶棚细节完成效果

9.7 处理地面细节

01 隐藏顶棚与门模型，然后通过线段的移动复制制作踢脚线平面，如图 9-247 所示。

02 打开【材料】面板赋予其木纹材质，然后启用【推/拉】工具捕捉装饰块的边缘并制作厚度，如图 9-248 所示。

03 通过相同方法制作其他区域的踢脚线，完成效果如图 9-249 所示。

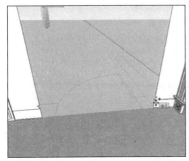 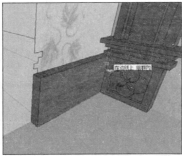 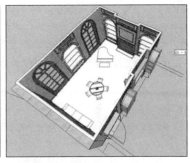

图 9-247　制作踢脚线平面　　　　图 9-248　捕捉装饰块边缘并制作厚度　　　　图 9-249　制作其他区域踢脚线

04 启用【偏移】工具制作地面的分割细节，如图 9-250 与图 9-251 所示。

05 打开【材料】面板赋予外侧地面石材（中部区域为与门窗一致的木纹），如图 9-252 所示。

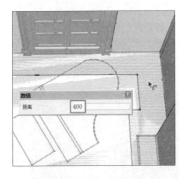 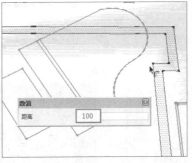 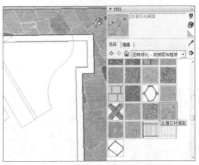

图 9-250　向内偏移复制 400mm　　　　图 9-251　向内偏移复制 100mm　　　　图 9-252　赋予外侧地面石材

06 为内侧地面赋予木板材质，完成效果如图 9-253 所示。

07 经过以上步骤，地面处理即已完成，效果如图 9-254 所示。

08 显示所有隐藏的模型，完成本例空间设计，各处细节与各方向的透视效果如图 9-255~图 9-261 所示。

09 在 Sketchup 中完成空间设计后，将模型导入 3ds max 中，通过合并家具、装饰等模型完成场景，如 9-262 与图 9-263 所示。

10 布置灯光，然后通过 Vray 渲染可得到写实的效果，如图 9-264 与图 9-265 所示（详细内容参考本书第 10 章）。

图 9-253　赋予内侧地面木板材质

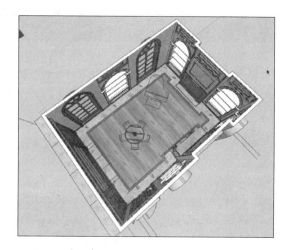

图 9-254　地面处理完成效果

图 9-255　书房房门与南面培面细节

图 9-256　壁炉、墙面以及壁内书架细节

图 9-257　窗户以及书架细节

图 9-258　透视效果 1

图 9-259　透视效果 2

图 9-260 透视效果 3

图 9-261 透视效果 4

图 9-262 将模型导入 3dsmax

图 9-263 合并家具、装饰等模型

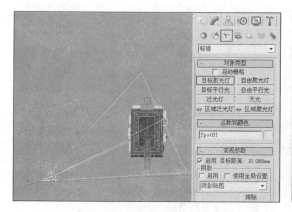

图 9-264 布置灯光

图 9-265 最终渲染效果

第 10 章

古典欧式风格书房
VRay 写实表现

　　本章介绍如何在 SketchUp 中导出 3ds 文件,然后导入至 3ds max 中结合 VRay 渲染器,经过贴图载入、摄影机确定、材质调整,模型合并以及灯光布置,制作出写实风格效果的方法与技巧。

本例将介绍在 SketchUp 中通过 3ds 文件的转换，将模型方案导入 3ds max 中，然后结合 VRay 渲染器输出高质量写实效果的流程与方法，如图 10-1~图 10-6 示。

图 10-1　从 SketchUp 导出 3ds 文件

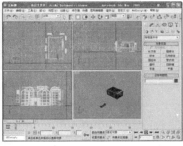

图 10-2　导入 3ds 文件至 3ds max

图 10-3　载入贴图并确定摄影机视角

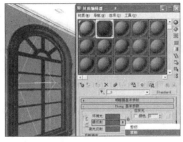

图 10-4　编辑材质效果

图 10-5　合并家具配饰

图 10-6　制作灯光完成最终效果

10.1　导入 3ds max 并确定摄影机视图

10.1.1 导出为 3ds 文件

01 启动 SketchUp 软件，打开第 9 章创建的古典书房模型，如图 10-7 所示。

02 显示所有模型组件，如图 10-8 所示。执行【文件】/【导出】/【三维模型】菜单命令，如图 10-9 所示。

图 10-7　打开古典书房场景

图 10-8　显示所有模型

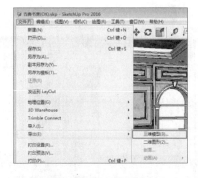

图 10-9　执行导出三维模型菜单命令

03 在【导出】面板中新建 "3ds" 文件夹，然后使用字母命名导出场景文件，如图 10-10 所示。

04 点击左下角的【选项】按钮查看导出单位的设置，如图 10-11 所示。

05 点击【确定】按钮返回【输出模型】面板，然后单击【导出】按钮确定进行导出，如图 10-12 所示。

图 10-10 使用字母命名文件 　　　　图 10-11 查看导出单位 　　　　图 10-12 确定进行导出

06 导出完成后，将弹出【3ds 导出结果】面板，显示导出文件的相关信息，如图 10-13 所示。

10.1.2 导入 3ds 文件至 3ds max

01 启动 3ds max2009，如图 10-14 所示。

02 执行【自定义】/【单位设置】菜单，在【单位设置】面板中设置系统与显示单位均为【毫米】，如图 10-15 所示。

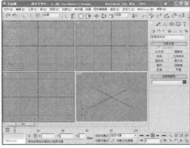

图 10-13 导出完成 　　　　图 10-14 启动 3ds max 　　　　图 10-15 设置单位

03 执行【文件】/【导入】菜单命令，如图 10-16 所示。然后双击之前导出的文件并将其导入，如图 10-17 所示。

04 文件导入后，默认场景效果如图 10-18 所示。

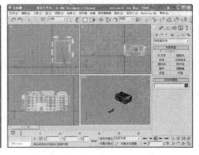

图 10-16 执行【文件】/【导入】菜单命令 　　图 10-17 双击导入 3ds 文件 　　　　图 10-18 3ds 文件导入完成

05 此时，按下 "C" 键可进入在 SketchUp 中设置好的摄影机视图，如图 10-19 所示。

06　执行【文件】/【资源追踪】菜单命令，打开【资源追踪】面板，如图 10-20 所示。

07　选择丢失的贴图并单击鼠标右键，执行【设置路径】命令，如图 10-21 所示。

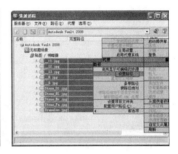

图 10-19　摄影机视图效果　　　　图 10-20　打开【资源追踪】面板　　　　图 10-21　执行【设置路径】命令

08　在弹出的【选择新的资源路径】面板中，设置贴图文件所在文件夹（在 SketchUp 导出时创建的 "3ds"
文件夹）的路径，然后单击【使用路径】按钮，如图 10-22 所示。

09　按 M 键打开【材质编辑器】，在未显示贴图的模型面上吸取材质并显示贴图，如图 10-23 所示。

10　场景中所有模型贴图的显示效果如图 10-24 所示。

图 10-22　设置贴图路径　　　　　图 10-23　显示贴图　　　　　　图 10-24　贴图显示效果

11　为了清楚地查看处于阴影位置的贴图效果，需要在场景中创建一盏泛光灯，然后调整其位置，如图
10-25 所示。

12　进入修改面板调整泛光灯参数，具体设置如图 10-26 所示。

13　按下 "Shift+Q" 快捷键，使用默认扫描线渲染器查看当前的贴图效果，如图 10-27 所示。

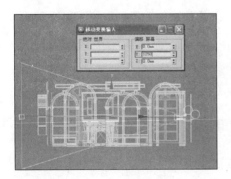

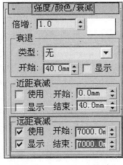

图 10-25　创建泛光灯　　　　　　图 10-26　调整泛光灯参数　　　　　图 10-27　默认扫描线渲染效果

10.1.3 调整摄影机

01 按 "L" 键切换到【左视图】，调整摄影机与目标点高度至 1250mm，如图 10-28 所示。

02 按 "T" 键切换到【顶视图】，调整角度并设置【镜头值】为 13，如图 10-29 所示。

03 勾选【手动剪切】参数，然后参照显示的红色片面调整参数，如图 10-30 所示。

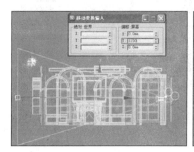
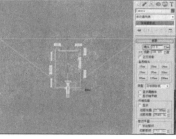

图 10-28　调整摄影机与目标点高度　　图 10-29　调整角度与镜头值　　图 10-30　设置手动剪切

04 按 "C" 键进入摄影机视图，然后按下 "Shift+F" 显示安全框，查看调整后的摄影机视图，如图 10-31 所示。

05 选择摄影机并单击鼠标右键。添加 "应用摄影机校正修改器" 命令以校正透视，如图 10-32 所示。

06 按 "F10" 键打开【渲染设置】面板，设置好输出长度与宽度比值，如图 10-33 所示。

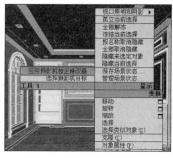

图 10-31　查看调整后的摄影机视图　　图 10-32　添加 "应用摄影机校正修改器" 命令　　图 10-33　调整输出长宽比

07 按下 "Shift+Q" 键，渲染当前摄影机的视图效果，确认效果如图 10-34 所示。接下来检查模型。

10.1.4 检查模型

创建好场景摄影机后，为了保证当前的模型没有漏光、破面等缺陷，需要进行模型检查，具体的操作步骤如下。

01 按 F10 键进入【渲染设置】面板，进入【指定渲染器】卷展栏，设置当前渲染器为 V-Ray 渲染器，如图 10-35 所示。

02 进入【V-Ray:全局开关】卷展栏，取消对【默认灯光】与【隐藏灯光】复选框的勾选，如图 10-36 所示。

图 10-34　默认渲染当前摄影机视图效果

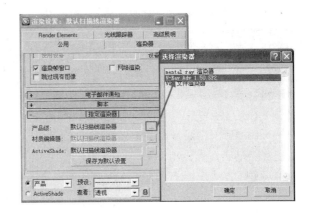

图 10-35　指定 VRay 渲染器

03　进入【V-Ray:环境】卷展栏，打开【全局照明环境（天光）覆盖】，并保持其强度为 1，如图 10-37 所示。

04　进入【V-Ray:间接照明】卷展栏，勾选【开】复选框，设置反弹引擎为【发光贴图】与【灯光缓冲】，如图 10-38 所示。

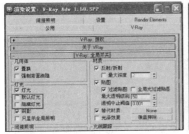

图 10-36　设置全局开关卷展栏

图 10-37　设置天光

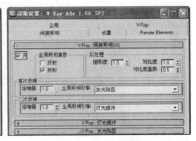

图 10-38　调整间接照明卷展栏

05　进入【V-Ray:发光贴图】卷展栏，选择【当前预置】为"非常低"，设置【半球细分】与【插补采样值】参数，如图 10-39 所示。

06　进入【V-Ray:灯光缓冲】卷展栏，设置较低的细分值即可，如图 10-40 所示。

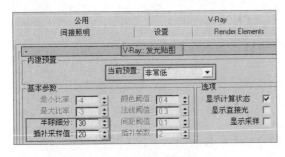

图 10-39　设置发光贴图参数

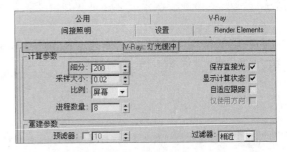

图 10-40　设置灯光缓冲参数

07　按"M"键打开【材质编辑器】，选择一个空白材质并单击【Standard(标准)】材质按钮，将材质类型转换为 VRayMtl，如图 10-41 所示。

08　设置 VRaymtl 材质【漫反射】的 RGB 颜色值均为 255，然后将其拖动复制至【V-Ray:全局开关】卷展栏中的【替代材质】按钮上，如图 10-42 所示。

图 10-41 转换空白材质至 VRayMtl

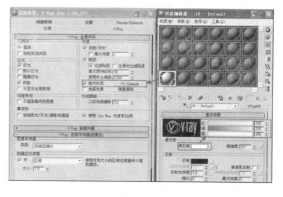

图 10-42 设置全局替代材质

09 隐藏玻璃窗户模型，调整透视图使其足以观察到左侧两处的窗户。

10 按下"Shift+Q"键进行渲染测试，渲染完成的效果如图 10-43 所示。

11 观察渲染效果，可以发现当前场景没有出现漏光、破面等现象，接下来进行场景材质的编辑。

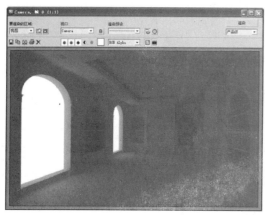

图 10-43 渲染完成效果

图 10-44 场景材质编号

10.2 编辑场景材质

本节将按照图 10-44 所示的顺序，逐个编辑场景材质。在介绍各类材质参数调整方法的同时，也会穿插讲解如何避免错赋或漏赋材质的操作技巧。

10.2.1 墙纸材质

01 打开【材质编辑器】，执行【工具】/【重置材质编辑器窗口】菜单命令，如图 10-45 所示。

02 选择第一个材质球，然后单击【吸取材质】按钮 吸取当前墙面的墙纸材质，如图 10-46 所示。

> **注意**
>
> 导入 3ds 模型后，3ds max 并不会在材质编辑器中自动创建相关材质球，为了能对场景材质进行编辑，需要将其逐个吸取至材质球。

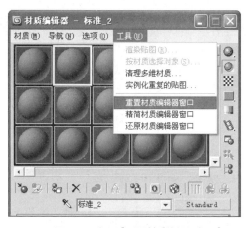

图 10-45　打开【重置材质编辑器窗口】　　　　　图 10-46　吸取墙面材质

03　为了确认该材质指定的模型对象，单击【材质编辑器】右侧工具栏中的【按材质选择】按钮，选择指定该材质的模型，如图 10-47 所示。

04　单击鼠标右键，执行【孤立当前选择】菜单命令，将选择的模型独立显示，如图 10-48 所示。

05　将材质命名为 "Czcz(墙纸材质拼音首写字母)"，然后进入【贴图】通道，将其【漫反射】贴图拖动复制至【凹凸】贴图通道，如图 10-49 所示。

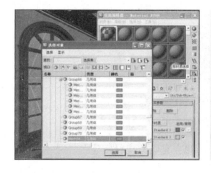　　　　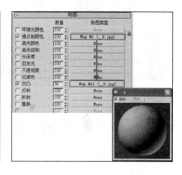

图 10-47　指定材质模型　　　　　图 10-48　独立显示选择模型　　　　　图 10-49　复制贴图

06　选择与墙面对应的模型，单击鼠标右键，为其添加【冻结当前选择】菜单命令，如图 10-50 所示。

07　进入【显示面板】并勾选【隐藏冻结对象】复选框，将已经赋予材质并冻结的模型隐藏，以方便对其他模型的选择与观察，如图 10-51 所示。

图 10-50　冻结墙面材质指定模型　　　　　　　　图 10-51　选择隐藏冻结模型

注 意

其他材质制作完成后，也应即时将其进行冻结隐藏，从而达到逐步精简场景的效果，本书限于篇幅，其过程不再一一说明。

10.2.2 木纹材质

01 单击【吸取材质】按钮，吸取得到当前墙体的壁纸材质。

02 在【漫反射】贴图按钮 M 上单击鼠标右键，选择复制当前贴图，如图 10-52 所示。

03 将材质转换为 VRayMtl 类型，如图 10-53 所示，将其命名为 "Blcz"。

04 在 VRayMtl 的【漫反射】贴图按钮上单击鼠标右键，选择粘贴复制的贴图，如图 10-54 所示。

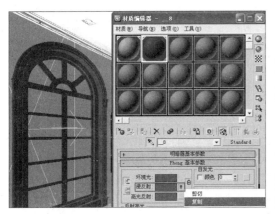

图 10-52 吸取木纹材质

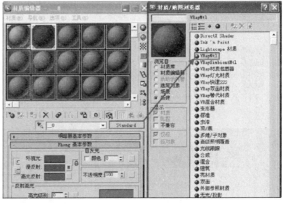

图 10-53 转换材质至 VRayMtl 类型

05 进入【反射】贴图通道为其添加【衰减】程序贴图，如图 10-55 所示。

06 调整【衰减】程序贴图的参数如图 10-56 所示，使木纹材质表面拥有真实的反射细节。

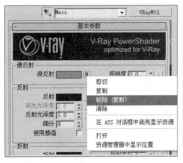

图 10-54 粘贴至漫反射贴图通道

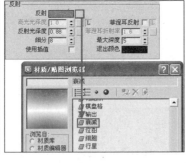

图 10-55 添加【衰减】程序贴图至【反射】通道

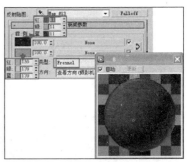

图 10-56 调整贴图参数

07 返回上一层级，调整【反射光泽度】的参数值为 0.89，如图 10-57 所示，使表面出现高光效果。

08 进入【贴图】卷展栏，将漫反射贴图至凹凸贴图通道，然后调整其数值为 12，使表面出现凹凸细节，如图 10-58 所示。

09 经过以上步骤的调整，完成的木纹材质球效果如图 10-59 所示。

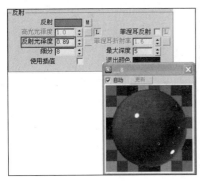

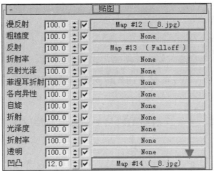

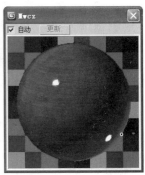

图 10-57　调整反射光泽度　　　　　　　　图 10-58　复制漫反射贴图　　　　　　　图 10-59　木纹材质球效果

10.2.3 窗户玻璃材质

<code>01</code>　单击【吸取材质】按钮 🖉，吸取得到窗户玻璃材质。

<code>02</code>　将材质命令为 "Blcz" 并转换其类型为 VRayMtl，设置【漫反射】颜色为 60 的灰度，如图 10-60 所示。

<code>03</code>　进入【反射】颜色通道，将其调整为 163 的灰度，然后勾选【菲涅耳反射】，如图 10-61 所示。

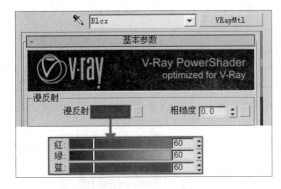

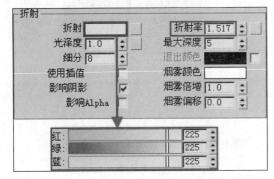

图 10-60　设置漫反射颜色　　　　　　　　　　　图 10-61　调整反射参数组

<code>04</code>　进入【折射】颜色通道并调整其为 225 的灰度，使材质产生透明的效果，然后设置【折射率】并勾选【影响阴影】参数，如图 10-62 所示。

<code>05</code>　经过以上参数调整，完成的玻璃材质球效果如图 10-63 所示。

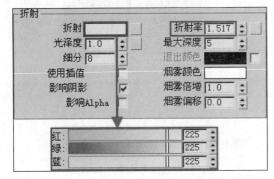

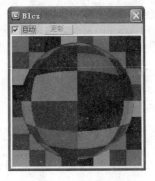

图 10-62　调整折射参数组　　　　　　　　图 10-63　玻璃材质球效果

10.2.4 壁炉石材 1

01 单击【吸取材质】按钮 ✎，吸取得到壁炉上方的石材。

02 将材质命名为 "Blsc"，然后调整【高光级别】与【光泽度】参数，使其表面出现轻微的高光效果，如图 10-64 所示。

03 进入【贴图】卷展栏，将漫反射贴图拖动复制至凹凸贴图通道，调整 "凹凸" 数值为 22，如图 10-65 所示。

04 经过以上调整，完成壁炉上方的石材效果，如图 10-66 所示。

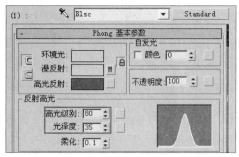  

图 10-64　调整壁炉反射高光参数组　　　　图 10-65　复制漫反射贴图至凹凸通道　　　图 10-66　壁炉石材 1 效果

10.2.5 壁炉石材 2

01 单击【吸取材质】按钮 ✎，吸取壁炉下方角线的石材材质，然后将材质命名为 "Blsc2"。

02 进入【贴图】卷展栏，将漫反射贴图拖动复制至凹凸贴图通道，然后调整其数值为 100，如图 10-67 所示。

03 经过以上调整，完成壁炉下方角线的石材材质球效果如图 10-68 所示。

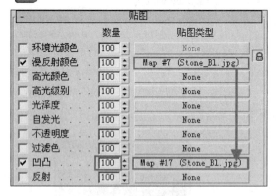 

图 10-67　复制漫反射贴图　　　　　　　　　　　　　图 10-68　壁炉石材 2 效果

10.2.6 天花板白色乳胶漆材质

01 单击【吸取材质】按钮 ✎，吸取到当前天花板乳胶漆材质。然后将其命名为 "Rjqcz"。

02 进入【漫反射】颜色通道，调整其 RGB 为 250、250、255，如图 10-69 所示。

03 经过以上调整，完成乳胶漆材质效果，如图 10-70 所示。

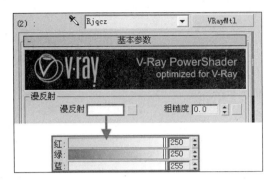

图 10-69　调整乳胶漆材质颜色

图 10-70　乳胶漆材质效果

10.2.7 顶面壁画材质

01 单击【吸取材质】按钮 ，吸取到当前顶面壁画材质，将其命名为 "Bhcz"。

02 进入【贴图】卷展栏，将漫反射贴图拖动复制至凹凸贴图通道，然后调整 "凹凸" 数值为 120，如图 10-71 所示。

03 经过以上步骤的调整，完成当前壁画的材质效果，如图 10-72 所示。

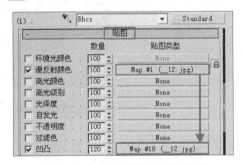

图 10-71　复制漫反射贴图至凹凸通道

图 10-72　调整完成的壁画材质效果

10.2.8 筒灯金属材质

01 单击【吸取材质】按钮 ，吸取得到当前顶棚筒灯金属材质，然后将其命名为 "Tdjs"。

02 转换其材质类型为 VRayMtl，然后调整【漫反射】颜色为 128 的灰度，如图 10-73 所示。

03 进入【反射】参数组，首先设置【反射】颜色为 204 的灰度，然后调整【反射光泽度】数值为 0.9，调整完成后的金属材质效果如图 10-74 所示。

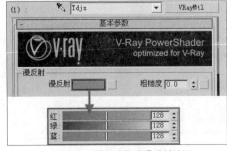

图 10-73　添加玻化砖漫反射贴图

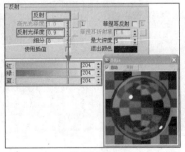

图 10-74　调整反射参数后的材质效果

10.2.9 筒灯发光材质

01 选择第 7 个材质球并将其命名为 "Tdfg"，然后将材质类型转换为【VRay 灯光材质】。

02 调整其颜色为桔红色，然后设置数值为 2，如图 10-75 所示。

03 将调整的材质赋予筒灯中部的圆形平面。

10.2.10 地面石材

01 单击【吸取材质】按钮，吸取得到当前顶棚筒灯的金属材质，将其命名为 "Tdjs"。

02 进入材质参数调整【高光级别】与【光泽度】参数，使表面出现轻微的高光效果，如图 10-76 所示。

03 进入【贴图】卷展栏，将漫反射贴图拖动复制至凹凸贴图通道，调整 "凹凸" 数值为-35，如图 10-77 所示。

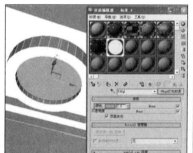
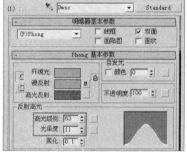
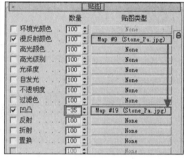

图 10-75　设置筒灯发光材质参数　　图 10-76　调整地面石材反射高光　　图 10-77　复制漫反射贴图

04 经过以上参数的设置，调整完成后的地面石材材质效果如图 10-78 所示。

10.2.11 地板木纹材质

01 单击【吸取材质】按钮，吸取得到当前顶棚筒灯的金属材质，将其命名为 "Dmmw"。

02 复制当前【漫反射】贴图，然后将材质转换为 "VRayMtl"。

03 将其粘贴至【漫反射】贴图通道，如图 10-79 所示。

04 进入【反射】参数组，调整【菲涅耳反射】效果与【反射光泽度】参数，如图 10-80 所示。

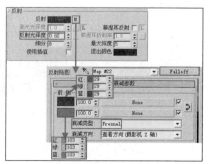

图 10-78　地面石材材质效果　　图 10-79　转换至 VRay 材质并复制贴图　　图 10-80　调整反射参数组

05　进入【贴图】卷展栏，将漫反射贴图拖动复制至凹凸贴图通道，调整"凹凸"数值为 10，如图 10-81 所示。

06　经过以上调整，完成地面木板材质效果如图 10-82 所示。

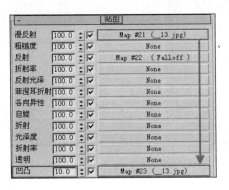

图 10-81　复制漫反射贴图

图 10-82　木地板材质效果

至此，本书房空间的材质制作即已完成，接下来布置场景的最终模型效果。

10.3　布置场景最终模型效果

通过之前的操作可以看到，三维模型从 SketchUp 中转换至 3ds 文件需要消耗一定的时间，同时还要重新调整贴图以及编辑材质。因此，如果要在 3ds max 中进行写实渲染，则应该尽量选择添加已经调整材质的模型，以省去转换文件以及调整材质等繁琐操作，提高工作效率。

10.3.1　合并窗帘、桌椅以及沙发等模型

01　执行【文件】/【合并】菜单命令，如图 10-83 所示。

02　选择配套光盘中本章文件夹中的"配套模型"文件，然后双击"窗帘"模型并合并，如图 10-84 所示。

03　窗帘模型合并入场景后，首先在【顶视图】中确定其位置，如图 10-85 所示。

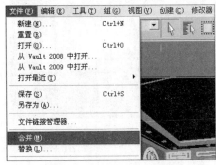

图 10-83　执行【文件】/【合并】菜单命令

图 10-84　选择合并窗帘模型

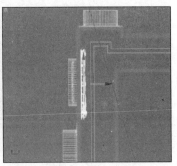

图 10-85　合并窗帘模型并调整位置

04　在【左视图】中确定窗帘的高度，如图 10-86 所示。

05　在透视图中使用【缩放】工具调整窗帘大小，如图 10-87 所示。然后复制出左侧的窗帘，如图 10-88

所示。

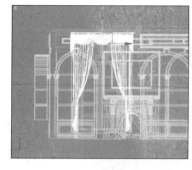

图 10-86　调整窗帘高度　　　　　　　图 10-87　缩放调整窗帘大小　　　　　　图 10-88　复制窗帘模型

06　通过类似方法合并其他家具、乐器等模型，如图 10-89~图 10-93 所示。

图 10-89　合并边柜模型　　　　　　　图 10-90　合并圆桌椅模型　　　　　　　图 10-91　合并钢琴模型

07　以上模型合并完成后切换回【摄影机视图】，完成当前场景效果，如图 10-94 所示。

图 10-92　合并大提琴模型　　　　　　图 10-93　合并沙发模型　　　　　　　　图 10-94　合并完成后场景效果

10.3.2 合并装饰品、书籍等模型

01　执行【文件】/【合并】菜单命令，逐步合并装饰品以及书籍等模型，如图 10-95~图 10-98 所示。

02　经过以上合并操作，完成本案例的最终场景效果，如图 10-99 所示。

图 10-95　合并边柜上方摆放效果

图 10-96　合并壁炉上方摆设效果

图 10-97　合并圆桌上方摆放效果

图 10-98　合并书架效果

图 10-99　最终场景效果

10.4　布置场景灯光

确定场景的最终模型效果后，接下来布置场景灯光。为了快速察看灯光的照明效果，首先必须设置渲染参数，以提高测试渲染的速度。

10.4.1　调整测试渲染参数

01　进入【V-Ray:图像采样与抗锯齿】，调整其类型为【固定】，关闭【抗锯齿过滤器】，如图 10-100 所示。

02　进入【V-Ray:环境】，关闭【全局照明环境（天光）覆盖】，避免天光影响场景灯光效果，如图 10-101 所示。

图 10-100　图像采样器卷展栏参数设置

图 10-101　环境卷展栏参数设置

10.4.2 布置室外灯光

考虑到本例场景为欧式设计风格，为了突出室内灯光的层次并与室外灯光形成对比效果，这里将采用月夜的室外灯光氛围。

1. 制作室外月光

01 按"T"键切换至【顶视图】，进入【灯光】创建面板，单击"标准"灯光类型下的【聚光灯】创建按钮，参考场景大小创建一盏聚光灯，如图 10-102 所示。

02 按"T"键切换至【顶视图】，选择创建好的聚光灯并调整灯光的高度与角度，如图 10-103 所示。

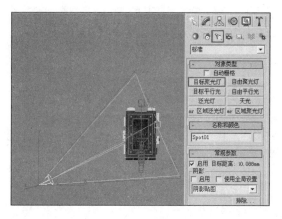

图 10-102 创建聚光灯　　　　　　图 10-103 调整聚光灯高度与角度

03 选择聚光灯，进入灯光修改面板，调整其参数，如图 10-104 所示。

04 调整完成后返回【摄影机视图】进行测试渲染，效果如图 10-105 所示。

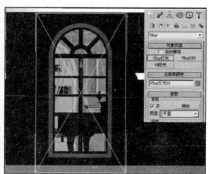

图 10-104 调整聚光灯参数　　　图 10-105 测试渲染效果　　　图 10-106 创建室外环境光

2. 制作室外环境光

01 按"L"键切换至【左视图】，进入【灯光】创建面板，单击"VRay"灯光类型下的【VRay 灯光】创建按钮，参考窗户大小创建室外环境光，如图 10-106 所示。

02 进入灯光修改面板，其具体参数的设置如图 10-107 所示。

03 按"T"键切换至【顶视图】并调整灯光的位置，然后复制出另一侧的光，如图 10-108 所示。

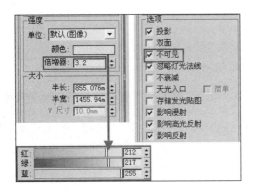

图 10-107　调整室外环境光参数

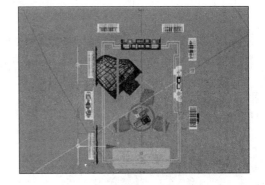

图 10-108　复制室外环境光

04 灯光复制完成后切换回【摄影机视图】进行测试渲染，效果如图 10-109 所示。

10.4.3 布置室内灯光

1. 制作置灯槽灯带效果

01 按"T"键切换至【顶视图】，参考灯槽大小创建灯带灯光，如图 10-110 所示。

图 10-109　测试渲染效果

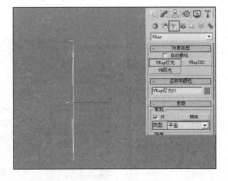

图 10-110　创建灯带灯光

02 按"F"键切换至【前视图】，使用【旋转】工具调整其灯光朝向，如图 10-111 所示。

03 进入灯光参数修改面板，设置灯光参数，如图 10-112 所示。

04 按"T"键返回至【顶视图】，根据灯槽大小制作其他三盏灯光，如图 10-113 所示。

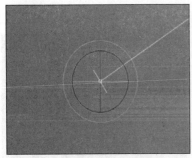

图 10-111　调整灯光朝向

图 10-112　调整灯带灯光参数

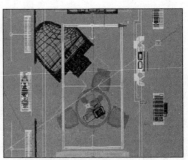

图 10-113　制作其他三盏灯光

05 切换回【摄影机】视图进行测试渲染，效果如图 10-114 所示。

2. 制作灯槽补光

[01] 按"T"键切换至【顶视图】，参考顶棚内槽大小创建灯带补光，如图 10-115 所示。

[02] 按"F"键切换至【前视图】调整灯光高度，如图 10-116 所示

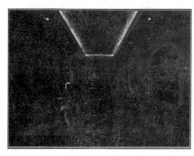
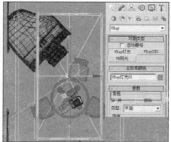
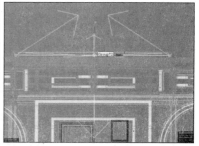

图 10-114　测试渲染效果　　　　图 10-115　创建灯带补光　　　　图 10-116　调整灯带补光高度

[03] 进入灯光参数修改面板，设置该盏灯光的参数，如图 10-117 所示。

[04] 返回【摄影机视图】进行测试渲染，效果如图 10-118 所示。

3. 制作筒灯

[01] 按"F"键切换至【前视图】，点击"光度学"灯光类型下的【目标灯光】按钮，参考筒灯灯头模型创建一盏目标点光源，如图 10-119 所示。

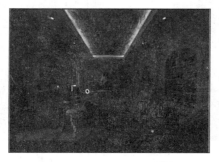
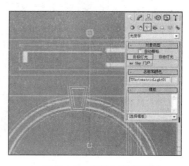

图 10-117　调整灯带补光参数　　　　图 10-118　测试渲染效果　　　　图 10-119　创建目标点光源

[02] 进入灯光参数修改面板，设置灯光的参数如图 10-120 所示。按"T"键切换至【顶视图】，参考灯头的位置复制出其他筒灯，如图 10-121 所示（可以将部分灯光紧靠墙壁进行旋转）。

[03] 复制完成后切换回【摄影机视图】进行测试渲染，效果如图 10-122 所示。接下来布置灯光以模拟炉火与烛火效果。

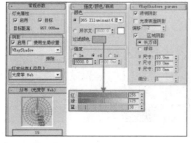
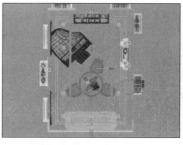

图 10-120　调整目标灯光参数　　　　图 10-121　复制筒灯　　　　图 10-122　测试渲染效果

4．制作壁炉与烛台火光效果

01　按 T 键切换至【顶视图】，单击"标准"灯光类型下的【泛光灯】按钮，参考壁炉燃烧室的位置创建一盏泛光灯，如图 10-123 所示。

02　选择灯光并通过【缩放】工具调整其形态，如图 10-124 所示。

03　按 F 键切换至【前视图】，通过【缩放】工具再次调整灯光的形态，如图 10-125 所示。

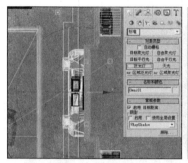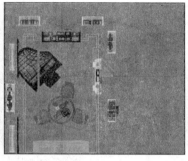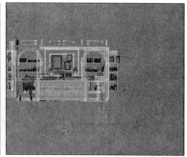

图 10-123　创建泛光灯　　　　　图 10-124　调整灯光位置与形状　　　　　图 10-125　调整灯光高度与形状

04　进入灯光参数修改面板，调整灯光的参数如图 10-126 所示。

05　进入【摄影机视图】进行测试渲染，效果如图 10-127 所示。接下来制作烛火照明效果。

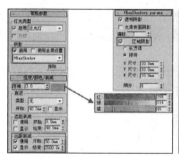

图 10-126　调整灯光参数　　　　　图 10-127　测试渲染效果　　　　　图 10-128　复制出烛光

06　按 F 键切换至【前视图】，选择炉火灯光复制至烛台蜡烛处，然后通过【缩放】工具调整其形状，如图 10-128 所示。

07　按 T 键切换至【顶视图】，调整灯光的位置与形状，如图 10-129 所示。

08　返回【摄影机视图】进行测试渲染，效果如图 10-130 所示。

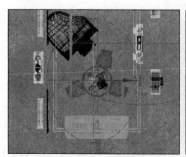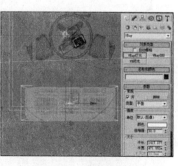

图 10-129　调整烛光位置　　　　　图 10-130　测试渲染结果　　　　　图 10-131　创建沙发处补光

5. 制作沙发上方补光

01 按 "T" 键切换至【顶视图】，参考沙发的位置创建沙发处补光，如图 10-31 所示。

02 按 "F" 键切换至【前视图】并调整灯光的高度，然后调整灯光的强度为 1，如图 10-132 所示。

03 返回【摄影机视图】进行测试渲染，渲染完成效果如图 10-133 所示。

04 场景灯光即已创建完成，接下来进行光子图渲染。

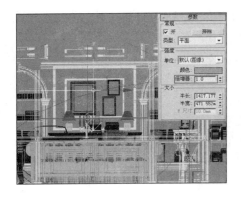

图 10-132　调整补光高度与参数

图 10-133　测试渲染效果

10.5　光子图渲染

灯光测试完毕后，需要把灯光和渲染的参数值提高以完成最后的渲染工作。当成图尺寸比较大时，直接进行渲染的速度会比较慢，所以通常先渲染小图的光子图，然后再调用小图光子图测试材质并渲染输出大图，以提高渲染速度，这也是 VRay 的特色功能之一。

10.5.1 微调场景细节

在进行光子图渲染前，可以先根据之前的渲染效果，对场景中效果不太理想的模型、材质以及灯光细节进行微调，以达到比较理想的效果。

01 调整圆桌上方的书本与烛台的位置，避免在渲染图像中形成明显的阴影效果，如图 10-134 所示。

02 选择顶面壁画的材质并降低其 "凹凸" 值，如图 10-135 所示。

03 选择模拟室外月光的聚光灯并增大灯光强度，如图 10-136 所示。

图 10-134　调整圆桌摆设位置

图 10-135　调整壁画材质 "凹凸" 值

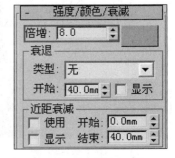

图 10-136　调整室外灯光强度

04 场景微调完成后，打开【全局开关】面板并勾选【光泽效果】参数，如图 10-137 所示。

05 按 C 键返回【摄影机视图】测试渲染，效果如图 10-138 所示。接下来调整场景材质与灯光细分。

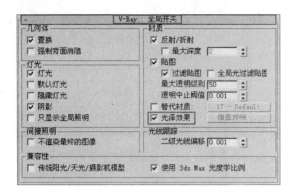

图 10-137　开启光泽效果　　　　　　　　　　　图 10-138　测试渲染结果

10.5.2 提高材质细分值

材质细分值的高低主要由该材质在场景中的面积大小及距离摄影机的远近而定。模型在场景中占有的面积大，距离摄影机近，为了得到精细的渲染效果，则必须增大其细分值以保证渲染质量；反之则可以有所降低，以提高渲染速度。

提高 VRayMtl 材质的【反射】或【折射】参数组的【细分】值，可以减少材质表面的噪点等渲染品质问题的出现，如图 10-139 与图 10-140 所示。

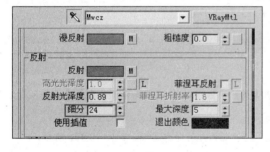

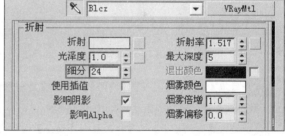

图 10-139　提高反射细分值　　　　　　　　　　图 10-140　提高折射细分值

在本场景中，均调整木纹材质，壁炉石、沙发皮纹材质以及地面木纹地板材质的细分值为 24，其他材质的细分值则控制在 16~20 之间。

10.5.3 提高灯光细分值

3ds max 自带的灯光类型可以通过选择 V-Ray 阴影调整细分值；VRay 渲染器提供的 V-Ray 类型灯光可以直接调整细分值，如图 10-141 与图 10-142 所示。

灯光细分值的高低主要由灯光在画面中的照明范围而定。为了得到细腻的光影效果，范围越大，则细分值设置得越高，反之则相反。

在本场景中，设置模拟室外月光以及室外环境光的灯光细分值至 30，其他灯光的细分值则控制在 16~24 之间。

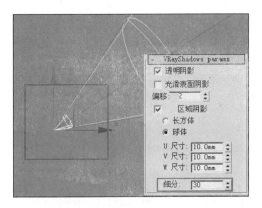

图 10-141　V-Ray 灯光细分值

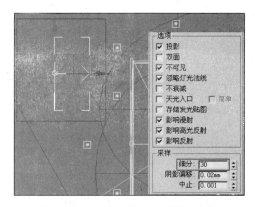

图 10-142　目标点光源 V-Ray 阴影细分值

10.5.4 设置光子图渲染参数

01 进入【V-Ray:全局开关】卷展栏，勾选【光泽效果】复选框，使材质表面产生真实的模糊反射与折射效果，如图 10-143 所示。

02 进入【V-Ray:图像采样器（抗锯齿）】卷展栏，将【图像采样器】的类型调整为"自适应细分"，如图 10-144 所示。

图 10-143　设置全局开关卷展栏

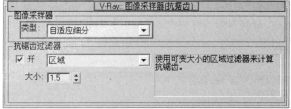

图 10-144　设置图像采样器卷展栏

03 进入【V-Ray:发光贴图】卷展栏，调整【当前预置】为"中"，然后提高【半球细分】与【插补采样值】数值，最后设置自动保存路径，如图 10-145 所示。

04 进入【灯光缓冲】卷展栏，提高【细分】值，设置光子图的自动保存路径，如图 10-146 所示。

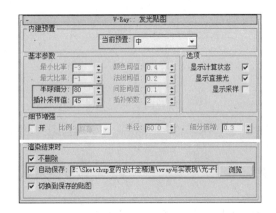

图 10-145　设置发光贴图参数

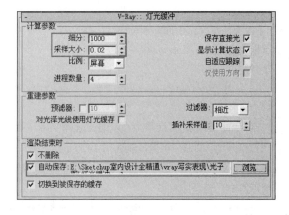

图 10-146　设置灯光缓冲参数

05　进入【V-Ray:DMC 采样器】卷展栏，调整【噪波阈值】与【最小采样值】参数，以整体提高采样精度，如图 10-147 所示。

06　返回【摄影机视图】进行"光子图渲染"，经过较长时间的渲染过程，渲染效果如图 10-148 所示。

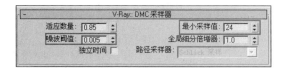

图 10-147　设置 DMC 采样器参数　　　　　　　　图 10-148　光子图渲染结果

10.6　最终渲染

01　经过"光子图渲染"获得高品质的图像效果后，在最终渲染时只需调整成品图的输出尺寸，如图 10-149 所示，以及设置【抗锯齿过滤器】的参数即可，如图 10-150 所示。

图 10-149　设置最终成品图输出尺寸　　　　　　　图 10-150　调整抗锯齿过滤器

02　返回【摄影机视图】进行最终渲染，经过较长时间的渲染得到的最终图像效果如图 10-151 所示。

03　最后通过后期软件对色彩、亮度、进行调整，然后制作烛火以及背景效果，最终处理效果如图 10-152 所示。

图 10-151　最终渲染效果　　　　　　　　　　　图 10-152　最终处理效果

第 11 章

第 11 章

制作室内漫游动画

本章在第 4 章制作的现代风格户型图基础上，介绍通过场景完善、漫游设定以及输出，制作室内漫游效果的方法与技巧。

在 SketchUp 中结合【漫游】工具与【场景】面板对场景进行分段保存，可以制作出漫游动画。再经过渲染输出，则可以通过常用的播放器进行效果浏览，方便客户对方案的查看以及与制作者交流。

本章将使用之前创建的现代前卫风格户型图型，经过拟定漫游路径、完善场景、动画制作、输出漫游效果四大步骤完成漫游效果的制作，过程如图 11-1~图 11-4 所示。

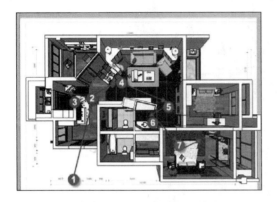

图 11-1　拟定漫游路径

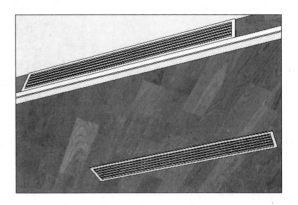

图 11-2　完善场景

图 11-3　制作漫游效果

图 11-4　输出漫游效果

11.1　拟定漫游路线

01　打开本书配套光盘"第 4 章|现代户型图.skp"文件，如图 11-5 所示。然后删除场景中的空间标识并保存为"现代户型漫游.skp"文件，如图 11-6 所示。

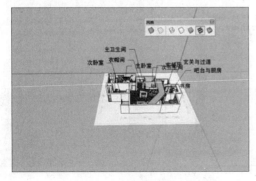

图 11-5　打开完整场景

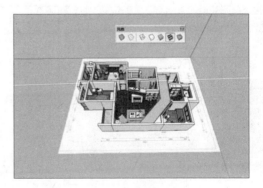

图 11-6　删除空间标识

[02] 根据场景的特点，本例拟定了从入户门进入，经过玄关过道观察厨房，然后转回客厅至客卫，最后进入主卧室的漫游路径，如图 11-7 所示。

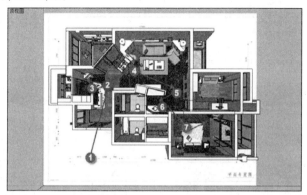

图 11-7　拟定漫游路径

11.2 完善漫游场景

[01] 打开配套光盘"第 11 章|现代户型图整理.skp"文件，如图 11-8 所示。

[02] 启用【直线】工具捕捉顶面边框并创建屋顶平面，如图 11-9 所示。

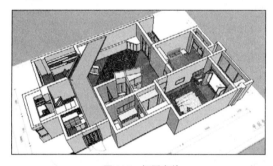

图 11-8　打开文件

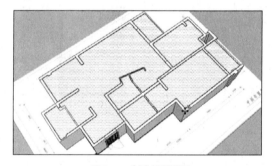

图 11-9　创建屋顶平面

[03] 选择屋顶平面并将其创建为【组】，如图 11-10 所示。接下来根据漫游线路进行顶棚细节的制作。

[04] 启用【直线】工具分割客厅右侧的天花板，如图 11-11 所示。

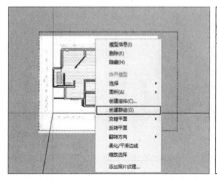

图 11-10　将屋顶单独创建为组　　　　图 11-11　分割客厅右侧天花板　　　　图 11-12　参考地面分割天花板

05 参考地面效果继续分割天花板，最终完成的分割效果如图 11-12 与图 11-13 所示。

06 启用【推/拉】工具捕捉顶棚造型并制作其厚度，如图 11-14 所示。

07 选择底面，以向内 50mm 距离移动复制分割侧面，如图 11-15 所示。

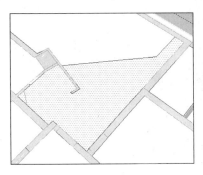
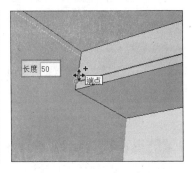

图 11-13　天花板分割完成效果　　　图 11-14　捕捉顶棚造型并制作厚度　　　图 11-15　移动复制分割侧面

08 启用【偏移】工具制作底面边框平面，如图 11-16 所示。

09 启用【推/拉】工具制作侧面与底面细节，如图 11-17 与图 11-18 所示。

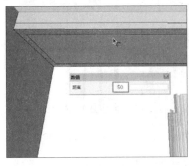
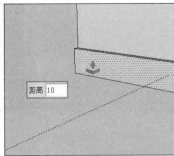
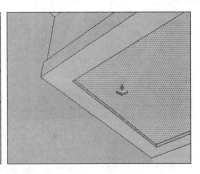

图 11-16　向内偏移复制 50mm　　　图 11-17　制作 10mm 厚度　　　图 11-18　制作 10mm 深度

10 打开【材料】面板，赋予顶棚造型对应的材质，如图 11-19 所示。

11 启用【直线】工具，在侧面分割出风口平面，如图 11-20 所示。

12 启用【偏移】工具为其制作 25mm 边框平面，如图 11-21 所示。

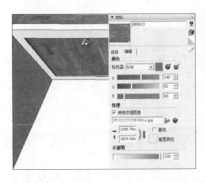
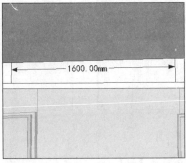

图 11-19　赋予材质　　　图 11-20　分割出风口平面面　　　图 11-21　制作边框

13 结合使用【直线】与【推/拉】工具制作出风口细节，如图 11-22 所示。

14 复制并调整出风口至底面，完成效果如图 11-23 所示。

15 启用【推/拉】工具调整左侧的天花板细节，如图 11-24 所示。

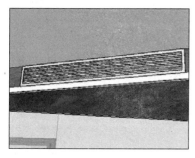
图 11-22 细化出风口

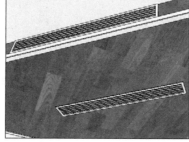
图 11-23 复制出风口

图 11-24 调整左侧天花板细节

16 结合使用【矩形】、【圆】、【偏移】以及【推/拉】工具制作筒灯造型，如图 11-25 所示。

17 复制已经制作好的筒灯，具体分布如图 11-26 所示。

18 打开【组件】面板，合并并放置客厅吊灯模型，如图 11-27 所示。

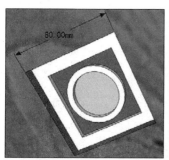
图 11-25 制作筒灯造型

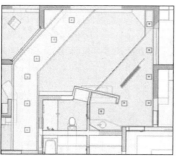
图 11-26 复制筒灯

图 11-27 合并并放置客厅吊灯模型

19 结合使用【直线】与【推/拉】工具制作主卧室的顶棚细节，完成效果如图 11-28 所示。

20 复制筒灯至主卧室顶棚，完成效果如图 11-29 所示。

图 11-28 制作主卧室顶棚细节

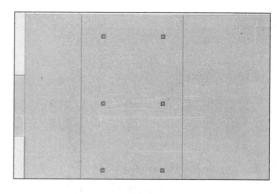
图 11-29 复制筒灯

21 将制作好的顶棚细节整体创建为【组】，再打开之前调整好的"现代户型漫游.skp"文件，如图 11-30 所示。

22 复制顶棚【组】至"现代户型漫游.skp"场景内，然后对齐位置，完成效果如图 11-31 所示。

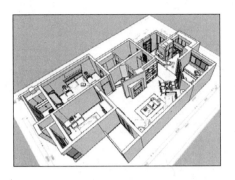

图 11-30　打开文件

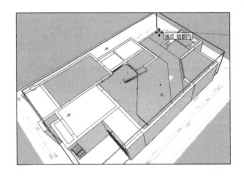

图 11-31　整体复制顶棚

11.3 创建漫游效果

01 首先通过【旋转】与【推/拉】工具，调整位于漫游路径上的门的状态。旋转门如图 11-32 与图 11-33 所示。

图 11-32　旋转入户门

图 11-33　旋转卧室门

02 在【透视图】中调整漫游的起始位置，如图 11-34 所示。

03 执行【视图】/【动画】/【添加场景】命令，创建"场景号 1"并保存，如图 11-35 所示。

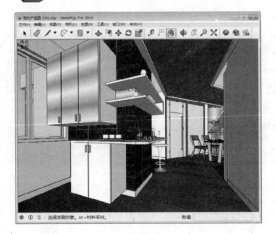

图 11-34　调整漫游起画面

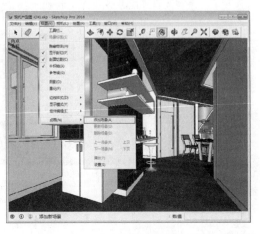

图 11-35　创建场景

04 单击【漫游】工具按钮，待光标变成 👣 状后，在视图下方放置前进位置，如图 11-36 所示。

05 推进至吧台处松开鼠标，新建【场景】并进行保存，如图 11-37 所示。

图 11-36　在视图下方放置前进位置　　　　　　　　图 11-37　在吧台处新建场景

06 按住鼠标左键，同时按住 "Shift" 键向左推动以进行视图旋转，如图 11-38 所示。

07 旋转至厨房画面后，松开鼠标，新建【场景】并保存，如图 11-39 所示。

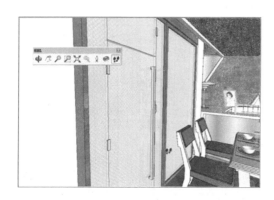

图 11-38　向左旋转视图　　　　　　　　　　　图 11-39　在厨房处新建场景

08 按下鼠标左键并配合 "Shift" 键继续旋转漫游，如图 11-40 所示。

09 旋转至展示柜画面时松开鼠标，新建【场景】并保存，如图 11-41 所示。

10 按下鼠标左键并配合 "Shift" 键继续旋转漫游，如图 11-42 所示。

图 11-40　继续旋转漫游　　　　图 11-41　在展示柜画面处新建场景　　　　图 11-42　继续旋转漫游

11 旋转至客厅画面时，新建【场景】并保存，如图 11-43 所示。

12 按住鼠标左键向前推进画面，如图 11-44 所示。

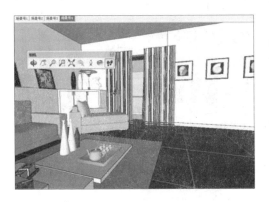

图 11-43　在客厅内新建场景

图 11-44　向前推进漫游

13 推进至客厅与客卫的交界过道处，松开鼠标，新建【场景】并保存，如图 11-45 所示。

14 按住鼠标左键并配合"Shift"键向右放置漫游，如图 11-46 所示。

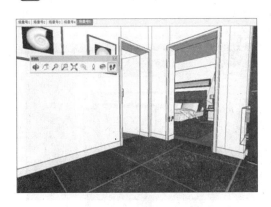

图 11-45　在过道处创建新场景

图 11-46　向右放置漫游

15 当画面至客卫生间内后松开鼠标，新建【场景】并保存，如图 11-47 所示。

16 按下鼠标左键并配合"Shift"键后退，退回至过道处松开鼠标，新建【场景】并保存，如图 11-48 所示。

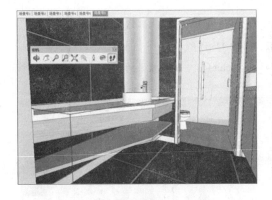

图 11-47　在客卫生间处创建新场景

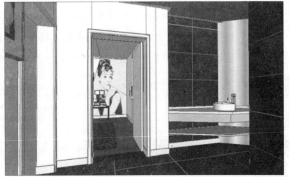

图 11-48　后退至过道处创建新场景

17 按下鼠标左键并向前漫游入主卧室，如图 11-49 所示。

18 进入主卧室的内部后松开鼠标，新建【场景】并保存，如图 11-50 所示。

图 11-49　向前推进至主卧室

图 11-50　在主卧室内新建场景

19 按下鼠标左键并配合"Shift"键向左旋转以观察主卧室的布置情况，如图 11-51 所示。

20 旋转观察至壁挂电视后松开鼠标，新建【场景】并保存，如图 11-52 所示。

21 至此，本段漫游动画即已创建完成。接下来预览并输出漫游动画。

图 11-51　旋转观察主卧室

图 11-52　保存场景

11-4　预览并输出漫游动画

01 执行【窗口】/【模型信息】菜单命令，打开【模型信息】面板，如图 11-53 所示。

02 调整【模型信息】面板中【动画】选项卡的参数，如图 11-54 所示。

03 执行【视图】/【动画】/【播放】菜单命令，然后在 SketchUp 中进行效果的预览，如图 11-55 所示。

图 11-53　执行【模型信息】命令

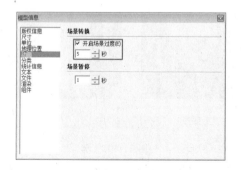

图 11-54　设定动画选项卡

图 11-55　播放动画预览

04 单击【播放】按钮，经过数秒等待后即可播放预览动画，如图 11-56~图 11-58 所示。

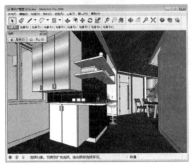

图 11-56　预览过程 1　　　　　图 11-57　预览过程 2　　　　　图 11-58　预览过程 3

05 确定预览效果后，执行【文件】/【导出】/【动画】/【视频】菜单命令，如图 11-59 所示。

06 在弹出的【输出动画】面板中设置文件名称，然后单击右下角的【选项】参数，如图 11-60 所示。

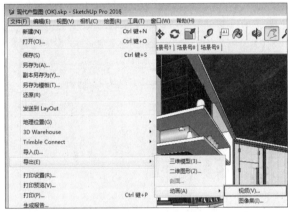

图 11-59　导出动画　　　　　　　　　　　　　图 11-60　【输出动画】面板

07 在弹出的【动画导出选项】面板中设置选项参数，如图 11-61 所示。

08 设置完成后单击【确定】按钮返回【输出动画】面板，然后单击【导出】按钮确定导出，动画导出进程如图 11-62 所示。

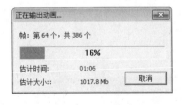

图 11-61　设置动画导出选项　　　　　　　　　　图 11-62　动画导出进程

09 导出完成后单击导出的 AVI 文件，即可在播放器中直接浏览播放效果，如图 11-63 所示。

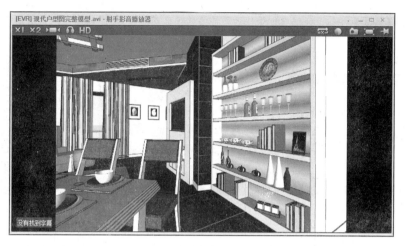

图 11-63   漫游动画播放效果

提示

【动画导出选项】面板中各选项参数的含义如下：

【分辨率】：视频的分辨率数值越高，输入的动画图像越清晰，所需要的输出时间与占用的储存空间也越多。

【图像长宽比】：常用的分辨率比例为 4:3 与 16:9，其中 16:9 是现代宽屏比例，有更好的视觉观赏效果。

【帧速率】：常用的帧数设置为 25 帧/秒、30 帧/秒，前者为国内 PAL 制式标准，后者为美制 NTSC 标注。

【抗锯齿渲染】：勾选该复选框后，视频图像会变得更为光滑，减少了图像锯齿、闪烁、虚化等品质问题。

附 录

附 录 1　SketchUp 快捷功能键速查

直线		L	圆		C
圆弧		A	材质		B
矩形		R	创建组件		G
选择		空格键	视图平移		H
擦除		E	旋转		Q
移动		M	推/拉		P
缩放		S	偏移		F
卷尺		T	视图缩放		Z
环绕观察		O			

附录 2 SketchUp 8.0/ SketchUp 2015/ SketchUp 2016 下拉菜单和工具栏对比

SketchUp 8.0	SketchUp 2015	SketchUp 2016
【编辑】菜单		
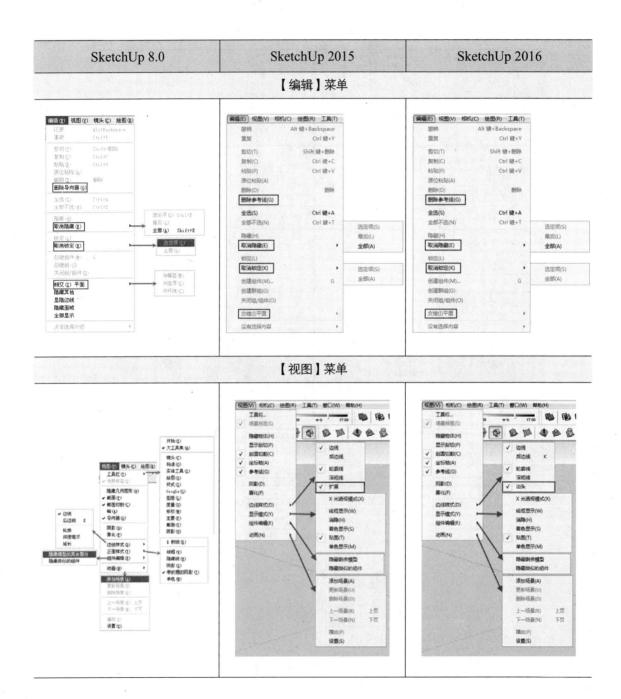		
【视图】菜单		

【镜头】或【相机】菜单

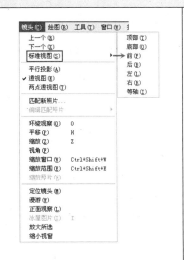

【绘图】菜单

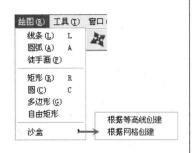

【工具】菜单

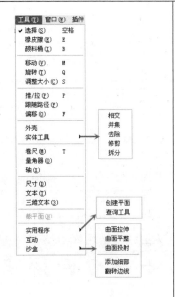

【窗口】菜单

工具栏及对话框

沙盒工具

镜头或相机工具

绘图工具

修改或编辑工具

样式或风格工具

【材质】或【材料】对话框

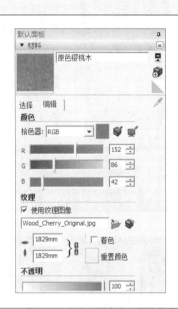

☐ 案例展示

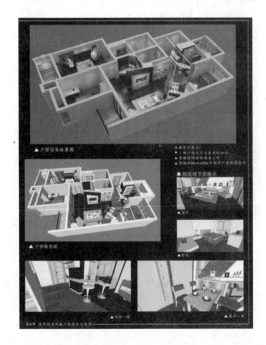